煤炭高等教育“十四五”规划教材

矿产资源加工利用案例分析

主　编　张传祥　程　敢　蒋涵元
副主编　邢宝林　史长亮　陈俊涛
参　编　邓小伟　黄光许　尹　茂　马　娇　贾建波

中国矿业大学出版社
·徐州·

内 容 提 要

案例教学是提高学生工程能力最直接、最有效的方法之一。针对矿物加工工程专业本科毕业生工程实践能力和工程创新能力较弱的现状，我们将典型且真实的案例编写成书。

本书首先介绍案例的背景，即存在的问题，然后以问题为导向引出解决方案、实施效果，在此基础上分析技术方案成功或失败的原因，达到理论学习与工程实际紧密结合的教学目的，从而培养学生的工程能力。教材内容涵盖学生创新能力培养案例、工程技术能力培养案例、选矿厂设计运营案例以及生产事故案例等几大部分，具体内容涉及破碎与筛分、重选、浮选、磁选、电选、煤泥水处理、在线监测、选矿厂自动化、资源综合利用、矿物加工设备、选矿厂管理、煤质分析等。

本书可作为高等院校矿物加工工程及相关专业本科生、研究生的教材，也可供相关技术人员参考。

图书在版编目(CIP)数据

矿产资源加工利用案例分析 / 张传祥，程敢，蒋涵元主编. —徐州 ：中国矿业大学出版社，2024.9

ISBN 978-7-5646-5970-7

Ⅰ. ①矿… Ⅱ. ①张… ②程… ③蒋… Ⅲ. ①选矿—案例 Ⅳ. ①TD9

中国国家版本馆 CIP 数据核字(2023)第 182630 号

书　　名 矿产资源加工利用案例分析

主　　编 张传祥　程　敢　蒋涵元

责任编辑 褚建萍

出版发行 中国矿业大学出版社有限责任公司

（江苏省徐州市解放南路　邮编 221008）

营销热线 (0516)83885370　83884103

出版服务 (0516)83995789　83884920

网　　址 http://www.cumtp.com　**E-mail**:cumtpvip@cumtp.com

印　　刷 江苏淮阴新华印务有限公司

开　　本 787 mm×1092 mm　1/16　**印张** 12.75　**字数** 326 千字

版次印次 2024 年 9 月第 1 版　2024 年 9 月第 1 次印刷

定　　价 42.00 元

前　言

本教材是中国煤炭教育协会立项的煤炭教育“十四五”规划教材。

案例教学是提高学生工程能力最直接、最有效的方法之一。本教材在大量案例筛选的基础上，引入了典型的案例。本教材理论联系实际、深入浅出、突出重点、引导创新。以问题为导向引出解决方案和实施效果，在此基础上分析技术方案成功或失败的原因，达到理论学习与工程实际紧密结合的教学目的，从而培养学生的工程能力。教材内容涵盖破碎与筛分案例、重选案例、浮选案例、磁选案例、煤泥水/矿井水处理案例、煤基炭材料案例、机电案例、智能化案例、生产事故案例。

本教材由河南理工大学张传祥、山西大学程敢、国家能源集团蒋涵元担任主编，张传祥和程敢负责全书统一校阅和定稿。

本教材可作为高等院校矿物加工工程、资源循环科学与工程及相关专业本科生、研究生的教材，也可供矿物加工及相关技术人员参考。

本教材在编写过程中，得到了同行及同事的关心、支持和帮助，在此表示衷心的感谢。

由于编者水平所限，书中难免存在不足之处，敬请广大读者批评指正。

编　者

2024年1月

目　录

第一章　筛分与破碎案例

第一节　井下自移式振动筛分机

◇ 内容导读

针对井工采煤过程中煤泥水出现带来的一系列问题，设计了井下自移式振动筛分机，该设备可脱除煤泥水中的水分，确保在工作面出现较大涌水情况下实现煤矿安全生产，降低了职工劳动强度，为矿井安全高效的连续生产保驾护航。

一、问题提出

目前，井工采煤中煤泥水的出现给运输、提升和仓储等后续作业带来一系列的问题，导致胶带打滑、机尾淤煤、稀煤泥窜仓等生产事故的发生，大大增加了职工劳动强度并影响了矿井的安全生产。采用振动筛分技术对煤泥水进行脱水作业，虽取得了一定效果，但存在振动筛脱水效果差、维修量大和大量煤泥流失等弊病。现场考察发现，煤泥水在带式输送机运输过程中会出现按粒度离析的现象，因此该类脱水筛分设备要满足以下要求：

(1) 在有限的空间内以最小的筛分面积，将筛上物的水分控制到特定范围以下，满足后续运输、仓储作业的需要；

(2) 具备足够的工作强度，能够承受毛煤中特大块矸石的冲击；

(3) 能够根据现场实际生产情况快速反应，如根据毛煤中含水量的多少方便快捷地加入或撤出主煤流系统，避免黏湿细粒煤堵塞筛孔等。

二、技术实施

基于上述情况，开发了井下自移式振动筛分机以实现煤泥水脱水。该设备包括弧形箅条筛、液压挡板、二层弹性杆筛、三层琴弦筛、轨道、箅条筛支架、煤流挡板、底架、车轮、溜煤眼、筛下漏斗、筛下水管、筛框、激振器。筛框固定在底架上，底架上安装有车轮，车轮位于轨道上，在筛框内分别设置有二层弹性杆筛和三层琴弦筛，在二层弹性杆筛上部设置有固定的弧形箅条筛，弧形箅条筛由箅条筛支架支撑，箅条筛支架固定连接在底架上，在筛框下部固定设置有筛下漏斗，筛下漏斗连接筛下水管，在筛框右下部固定设置有溜煤眼，在溜煤眼的右上部的底架上固定设置有煤流挡板。弧形箅条筛上均匀间隔设置有拦水凸台。弧形箅条筛下设置有液压挡板，液压挡板可绕中心轴旋转调整倾角。三层琴弦筛上方架设多道压力喷水管路。在使用时，将该脱水筛推入带式输送机机头的下方，弧形箅条筛主要用以保护二、三层筛面不受毛煤中大块矸石的冲击；二层弹性杆筛主要处理弧形箅条筛的筛下物和毛煤带式输送机第一道清扫器刮下的黏煤；三层琴弦筛主要用于处理二层弹性杆筛的筛下物和毛煤带式输送机第一道清扫器刮下的黏煤。该设备巧妙地利用了煤泥水胶带运输过程中粗细物料的离析现象设计了上层弧形箅条筛对料流进行切割截取，既有效去除了原煤中的大块矸石对振动筛的冲击破坏，还减轻了大块物料对上层筛面的磨损，且上层弧形箅条筛不参振，显著降低了能耗。该设备的三层筛面各司其职，既对物料具有较强的适应性，又能以最小的筛分面积获取最佳脱水效果。弧形箅条筛下设置的液压挡板，可绕中心轴旋转调整倾角，使二层弹性杆筛面得到充分利用，进一步改善了煤泥水的脱水效果。导轨的引入很好地解决了出干煤和煤泥水等不同工况时，筛子的推入和撤出问题，同时为筛子的检修等提供了便利。图 1-1 为井下大型自移式振动筛分机示意图。

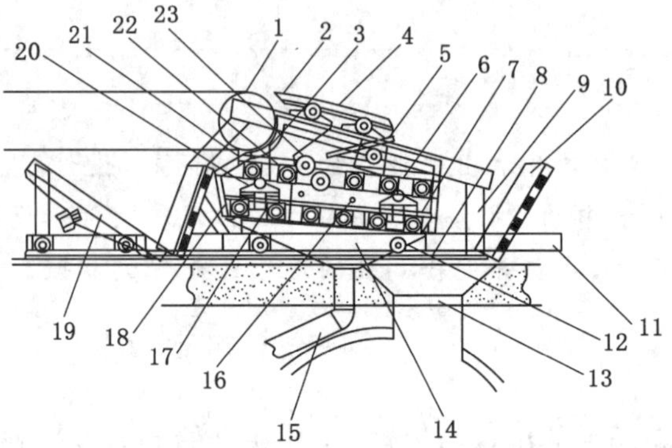

1—带式输送机机头；2—弧形箅条筛；3—带式输送机第一道清扫器；4—拦水凸台；5—液压挡板；6—二层弹性杆筛；7—三层琴弦筛；8—轨道；9—箅条筛支架；10—煤流挡板；11—底架；12—车轮；13—溜煤眼；14—筛下漏斗；15—筛下水管；16—压力喷水管路；17—减震弹簧；18—筛框；19—清扫器卸载挡板；20—筛簧支架；21—带式输送机第二道清扫器；22—筛子管梁；23—激振器。

图 1-1　井下大型自移式振动筛分机

三、应用效果

井下自移式振动筛分机可从源头上脱除煤泥水中的自由水，确保在工作面出现较大涌水情况下实现煤矿安全生产，降低了职工的劳动强度，从而使矿井能够安全高效地连续生产。该设备能够适应井下恶劣的工作环境，弧形凹口侧板设计极大地方便了带式输送机机头的安装布置，独特的激振器安装方式最大限度地节省空间占用，特制的导轨和移动液压系统可根据现场情况方便快捷地将设备从煤流系统中撤出和加入。该项技术获国家发明专利授权，并获中国煤炭工业协会科学技术奖三等奖。此外，该技术已在兖矿能源集团股份有限公司济宁三号煤矿井下投入工业化使用，见图 1-2。

图 1-2　井下大型自移式振动筛分机实际应用情况

四、案例小结

井下自移式振动筛分机解决了井工采煤中煤泥水给运输、提升和仓储等后续作业带来的一系列的问题，应用前景广阔。

第二节　井下大块煤矸分级破碎技术

◈ 内容导读

煤矸石作为固体废弃物，其危害性已引起广泛重视。煤矸选择性破碎分选是洁净煤生产技术的源头，开发先进的煤矸选择性破碎分选技术对煤炭工业的结构调整和产业升级有着重要的现实意义。

一、问题提出

近年来，随着采煤技术的发展，特别是综采、连采及放顶煤技术的运用，在采煤过程中混入大量顶底板和夹矸。对于煤炭生产来说，为了减少矸石的环境危害，减轻地面煤炭分选压力，提高运输效率，在井下对原煤进行排矸除杂处理，实现井下煤、矸分离，使矸石不升井是实现煤炭洁净生产、绿色生产的必由之路。根据岩石矿物具有抗压强度大、抗拉强度小的特点，采取恰当的方法，能够提高岩石破碎效率。根据毛煤中煤与矸石、杂物的强度差异进行选择性破碎实现井下毛煤排矸除杂，可以实现矸石就地排放不升井。

二、技术实施

针对煤矿井下大块煤矸堵塞溜煤眼、损坏胶带等影响正常生产的现状，调查研究了国内外不同形式破碎机的特点，运用计算机模拟等技术，对破碎齿新材料配方、齿形设计、铸造工艺等进行了试验研究，确定并研制出新型分级破碎设备(图 1-3)。

图 1-3　井下大块煤矸分级破碎机

(1) 对破碎齿的齿形、几何尺寸、布置方式及材质进行优化，提高了破碎齿的强度和耐磨性。

(2) 合理选择破碎机对辊形式，中心距达到 1.2 m，增大了入料煤矸粒度，在运转过程中形成了天然格筛结构，使煤矸在破碎的同时实现了筛分。

(3) 采用二次浇铸技术将破碎辊齿做成片式整体结构，解决了破碎机辊齿与固定座容易脱落的难题，保证了辊齿的强度和耐磨性。

(4) 设计可自移动装置,发生故障时可及时脱离生产系统,不影响正常生产。

(5) 联轴器设置多个保护销,以适应破碎不同煤矸强度的需要。

(6) 破碎机采用 80 r/min 的低转速和特殊的破碎齿排列方式,对煤矸石进行剪切和拉伸破碎,降低了破碎功率,延长了使用寿命。

(7) 研制出应用于井下、破碎能力 3 500 t/h 的分级破碎机,并成功应用于采煤工作面的煤流系统,破碎效果良好。

三、应用效果

目前,该技术已在河南神火煤电股份有限公司新庄煤矿、兖州煤业股份有限公司兴隆庄煤矿井下使用,煤矿井下煤流系统的稳定性得到了提高,故障率大大降低,经济和社会效益显著。

四、案例小结

井下煤矸分离对于保护环境和自然资源有着重要的意义,符合绿色开采与发展循环经济的要求,减少了矿井提升费用,具有广阔的市场应用前景与工程实际意义。

第三节　筛分试验多层筛分机

◈ 内容导读

选煤厂筛分试验用于测定煤的粒度组成和各粒级产品的质量特征(灰分、硫分等),是合理利用煤炭以及选煤厂设计、改造的前提。针对煤炭筛分试验工作量大的难题,保德选煤厂研发了多层筛分机,减少了筛分试验操作人数,缩短了试验时间。

一、问题提出

原煤筛分试验的目的是将原煤按粒度大小不同进行分离。选煤厂通过筛分试验可以更好地了解各粒度级物料的产率和质量特性。所得的筛分资料是合理利用煤炭和制定煤炭产品质量标准的依据。为保障试验的准确性,按照 GB/T 477—2008 的要求,设计用煤样不少于 10 t,矿井生产用煤样不少于 5 t,不做浮沉试验时不少于 2.7 t,选煤厂原煤及产品煤样 300 mm 不少于 6 t、100 mm 不少于 2 t、50 mm 不少于 1 t,而这部分煤样通常需要人工进行筛分分级,由于需要进行不同筛孔的筛子依次分级,最少需要 3 个人配合,每进行一次筛分试验至少需要半天到一天的时间,不仅费时而且浪费大量的人力。为了降低试验人员的劳动强度和筛分时间,提高筛分效果,制作了筛分试验多层筛分机(图 1-4)。

二、技术实施

用钢板焊接筛分机的框架,按照筛分试验的粒度要求将不同孔径的筛板逐层排列安装到筛分机框架上,同时在筛分机框架上安装振动电机,利用振动电机带动筛分机的振动,实现原煤分级的同时在筛分机的出料端设计不同粒度物料的出料溜槽,在试验过程中能够自动接料,只需 1～2 人配合作业,就可在 10～30 min 完成筛分试验过程。

图 1-4　多层筛分机

三、应用效果

（1）减少了筛分试验操作人数，由最少 3 人作业降低到 1～2 人作业。

（2）缩短了试验时间，由半天到一天时间降低到 10～30 min。

（3）由于筛分过程依靠筛分机实现，不需要手动筛分，降低了人员的劳动强度。

四、案例小结

保德选煤厂研发的多层筛分机解决了煤炭筛分试验工作量大的难题，缩短了试验时间，减少了筛分试验操作所需人数，降低了人员劳动强度。

第四节　大柳塔选煤厂矸石高频筛筛下转排工艺改造

◇ 内容导读

大柳塔选煤厂通过对矸石高频筛筛下转排工艺改造，提高了转排工艺的灵活性，解决了粗粒级矸石对浓缩机、板框压滤机、混煤等的不良影响。

一、问题提出

大柳塔选煤厂设计生产能力为 1 700 万 t/a，承担着大柳塔煤矿大柳塔井（1 000 万 t/a）、活鸡兔井（800 万 t/a）和大海则矿（120 万 t/a）的原煤分选加工任务，是我国自行设计建设的一座特大型现代化动力煤选煤厂。选煤工艺为块煤跳汰分选、末煤直接进产品仓外运、煤泥水经高效浓缩机和加压过滤机处理全部回收，实现了一级洗水闭路循环。全厂共 7 座生产作业厂房，主要生产设备 302 台，配电设备 475 台，万吨储煤仓 17 座，生产系统中的跳汰机、脱水筛、原煤分级筛、离心机、浓缩机、加压过滤机、破碎机、装车站、计量和质量检测系统等主要设备分别从德国、奥地利、美国、澳大利亚等国家引进，占全厂生产设备的 40%，实现了全厂生产集中控制、计量和质量检测实时在线标准化和办公自动化。

大柳塔选煤厂 3322 矸石带式输送机在运输经高频筛脱水后的粗粒矸石时，因矸石含有部分水易泥化，易紧粘在胶带表面，造成清扫效果不理想，致使大量粗粒矸石堆积在带式输送机接煤台上。停车后，清扫工用清扫水将矸石冲至1楼泵坑，再由清扫泵泵送至矸石脱介筛稀介段，使应该进入矸石仓的大量粗粒矸石又重新进入分选系统。另外，泵转排、管道输送又造成矸石泥化，增大了煤泥水处理的难度。

为解决该问题，对3322矸石带式输送机接煤台进行了改造，把原"水平型"接煤台改造为"溜槽型"接煤台，溜槽下端用管道连接至筛下桶。改造后，大量粗粒矸石进入筛下桶，再由转排泵转排至3432二段旋流器组溢流槽内，靠自流进入浓缩池。接煤台改造后，虽减少了矸石经泵转排、管道输送过程中的泥化程度，但由于矸石粒度较粗、沉降速度快，进入浓缩池后，增大了浓缩机运行负荷。浓缩后的粗粒矸石给入板框压滤机后，易导致滤布破损，使得滤布更换频次增加、材料费用增大；经板框处理后的煤泥掺入混煤，增大了混煤灰分，降低了发热量。

为解决矸石高频筛筛下中粗粒矸石对煤泥处理设备、产品煤的不良影响，对矸石高频筛筛下转排工艺进行了改造。

二、技术实施

改造前，矸石高频筛筛下物料经泵送至浓缩池，浓缩后泵送入板框压滤机，最后掺入混煤。改造后，通过调整三通管阀门，筛下物料既可至浓缩池，又可至高频筛(图1-5)。具体为：当筛下桶中粗粒矸石含量较多时，调整三通管阀门，将筛下物料转排至高频筛，筛分出粗粒级矸石，排至3322矸石带式输送机，运至矸石仓；当筛下桶中粗粒级矸石含量大幅度降低后，再调整三通管阀门，将筛下物料转排至浓缩池。通过改造提高了矸石高频筛筛下转排工艺的灵活性，缓解了粗粒矸石对浓缩机、板框压滤机、混煤等的不良影响。

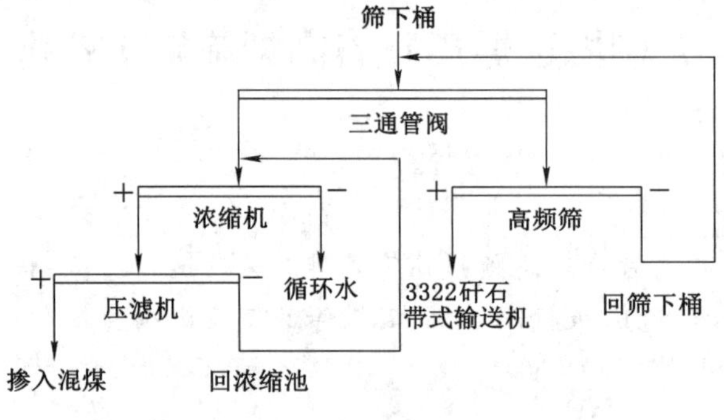

图1-5　矸石高频筛筛下转排改造工艺

三、应用效果

(1) 直接经济效益：减少了板框压滤机滤布更换的次数，降低了滤布材料费。

(2) 间接经济效益：降低了粗粒矸石堵塞管道、压耙的风险。

(3) 社会效益：降低了混煤灰分，提高了运输效率。

四、案例小结

大柳塔选煤厂通过对矸石高频筛筛下转排工艺的改造，提高了高频筛筛下物料转排的灵活性，缓解了粗粒矸石对浓缩机、板框压滤机、混煤等的不良影响。

第五节 梁北选煤厂滚筒筛在原煤仓的应用

◇ 内容导读

在选煤厂中，筛分作业主要用于对煤炭进行分级、脱水、脱泥和脱介。常用的筛分设备有固定筛、滚筒筛、振动筛、旋转概率筛、弛张筛。梁北选煤厂的原煤预筛分系统采用直线振动筛与破碎机，导致了高能耗和高次生煤泥含量。通过将直线振动筛更换为滚筒筛，并在滚筒筛出料端增加一台小型自制振动筛，整个工艺系统更加畅通完善，保证了后续重介质旋流器的分选效果和产品质量，提高了选煤厂的经济效益。

一、问题提出

筛分作业主要用于对煤炭进行粒度分级、脱水、脱泥和脱介，是煤炭加工的重要环节。通过筛分可脱除和降低产品水分，实现水资源回收利用；还可以脱除细泥，减少煤泥对介质系统、高灰细泥对精煤产品的污染；也可降低后续洗水黏度，有利于细粒煤的分选。筛分设备按照筛面结构形式和运动形式的不同，可分为固定筛、滚筒筛、振动筛、旋转概率筛、弛张筛等，它们的应用范围不同，须根据实际生产情况进行选择。

梁北选煤厂的原煤预筛分系统采用双电机驱动的直线振动筛与 2DSKP65180 破碎机，存在能耗高和产生较多次生煤泥的问题。此外，大量矸石经破碎后进入后续系统，导致负荷增加。

二、技术实施

原煤预筛分系统中的直线振动筛更换为 GDS11-00 滚筒筛，并增加一台小型自制振动筛。原煤经滚筒筛分级后，粒度大于 50 mm 的大块矸石及杂物经振动筛筛选后沿矸石溜槽直接进入矸石仓，不再进入重介系统。

滚筒筛(图 1-6)采用错流过滤原理，物料通过给料装置切向给入旋转筛筒中后，粗颗粒快速沉降至滚筒筛内壁，筛筒转动使得内壁沉降下来的料层倾斜上移并翻滚，上层悬浮液所受的料层阻力显著减小从而快速透筛，未透筛的固体颗粒在重力和螺旋导流的推动作用下沿筛筒轴线方向出料，从而实现了滤液由筛缝流下，料层由螺旋叶片轴向导出。

图 1-6 滚筒筛

滚筒筛的优点：

（1）能耗低。2DSKP65180 破碎机功率为 45 kW×2，振动筛功率为 7.5 kW×2，而 GDS11-00 滚筒筛功率为 7.5 kW；使用滚筒筛代替原系统后，每小时节约电耗 97.5 kW，按每天停产检修 2 h 计，每年可节约电耗 71.175 万 kW·h。

（2）设备维护量小。原振动筛的筛板基本上每天都需要紧固，每半年需要更换一次；破碎机的破碎齿常因破碎大块矸石而脱落，检修费时费力；而滚筒筛的筛板一般两年更换一次，其他维护只有托轮组合、减速机和电机日常检修加油即可。

（3）结构简单。滚筒筛结构简单，不像对辊破碎机、直线振动筛那样结构复杂。

滚筒筛的缺点：当筛分的原煤含水量大时，筛箅子容易黏结、堵塞，潮湿煤筛分精度较低。滚筒筛使用需要注意的问题：应定期对粘在箅子上的杂物进行清理；托轮的密封结构设计不是很合理。

在滚筒筛的下部制作了一个小型振动筛（图 1-7），该振动筛结构简单、维护量小、电耗少、适用范围广。将滚筒筛排出的矸石和少量煤进行二次筛分，大块矸石及杂物排放到出料口下部的溜槽中，提高了筛分精度，有效保证了入选原煤粒度符合工艺要求，减轻了系统负荷。尤其针对矿井出煤质量变化较大、矸石含量较多的情况下，振动筛能够有效分离矸石，防止其进入分选系统，对于提高系统处理量、减少生产事故意义重大。

图 1-7　自制振动筛

三、应用效果

通过改造，减轻了因矸石量大造成的三产品重介质旋流器堵塞现象及对系统的磨损，提高了混料泵压力，保证了重介质旋流器的分选效果；整个工艺系统更加畅通完善，原煤入选量增加，分选效率提高，产品质量得到保证，选煤厂经济效益提高。

（1）该厂入选的原煤属于贫瘦煤，煤质较脆易碎，粒度小于 50 mm 的碎煤占比 90%以上，剩下的 10%基本由大块的矸石及杂物构成。若按小时处理量 280 t，一年可增加原煤处理量：280 t/h×10%×20 h×365 天＝20.44 万 t，即每年可节约 20.44 万 t 原煤生产所产生的电耗、介耗、油耗及材料消耗等。

（2）将双电机拖动的振动筛换成滚筒筛，能耗降低，减少了系统中矸石量，减轻了对管道、混料泵、重介质旋流器的磨损；同时还减轻了工人维护管道、设备的劳动强度，取得了良好的经济和社会效益。

四、案例小结

梁北选煤厂的原煤预筛分系统采用直线振动筛与破碎机，不仅能耗高，而且产生的次生煤泥较多，大量矸石破碎后进入系统，系统负荷增加。通过将直线振动筛更换为滚筒筛，并在滚筒筛出料端增加一台小型自制振动筛，保证了后续重介质旋流器的分选效果，使得整个工艺系统更加畅通完善，保证了产品质量，取得了良好的经济和社会效益。

第六节　神东矿区选煤厂块煤掺配末煤防破碎试验研究及应用

◈ 内容导读

随着用户对块煤需求的进一步加大，块煤防破碎成为煤炭生产企业经济效益提高的关键。通过分析煤炭分选、运输过程中块精煤破碎的可能原因，提出了降低破碎率及块煤掺配末煤理论比例的计算方法。将末煤掺配到块煤中，到达目的地时再进行筛分分离，可以有效缓解块煤转载、运输过程中的破碎问题。工业试验表明，当末煤掺配比例为20%时，块煤率可以提高19个百分点，经济效益可观，对于提升煤炭分选附加效益起到积极作用。

一、问题提出

块煤是高价值煤炭产品，但煤炭在开采、运输、分选加工的过程中，不可避免造成块煤破碎，减少了块煤产量，降低了煤炭产品的附加值，给企业带来经济损失。根据目前的煤炭市场发展趋势，块煤的价格明显高于末精煤等产品，且市场需求巨大。神东矿区的商品煤属于长焰煤、不黏煤，灰分低、易碎，从各选煤厂分选出块精煤到港口进行筛选，筛上物按照块精煤出售，主要用于煤炭气化、炉窑和民用等领域，而筛下物末煤只能按照混煤进行出售，经济损失巨大。筛下物除了粒度较小以外，其他指标均与筛上物相同，其生产、运输成本相同，而吨煤价格相差较大，严重影响了经济效益。这种情况主要是块精煤在转载与运输过程中的过粉碎现象导致的。选煤厂块精煤到达港口一般经历的流程为：上仓转载胶带—上仓胶带—仓上配合刮板—装车胶带—装车站—火车—港口卸煤。块精煤在转载运输时，由于物料之间空隙较大，无缓冲，碰撞激烈，造成过粉碎现象严重。块煤破碎主要发生在转载和运输环节中：① 转载。在选煤厂内，造成分选出的块精煤破碎的环节主要是各转载点，包括：胶带转载点、落料和落仓点、装车点。② 运输。火车运输和到港卸车环节。

由于在火车装车、运输、卸车等方面现阶段无法直接避免破碎，因此重点对各大选煤厂内多个转载点如胶带转载及落料、落仓地等进行防破碎控制，减少块煤在选煤厂转载过程中出现的撞击剧烈、破碎严重、粉尘大、噪声大等系列问题，降低其破碎率，从而增加块煤经济收益。

目前常用的方法主要有限位放煤法、螺旋溜槽法、超声波限位法、延时防破碎法等。神东矿区根据自身实际主要采取了如下防破碎措施：

(1) 原煤仓、块精煤产品仓以及装车缓冲仓高位使用。目前在生产过程中，要求煤仓高仓位运行，这样有助于降低煤炭在落仓过程中的落差，从而提高原煤中的块煤产率，降低块精煤的破碎率。

(2) 溜槽增设缓冲装置减轻块煤碰撞，减少破碎。块煤在转载时与溜槽耐磨板直接碰撞，易造成破碎。各厂根据现场实际情况重新设计煤流走向或者扩大溜槽横截面，在块煤转载的落料点增加缓冲保护。

(3) 带式输送机增设缓冲装置减轻块煤碰撞。① 在块煤带式输送机落料点下方增加缓冲床或缓冲托辊，既能减轻块煤对带式输送机带面的冲击，又能防止块煤碰撞破碎；② 落料点导料槽与带式输送机接触面安装较厚的挡煤皮，减少块煤下落过程中与导料槽的碰撞，延长了缓冲距离，减少块煤撞击力度。

(4) 减小上方设备(如筛子、分料器)与斜溜槽接煤点处的落差。原块煤以平抛运动进入溜槽，碰撞溜槽底板而破碎；将溜槽底板安装在块煤与上方设备的分离点处，使块煤直接下滑进入溜槽，降低了落煤高差，减少碰撞溜槽而造成的破碎。

(5) 降低块煤在垂直溜槽处的下落速度。块煤直接进入垂直落煤溜槽向下加速运动，以较高的速度与下方落煤处碰撞，加大了块煤的粉碎；可在原垂直溜槽前板合适位置焊接缓冲斗，缓冲斗内铺衬软橡胶，这样块煤会先以较低速度到达缓冲斗，再以初速度为零的状态进入溜槽下方，从而减少了对下方设备的碰撞，极大减少了块煤的破碎。

(6) 减小落煤溜槽安装倾角，降低块煤在溜槽内的运动速度。原溜槽安装倾角大，块煤加速下滑，与下方设备发生很大碰撞，从而使块煤破碎；将溜槽改成 Z 形安装，减小漏斗的安装倾角，并降低块煤的运动速度，且由于拐角处积存物料，使后续块煤不与钢板直接撞击，降低了最终落煤点的冲击速度，从而减少块煤的破碎。

(7) 过煤溜槽处增设缓冲装置，减轻块煤碰撞与破碎。过煤溜槽(如筛子、带式输送机机头、分煤器下等处的溜槽)内铺设网格板积存部分末煤或铺设陶瓷橡胶耐磨板，减缓物料与溜槽的冲击。但块煤防破碎效果仍然不理想，主要原因是没有解决块煤之间的硬碰撞问题。

二、技术实施

块煤破碎是块煤在外力作用下遭到撞击碎裂的过程。煤炭在重力作用下产生的碰撞是块煤破碎的主要表现形式，块煤受到颗粒和其他物体的作用力或反作用力是破碎的重要原因。其受力关系如下：

$$F=m\mathrm{d}v/\mathrm{d}t \tag{1-1}$$

式中，F 为物体所受的力，kN；m 为物体的质量，t；$\mathrm{d}v$ 为物体的速度变化，m/s；$\mathrm{d}t$ 为力作用时间的变化，s。

由于煤炭颗粒间及煤炭颗粒与其他物体间的碰撞为完全非弹性碰撞，碰撞后煤炭颗粒的运动速度为零。从式(1-1)看出块煤受力与其运动速度成正比，与碰撞时间成反比。因此解决块煤破碎的问题应该从两个方面入手：一是降低块煤的运动速度；二是延长颗粒间及其他物体间的碰撞时间。

神东已采取的防破碎措施虽然在一定程度上降低了块煤生产过程中的破碎率，但不能有效保证块煤运输过程中的二次破碎问题。为了缓解块煤之间硬碰硬的冲撞过程，参照物流行业运送易碎物品在货物之间填充缓冲介质减少物品损坏的方法，提出了在块煤中掺入末煤运输防破碎的方法。

(1) 末煤掺配防破碎的理论分析

在煤炭输送过程中,块煤与块煤之间的碰撞为完全非弹性碰撞,块煤发生碰撞后最终速度降为 0,在这个过程中块煤的动能损失最大,机械能转为内能,但是这个过程始终遵循动量守恒定律。动量守恒定律可表述如下:

$$Ft = mv_2 - mv_1 \tag{1-2}$$

式中,F 为物体碰撞所受力,kN;t 为物体碰撞时间,s;m 为物体质量,t;v_2 为运动物体碰撞后的速度,m/s;v_1 为运动物体初始速度,m/s。

式(1-2)反映了力对时间的累积效应,是力在时间上的积分。也就是说,在速度和质量一定的情况下,碰撞时间越短,物体所受力越大,越容易产生破碎,越不利于块煤的输送;而延长碰撞时间则可有效地降低块煤碰撞后所产生的力。当运动速度一定时,物体的质量越小,碰撞后产生的力越小;反之越大。

块煤与末煤碰撞作用力如图 1-8 所示。块精煤在运动、转载过程中,不可避免产生碰撞。根据图 1-8 和式(1-2)可以得知,块煤碰撞后受到了方向相反的作用力和反作用力,且在运动速度不变的情况下,碰撞时间越短、块煤质量越大,所受到的力越大,越容易产生破碎。

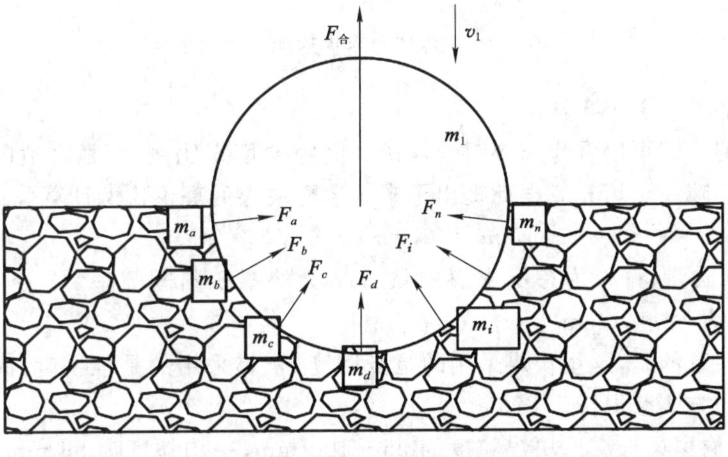

$F_合$—块煤受到的合力,N;F_a～F_n—块煤与末煤碰撞受到的力,N;m_1—块煤质量,g;
m_a～m_n—末煤质量,g;v_1—块煤与末煤的碰撞速度,m/s。

图 1-8　块煤与末煤碰撞作用力分析

据上,末煤掺配降低块煤破碎的原因主要如下:

① 碰撞块煤质量减小,降低了碰撞受力。末煤的掺入减少了块煤与块煤碰撞的机会,增加了末煤与块煤的碰撞,因为末煤质量小,所以块煤之间碰撞所产生的力降低。

② 碰撞接触面积增大,降低了单位面积受力。块煤比表面积小,块煤与块煤之间的碰撞接触面积小,所以单位面积所承受的力较大,一旦超过煤的抗碎强度,必然导致块煤的破碎;而末煤的比表面积大,块煤与末煤碰撞后的接触面积大,使得碰撞后的单位面积的受力减小,减小了块煤的破碎。

③ 延长了碰撞时间,降低了碰撞受力。如果将末煤看作一个整体,当块煤落入末煤中时,块煤与末煤整体之间的碰撞时间远远大于块煤之间的碰撞时间,相当于块煤对末煤所形

成的整体进行了一次挤压变形，且变形为塑性变形，碰撞时间的延长使得块煤受到的碰撞力降低，从而避免了块煤破碎。

(2) 工业试验

在榆家梁选煤厂进行了工业化试验，共试验了19个车次，784万t商品煤。混煤掺配比例试验了20%、15%、10%三种方案，块煤成块率由之前的38%上升到了48%左右，个别车次块煤率达到了57%。当混煤掺配比例为20%时，块煤产率整体提高了19个百分点，效果十分显著。块煤率与末煤掺配比例关系如图1-9所示。

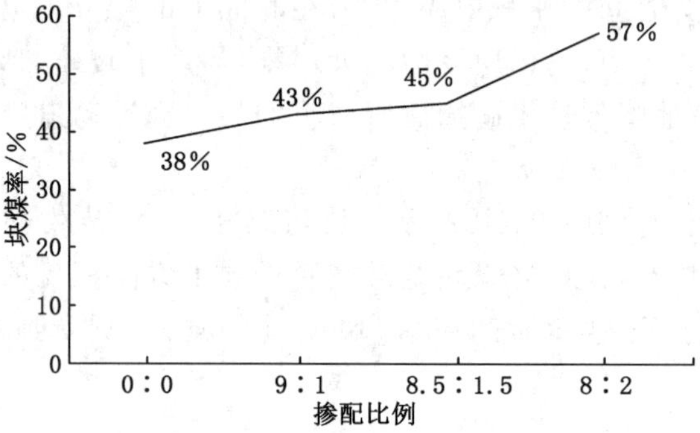

图1-9 块煤率与末煤掺配比例关系

(3) 掺配比例理论计算公式

掺配比例的确定可以看作末煤对块煤矿料间隙的填充比例，而最合适的填充比例为末煤恰好将块煤间隙完全填充。据此提出了末煤掺配块煤的理论比例计算公式为：

$$M/m=[(1-r)\times\rho_1]/(r\times\rho_2) \tag{1-3}$$

式中，M为块煤质量，t；m为掺配末煤质量，t；r为块煤矿料间隙率，%；ρ_1为块煤真密度，t/cm^3；ρ_2为末煤堆密度，t/cm^3。

特别需要注意的是，这里块煤采用的是真密度，末煤采用的是堆密度，而矿料间隙率最好采用水填充的方法获得。

也就是说，榆家梁选煤厂块煤粒度为25～100 mm，平均粒度为56 mm，按照最理想的球形模型计算，块煤的矿料间隙率达到47.67%。按照块煤真密度1.5(t/cm^3)、末煤堆密度0.6(t/cm^3)计算，掺配比例控制在26%左右时，末煤能够充分分布在块煤间隙中，此时可以通过最小的掺配率实现最大的块煤率。

三、应用效果

根据试验结果，计算出榆家梁选煤厂效益情况，如表1-1所示。

表1-1 混煤回掺防破碎效益预测表

装车方式	到港成块率/%	精煤售价/(元/t)	块煤售价/(元/t)	平均售价/(元/t)	产量/(万t/a)	利润差/(万元/a)
不掺配	38	574	620	591	241	2 169
混煤、块煤按2∶8掺配	58			600		

四、案例小结

块煤掺配末煤防破碎取得显著效果，增加了企业经济效益。

第七节　大柳塔选煤厂浅槽脱泥工艺节能改造

◈ 内容导读

选煤厂生产工艺环节多，机械化程度高，因而机电设备数量多、电能消耗也大。然而，部分设备由于运行不合理，能源浪费大，影响了经济效益。大柳塔选煤厂通过将脱泥筛筛孔尺寸更换为 3 mm，并且将脱泥筛下方弧形筛筛板全部抽出，然后在弧形筛的筛上物去离心机的入料口处进行封挡，减少了设备运行数量，降低了生产成本。

一、问题提出

大柳塔选煤厂大井系统原生产工艺为原煤 13 mm 分级后，>13 mm 的原煤通过 6 mm 脱泥后进入浅槽分选机，<6 mm 的粗煤泥通过 6 台 1.5 mm 弧形筛和 3 台 0.5 mm 离心机脱水，然后经过 4011 带式输送机、4010 刮板输送机和 7102 带式输送机转载进入混煤上仓带式输送机。<1.5 mm 的弧形筛筛下水和<0.5 mm 离心机的离心液则流至煤泥桶，通过水力旋流器分选出粗煤泥经离心机脱水后进入混煤上仓带式输送机。在大柳塔选煤厂全入选的生产方式下，6～1.5 mm 这一部分少量的煤泥要通过 3 台离心机、4011 带式输送机、4010 刮板输送机、7102 带式输送机这些大功率设备转载上仓，造成了能源浪费。因此，寻找可以有效降低电量且不影响煤质的方法显得尤为重要。

二、技术实施

将原 6 mm 脱泥筛筛板更换为 3 mm 筛板，并且将脱泥筛下方弧形筛筛板全部抽出，然后在弧形筛的筛上物去离心机的入料口处进行封挡，从而实现<3 mm 的脱泥筛筛下物全部进入煤泥桶，然后通过水力旋流器分选出粗煤泥再由弧形筛、离心机脱水后进入混煤上仓带式输送机。

通过改造可以实现在大井全入选且对商品煤煤质不造成影响的情况下，将 3 台离心机、4011 带式输送机、4010 刮板输送机、7102 带式输送机全部停机备用，大大节省了电量消耗。同时由于成品煤带走水分的减少，生产过程中需要补加的水量也有所降低，从而也节省了水量的消耗。

三、应用效果

(1) 离心机功率为 61.25 kW/台，4011 带式输送机功率为 18.50 kW，4010 刮板输送机功率为 220 kW，7102 带式输送机功率为 220 kW，共计功率为 642.25 kW。平均每天开启 16 h，按照电费为 0.562 4 元/度计算，则全年 330 天可节省电费 190 万元。

(2) 降低了离心机筛篮(约 1.9 万元/个)更换周期，可节省费用约 6 万元/年，减少了刮板、马蹄环、带式输送机托辊的更换数量和频率，约 18 万元/年，大大节省了材料消耗，同时还降低了员工的日常工作强度。

(3) 简化了分选环节,减少了原来 6～0.5 mm 煤泥所带出的水分,系统的循环用水量从原来的 1 373.76 m^3/h 增大到了 1 395.67 m^3/h,生产调节更加灵活。若减少此部分补充水量 21.91 m^3/h,则可节省洗水费用约 53 万元/年。

(4) 煤泥全部汇集到水力旋流器分选,通过底流嘴的调整,底流嘴浓度从 148.5 g/L 增大到了 342.5 g/L,再经过弧形筛脱水后进入煤泥离心机,脱水效果显著提高。粗煤泥水分从 22%降低到 20.80%,起到了提质增效的作用。

(5) 大井末煤入选时末精煤灰分＞6%,一直偏高,经过对系统的全面盘查和试验后发现大井原煤中＜6 mm 粒级存在部分可见矸,对末精煤特低灰影响较大。改造后排出了 6～3 mm 粒级的矸石并且将－3 mm 的煤泥通过脱水后回掺到活井混煤中,从而降低了对末精煤的影响,灰分降到了 5.5%左右。

综上所述,通过更换筛板和改变煤泥走向,可以增加至少 267 万元/年的经济效益。

四、案例小结

目前,选煤厂生产实际中可以通过现场的实际情况对其进行优化改造。大柳塔选煤厂此次尝试就是在减少设备运行数量的前提下,充分发掘系统潜力,分选出合格的商品煤,大幅降低了生产成本。

第八节　补连塔选煤厂 2-2 煤生产系统效益提升优化改造

◇ 内容导读

针对入选量不能达到设计要求的现状,神东煤炭洗选中心补连塔选煤厂结合该厂现场生产实际对 2-2 煤生产系统进行了筛板、破碎机改造并增加了浅槽固定筛,优化了 2-2 煤生产系统,降低了生产成本,提高了产品质量。

一、问题提出

补连塔选煤厂设计为 2-2 煤原煤全入选,其中:块煤设计入选量为 1 500 t/h,末煤设计入选量为 1 500 t/h。由于系统及设备各方面原因,2-2 煤块煤实际入选量仅为 900 t/h,严重制约正常生产。

改造前 2-2 煤块煤入选系统主要存在问题如下:

(1) 239 原煤分级筛筛前 200 mm 筛孔大块煤筛板拆除,筛下进入块煤入选系统物料粒度超标严重。由于前期筛分系统改造时,1-2 煤的 240 原煤分级筛和 2-2 煤的 239 原煤分级筛筛前大块煤共用一条转载带式输送机,为避免两个煤种错配且大块煤破碎机能力受限,将 239 原煤分级筛筛前大块筛板拆除,使大于 200 mm 的大块煤直接从筛下进入块煤入选系统,不经破碎,且 239 原煤分级筛处在配煤刮板输送机的机头,大块煤量较多,导致块煤入选粒度超标严重且大块煤含量较高。

(2) 802、803、832 原煤分级筛筛前大块煤筛板筛孔过大。由于原煤分级筛采用两段分级,分级效果差,为改善筛分效果,筛前大块煤筛板的筛孔为 200 mm×230 mm 椭圆冲孔筛板,在运行过程中,有部分单向粒度超标的大块煤透筛后进入块煤入选系统。

(3) 252 大块煤破碎机齿尖磨损超标，处理能力小。252 破碎机型号为 ADDC20×48，处理量为 150 t/h，排料粒度－200 mm，由美国 MCLANAHAN 公司生产，于 2004 年 12 月使用。由于使用年限较长，齿尖磨损严重，现破碎机的处理能力不足 100 t/h，大块煤量大时常导致破碎机卡死且排料粒度超标。

(4) 301A 块煤入选配煤刮板输送机分料粒度不均，影响后续设备过煤量。301A 配煤刮板输送机(双层刮板)由入选胶带来料，再由刮板刮至机尾分配给 4 台脱泥筛，由于下料插板从机尾至机头开度逐渐增大，导致多数大块煤都由机头落下，致使 4 台脱泥筛的入料粒度不均。

(5) 浅槽溢流固定筛脱介效果差，煤流流速较快。浅槽溢流固定筛为单排 2 mm 不锈钢筛板，由于浅槽介质循环量较大，溢流精煤经固定筛进入精煤脱介筛的流速较快，煤流易在脱介筛激振大梁下方积聚卡阻。

(6) 315A、316A 精煤脱介筛受筛机大梁限制，大梁处易卡煤块，影响过煤量。315A、316A 精煤脱介筛为双层香蕉筛，激振大梁距筛板 280 mm，最低处为 200 mm，设计处理能力为 750 t/h，实际生产中受激振大梁影响，当煤量加到 450 t/h 时，筛面床层厚度可达 250 mm，激振大梁处过煤受阻，处理能力受限。

(7) 2-2 煤原煤中夹矸煤含量较多，这部分夹矸煤会随浅槽溢流进入精煤而影响精煤煤质。自 2014 年 11 月 22 日，神东煤炭洗选中心产品结构调整，2-2 煤开始组织生产特低灰煤，但实际生产过程中，因夹矸煤得不到有效解离，导致商品煤灰分在 5.5%～7.78%之间波动较大，特低灰煤灰分超标严重，商品煤合格率仅为 55.56%。为保证特低灰煤质量要求，必须将末煤入选后的末精煤回掺至块煤，增加了生产成本。

二、技术实施

针对以上问题，补连塔选煤厂采取的整改方案内容如下：

(1) 恢复 239 原煤分级筛筛前 200 mm 大块煤筛板(图 1-10)，将 240 原煤分级筛筛前大块煤筛板拆除(图 1-11)，241 筛前大块煤转载带式输送机反转运行，使 2-2 煤大块煤全部进入 252 破碎机破碎。由于 240 原煤分级筛为配煤刮板输送机的机尾第一个筛机，日常配筛时，其入料插板开度在 200 mm 以下，进入 240 筛机超粒度煤量少。因此，把筛前大块筛板拆除也不会造成 1-2 煤入选粒度超标，同时避免了两个煤种错配。

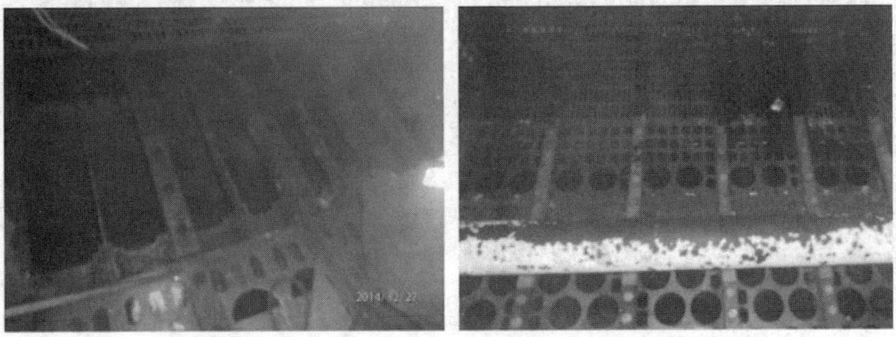

(a) 整改前　　(b) 整改后

图 1-10　239 筛机整改

(2) 将 802、803、832 原煤分级筛筛前 200 mm×230 mm 大块煤筛板更换为 200 mm×150 mm 筛孔筛板，减少单向超标煤块透筛进入块煤入选系统(图 1-12)。

(a) 整改前　　　　(b) 整改后

图 1-11　240 筛机整改

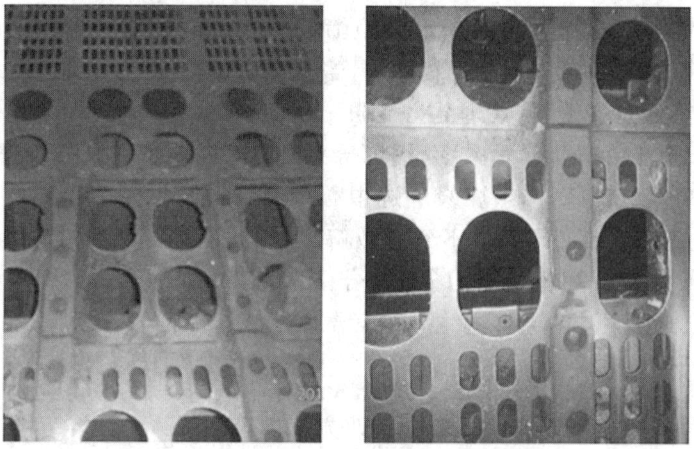

(a) 整改前　　　　(b) 整改后

图 1-12　原煤分级筛筛板更换

(3) 更换 252 破碎机(图 1-13)。原有 252 破碎机使用年限较长,处理能力不足 100 t/h,破碎粒度为－200 mm;新更换破碎机处理能力为 200 t/h,破碎粒度为－100 mm。

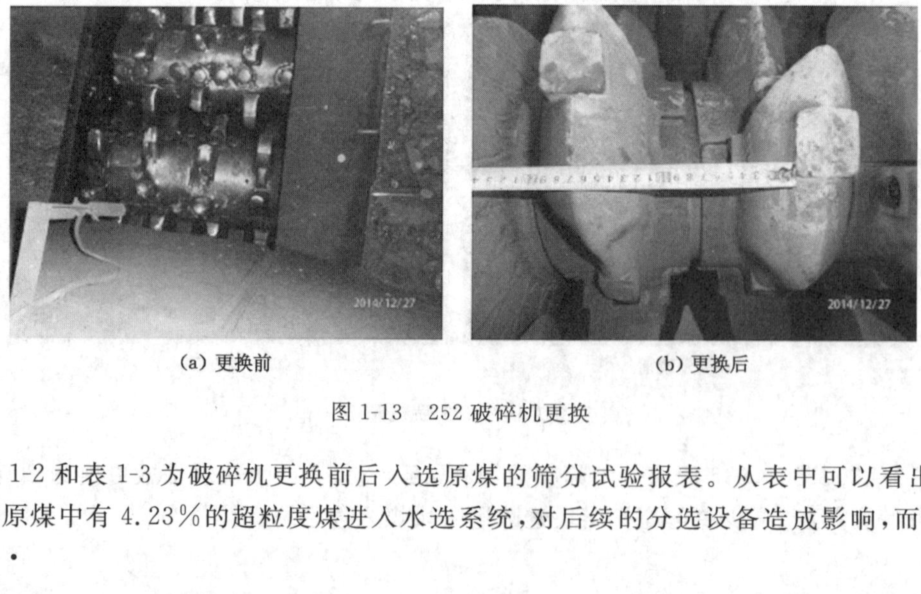

(a) 更换前　　　　(b) 更换后

图 1-13　252 破碎机更换

表 1-2 和表 1-3 为破碎机更换前后入选原煤的筛分试验报表。从表中可以看出,更换前入选原煤中有 4.23%的超粒度煤进入水选系统,对后续的分选设备造成影响,而更换后

入选原煤中无超粒度煤进入水选系统，符合设备运行要求。

表 1-2 补连塔选煤厂 2-2 煤入选块原煤筛分试验综合表(破碎机更换前)

粒级/mm	质量/kg	产率/%		
		各粒级	筛上累计	筛下累计
>200	9	4.23	4.23	100.00
200～100	46.00	21.59	25.82	95.77
100～50	56.00	26.29	52.11	74.18
50～25	62.00	29.11	81.22	47.89
25～0	40.00	18.78	100.0	18.78
合计	213.00	100.0		

表 1-3 补连塔选煤厂 2-2 煤入选块原煤筛分试验综合表(破碎机更换后)

粒级/mm	质量/kg	产率/%		
		各粒级	筛上累计	筛下累计
>200	0	0.00	0.00	100.00
200～100	10.00	4.18	4.18	100.00
100～50	105.00	43.93	48.11	95.82
50～25	84.00	35.15	83.26	51.89
25～0	40.00	16.74	100.0	16.74
合计	239.00	100.0		

(4) 在 301A 刮板输送机入料口一侧安装插板，通过调整插板开度来调配进入脱泥筛的煤量，使一半煤直接从机头分配给前两台脱泥筛，另一半煤从机尾分配给另外两台脱泥筛，避免全部入料从机尾分配造成粒度分配不均情况。

(5) 增加浅槽固定筛的排数，提高固定筛的脱介效果，减小煤流进入精煤脱介筛的流速，避免煤量积聚在脱介筛激振梁下方，使煤层均匀通过脱介筛(图 1-14)。

(a) 整改前　　(b) 整改后

图 1-14 固定筛整改

(6) 脱介筛激振大梁前增设挡帘,煤流通过挡帘时减速,降低煤流速度和煤层高度,避免煤块卡在激振大梁处(图 1-15)。

图 1-15　脱介筛前增设挡帘

(7) 将 315A、316A 上层轨座筛板改为压条筛板(图 1-16)。轨座筛板厚度为 45 mm,激振大梁与筛板距离为 280 mm,而压条筛板的厚度为 10 mm,更换后激振大梁与筛板距离为 315 mm,使激振大梁与筛板距离增加 35 mm,增大了筛机的通过能力。

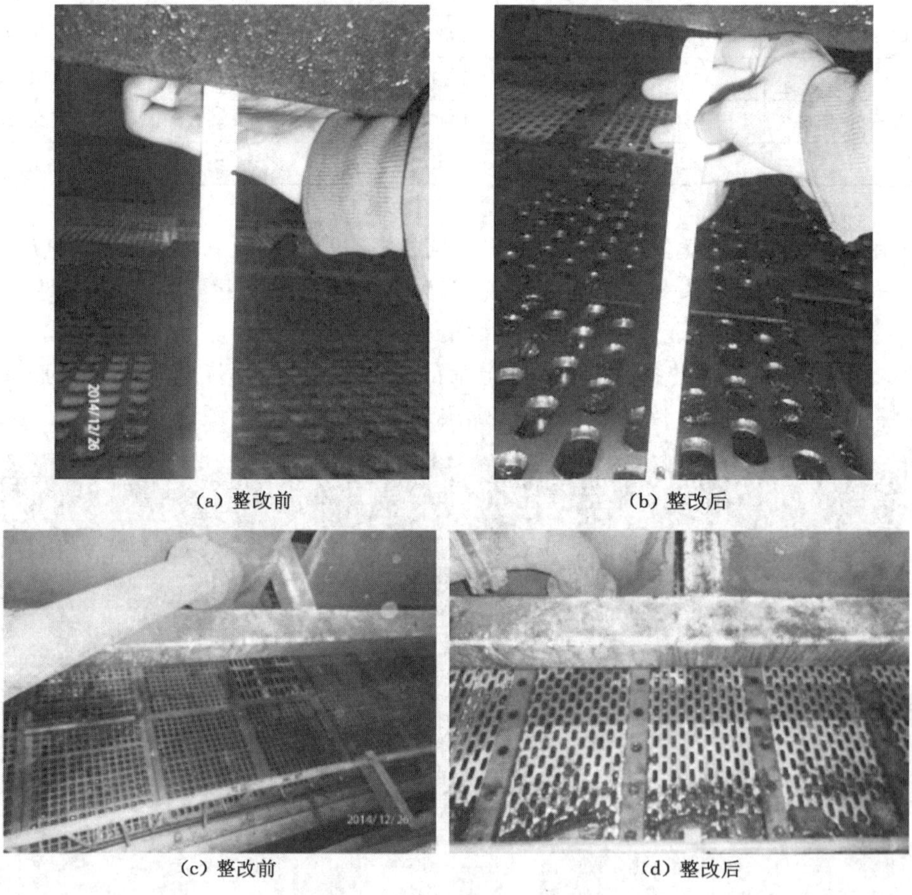

(a) 整改前　(b) 整改后

(c) 整改前　(d) 整改后

图 1-16　轨座筛板改为压条筛板

三、应用效果

根据补连塔选煤厂 2-2 煤生产情况计算，改造后的效益如下：

(1) 2-2 煤块煤系统入选能力由 900 t/h 提高到 1 200 t/h，2-2 煤系统总生产能力提高 300 t/h，生产效率提高 13%。

(2) 按补连塔选煤厂 2-2 煤原煤量 1 086 万 t 计算，可减少系统生产时间 545 h，使电耗、材料消耗、设备维护等各项费用明显减少。

(3) 大大减少了 2-2 煤生产系统的故障影响时间。每月可减少故障影响时间 450 min，全年减少故障影响时间 90 h，大大减少因重载启车造成的设备损耗及电力消耗等。

(4) 有效降低了入选原煤粒度，使夹矸煤得到了有效破碎解离，提高浅槽分选效率，保证精煤煤质。改造前 2-2 煤生产特低灰煤因块精煤质量不稳定，必须回掺末精煤；改造后，2-2 煤生产特低灰煤只需运行块煤系统便能达到特低灰商品煤质量要求，无须开启末煤系统，而末煤系统的生产成本约为块煤系统的 3 倍，因此大大降低了生产成本。

四、案例小结

选煤厂改造与技术升级是一项非常复杂的工程，要根据实际情况，采取有针对性的措施。同时，选煤厂生产的过程也是不断改造、不断创新、不断完善的过程。

课后思考题

1. 选煤厂常用的筛分设备有哪些？各自的优缺点是什么？
2. 简述煤矿井下煤矸破碎、分选技术的类型及各自的特点。
3. 简述原煤脱泥工艺、设备的种类及特点。
4. 简述块煤过粉碎现象的主要原因。采取何种方法来防止过粉碎？

第二章 重力选矿案例

第一节 井下毛煤排矸及矿井水处理联合工艺

◈ 内容导读

介绍了重介质浅槽分选机在煤矿井下的工艺布置及其在井下排矸的实际意义，并以新汶矿业集团济阳矿二采区为例，阐述了重介质浅槽分选机在井下生产中的应用。

一、问题提出

煤矿开采的毛煤在井下一般不做处理，直接进入井底煤仓，由提升运输系统运到井上后再进行排矸处理。井下煤流系统中矸石的运输属于无效运输，大大降低了矿井的实际产能。以毛煤中$>$50 mm 粒级矸石含量为 15％计算，对于年生产能力为 500 万 t 的矿井，每年的无效运输量可达 75 万 t，相当于一个中型矿井的年产量。升井后从煤中分选出的矸石既占用土地，又会对环境造成污染，还有可能发生地面塌陷等灾害性事故。据有关资料介绍，目前全国煤矸石已经累计堆存约 42 亿 t，占用土地约 8.17 万 km^2。此外，煤矸石中含有一定的可燃物，在一定的情况下还会发生自燃，并排放二氧化硫、氮氧化物和烟尘等大量有害气体，污染环境。因此，在井下进行煤矸分离，并将矸石在井下充填，不仅具有良好的经济效益，还具有深远的社会效益。

二、技术实施

井下毛煤排矸及矿井水处理联合工艺包括块煤排矸和矿井水固液分离作业两部分。其中块煤排矸作业包括筛分、破碎和分选步骤；矿井水固液分离作业包括水力分级、浓缩和压滤步骤。通过块煤排矸作业将毛煤中大块矸石清除，同时将其中的大块颗粒物破碎到合适的粒度；通过矿井水的固液分离作业，将矿井水中的固体物回收到煤流线中，同时得到清澈的溢流水给入井下水仓中；块煤排矸作业中产生的煤泥水则送往矿井水固液分离系统进行处理，而矿井水固液分离系统为块煤排矸作业提供了分选用水，从而将二者合为一个有机的整体。其分选排矸工艺可根据煤种不同和产品质量要求等实际情况采用动筛跳汰机分选工艺或者重介质浅槽分选工艺。排出的矸石破碎后可用于矿井采空区的回填，或用作井下喷涂混凝土的骨料，实现废物利用；分选排矸设备所需洗水由井下矿井水经分级沉淀、浓缩澄清后得到，经加工处理后基本不含固体物料的矿井水引至井下水仓，不仅解决了井下水仓清淤的难题，还省去了地面矿井水处理系统。井下毛煤排矸系统如图 2-1 所示。

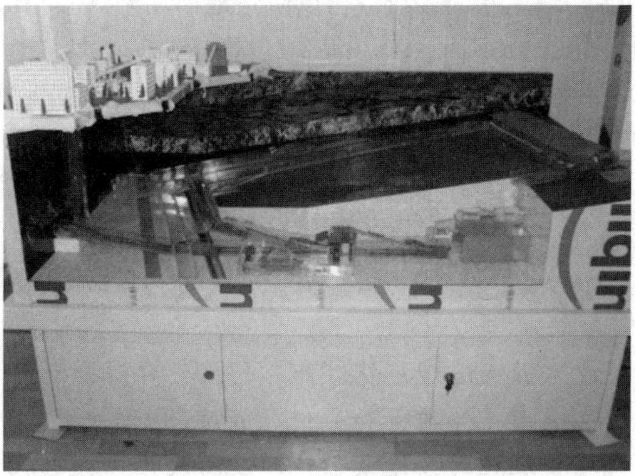

图 2-1 井下毛煤排矸系统

三、应用效果

该工艺的实施能够杜绝毛煤中大块物料对矿井提升运输设备的冲击损害和各个转载点的卡堵现象，有效地解决井下水仓清淤难题，具有显著的经济效益。主要表现在以下三个方面：

(1) 减少了矿井的无效提升运输量，增大了矿井的实际生产能力。

(2) 改善了原煤煤质，为后续分选加工作业创造了条件，简化了选煤厂的工艺系统(选煤厂可不建原煤准备车间，部分选煤厂甚至迁移至井下)，降低了选煤生产加工成本。

(3) 避免了矸石升井后占用耕地、造成污染等问题，且矸石用于采空区回填，可防止地面塌陷，还可作为井下喷涂混凝土的骨料使用，降低巷道施工维护成本，做到了废物利用。

该工艺还存在以下突出优点：

(1) 主排矸设备的用水均由矿井水处理后获取，节约了水资源。

(2) 分选过程产生的煤泥水也由矿井水处理系统进行固液分离作业，简化了工艺系统。

(3) 采用水力分级设备和压滤机分别截取回收矿井水中的大块物料和煤泥水中的细粒煤泥，有效回收了资源。

(4) 采用巷道构建井下浓缩沉淀装置，可以利用废弃巷道，既节约了成本，又节省了基建时间。

(5) 经浓缩沉淀澄清后的矿井水泵送到地面后基本可以做到直接排放，省去了地面矿井水处理系统。

该系统主要工序在兖矿能源集团股份有限公司济宁三号煤矿得到了工业应用。

四、案例小结

井下毛煤排矸系统应用前景广阔，经济和社会效益显著，主要表现在以下几个方面：

(1) 井下毛煤排矸系统的实施可大幅减少矿井的无效提升运输量，降低能耗及运营成本，同时增大矿井的实际生产能力。

(2) 矸石不升井，可省去井上的矸石堆放场地，避免矸石升井后占用土地；同时，也避免了矸石山的自燃，杜绝了 CO_2 和 SO_2 有害气体的排放量，实现了绿色开采。

(3) 排出的矸石可用于采空区回填材料,以防止地面塌陷,还可作为井下喷涂混凝土的骨料使用,降低巷道施工维护成本。

(4) 选后矸石作为回填物可以安全置换“三下”压煤,最大限度地回收煤炭资源。

第二节 细粒矿物流态化干扰沉降分选(级)机

◈ 内容导读

粗煤泥分选问题成为影响选煤厂精煤产率的主要瓶颈。大直径重介质旋流器和浮选设备的广泛应用在提高产品质量和分选效果的同时,一定程度上降低了介于重选和浮选粒度交界附近粗煤泥的分选效果。而液固流化床分选机能够吻合粗煤泥本身粒度范围窄、须低密度分选的特点,具有结构简单、操作容易和维修量小等优势,应用广泛。

一、问题提出

我国煤炭分选方法从粒度上分主要包括粗粒(>0.5 mm)重选和细粒(<0.5 mm)浮选两大类,分选粒度界限为 0.5 mm。随着粒度的减小,重选分选效果逐步变差,而浮选的最佳分选粒度范围为 0.25~0.074 mm,因此介于重选和浮选有效分选粒度界限附近的煤粒分选效果较差。这部分煤粒即是通常所讲的粗煤泥。根据我国的国家标准 GB/T 7186—2008 关于粗煤泥的定义为:粒度近于煤泥,通常在 0.3~0.5 mm 以上,不宜用浮选处理的颗粒。液固流化床粗煤泥分选技术成为近年细粒煤分选研究的热点,相对于其他粗煤泥分选技术(煤泥重介质旋流器分选、水介质旋流器分选、螺旋分选等),优势如下:分选密度低,一般在 1.4~1.9 kg/L 并且可控可调;在窄粒级范围内,按密度分选效率较高。以干扰床分选机(teeter bed separator,TBS)为代表的液固流化床分选粗煤泥设备已经大量生产和应用,优化了选煤工艺,提高了经济效益。

TBS 是由古老的水力分级机发展而来的,由于其分级和分选作用遵从干扰沉降原理,故将这种设备命名为干扰床分选机。自 20 世纪 80 年代起,美国率先将其用于选煤厂生产。经过多年的研究和改进,其分选密度逐步降低,分选效果良好。

传统干扰床分选技术针对细粒煤分级困难,重力分选效果不佳,用于粗煤泥分选时要求入料粒度范围较窄,当入料粒度范围较宽时,粒度对分选的不利影响表现得十分明显,低密度粗煤粒容易进入高密度底流。虽然可以通过提高上升水流速度的方法来强化低密度粗煤粒的回收,但高的上升水流速度又会造成高密度细粒煤进入溢流槽中,导致分选效率降低。这主要是由于传统干扰床分选技术仅采用了单一的上升水流,且在整个分选腔内上升水流速度基本不变。

二、技术实施

如图 2-2 所示,该设备由干扰床分选机、给料系统、蠕动泵 1、精煤回收系统、水泵 15 相互连接而成。给料系统由搅拌桶 6、浓度计 7、流量计 8、阀门 9、给料管 10 构成。精煤回收系统由脱泥筛 4、灰分仪 3、控制器 2 构成。在干扰床分选机内部加入若干阻尼块和筛网,在干扰床分选机中部，连接给料系统以形成稳定的流态化床层，同时在分选设备下部、重产物排料口的上部增设隔膜来产生脉动水流，使得不同密度的颗粒获得加速、减速效应，强化密度对分选效果的主导作用，采用蠕动泵排放重产物，增大设备处理能力。这样，脉动水流能有效地改善流态化床层的松散状态从而显著改进分选效果，使得分选机在入料粒度范围较宽时仍能取得良好的分选效果。阻尼块和筛网的引入使得液固两相流在分选机机体内的流态分布更趋合理，涡流的形成能有效地消除颗粒间的夹杂现象，提高分选效率。通过调节脉动水流的振幅和频率，辅以调节蠕动泵的转速能方便地根据原料煤的煤质情况及产品的质量要求来调整分选机的工况，满足实际生产的需要。蠕动泵的应用能加速重产物的排放速度，从而增大设备的处理能力。中部入料方式减少了重产品的分选时间，同时减轻了高密度细颗粒在轻产物中的混杂情况。

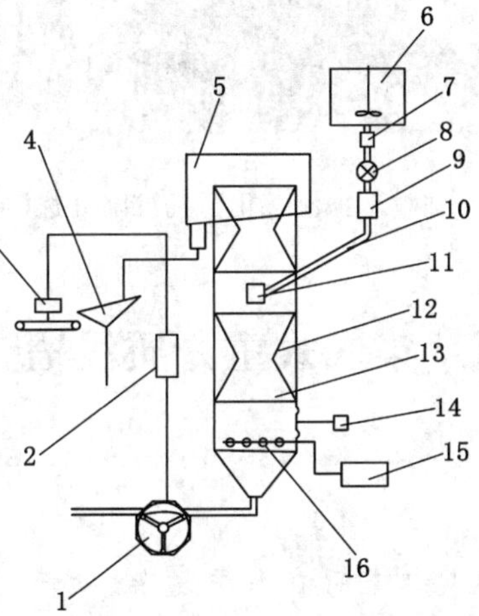

1—蠕动泵；2—控制器；3—灰分仪；4—脱泥筛；5—溢流箱；6—搅拌桶；7—浓度计；8—流量计；9—阀门；10—给料管；11—缓冲器；12—阻尼块；13—筛网；14—脉动波发生器；15—水泵；16—流体分布器。

图 2-2　细粒矿物流态化干扰沉降分选（级）机

三、应用效果

细粒矿物流态化干扰沉降分选（级）机（图 2-3）在国内煤矿、金属矿、非金属矿的分选（级）中具有广阔的市场前景。以年处理量 600 万 t 的煤矿为例计，精煤产率提高 1 个百分点，可多产精煤 6 万 t，每年约增加经济效益 1 800 万元。该项技术获多项国家专利，并在第十一届“挑战杯”全国大学生课外学术科技作品竞赛中荣获二等奖，已在山西潞安矿业集团有限责任公司屯留选煤厂用于粗煤泥的工业化分选。

四、案例小结

TBS 单位面积处理能力大，对入料煤质的变化适应性强，分选效率高，有效分选密度范围宽，具有较好的发展前景。

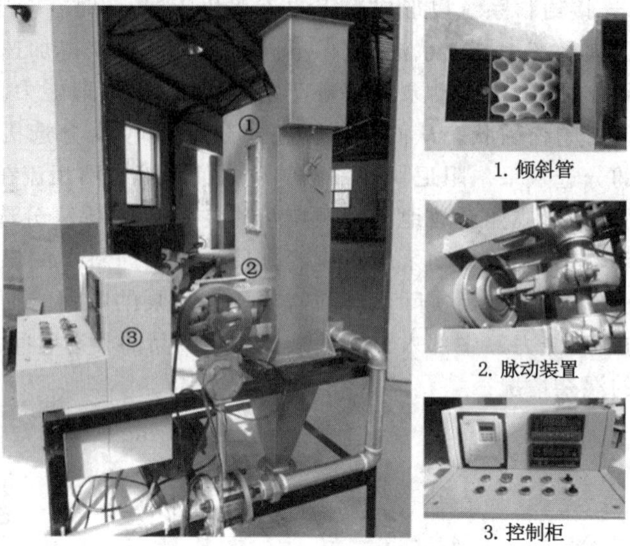

图 2-3　细粒矿物流态化干扰沉降分选(级)机实物

第三节　集成式重介质浅槽分选系统

> **◈ 内容导读**
>
> 针对目前重介质浅槽选煤工艺存在系统复杂、投资大、功率大、管理和维护工作量大的问题，提出了集成式重介质浅槽分选系统。新系统布置灵活紧凑、操作简单、检修方便，在节省空间的同时，大大节约了人力。该系统目前已应用于河南焦煤能源有限公司演马庄矿选煤厂跳汰矸石的再选作业，经济和社会效益明显。

一、问题提出

国外专家对煤矸石分选做了大量研究工作，先后提出了 20 余种形式的分选识别方法，包括天然(人工)γ射线、机械振动、无线电探测、红外反射和雷达等，但真正大规模工业应用的较少。目前，国内对于煤矸石的主要湿法分选方式有跳汰分选和重介质旋流器分选；主要干法分选是复合式干法分选。

跳汰机是在垂直升降的变速水流中，按密度差异对矿物进行分选的设备。由于煤矸石分选所需的介质密度较大，所以跳汰机分选煤矸石时存在分选精度差、分选效率低、矸中带煤量大等问题。重介质浅槽分选机依据阿基米德定律在重力场中对煤炭进行分选，采用磁铁矿粉作为加重质，低于介质密度的轻产物上浮，在水平流的作用下流过溢流堰，成为精煤产品；高于工作介质密度的物料沉到槽体底部，成为尾煤，由低运行速度的链刮板刮出。浅槽分选机中的物料分选速度快，分选过程平稳，可有效减少矸石的泥化和破碎。为了使物料在重介质浅槽分选机内有效分选，悬浮液必须保持稳定并均匀分布，该悬浮液由合格介质泵分两部分送入。目前，在普遍使用的重介质浅槽选煤工艺中，存在如下特点：

(1) 整套分选工艺涉及的设备包括预先筛分设备、重介质浅槽分选机、弧线振动筛、直线振动筛、合格介质桶、稀介质桶、浓介质桶和磁选机等，多为跨层布置，其中合格介质桶和稀介质桶多布置于厂房的一层，占用了较高的厂房高度。

(2) 分选得到的轻重产物采用垂直排料的方式，分别采用弧线振动筛和直线振动筛进行脱介。

(3) 采用设置分流箱的方法，分流出部分一次脱介后的循环介质进入磁选机进行磁选。

上述特点使得系统中必须有完成相应功能的分流箱、介质桶、多台脱介筛，从而增加了系统工艺环节，增加了系统投资和厂房基建投资，降低了系统的可靠性，增大了系统功率，增加了管理和维护的工作量等。

二、技术实施

集成式重介质浅槽分选系统如图 2-4 所示。该分选工艺高度集成了传统重介质浅槽分选工艺，使其适合洗矸石的再选，特别是使其适合选煤厂对跳汰矸石再选的技术改造，减少了系统投资和厂房基建投资，提高了系统的可靠性，降低了消耗功率，简化了管理和维护工作量，提高了分选效率。

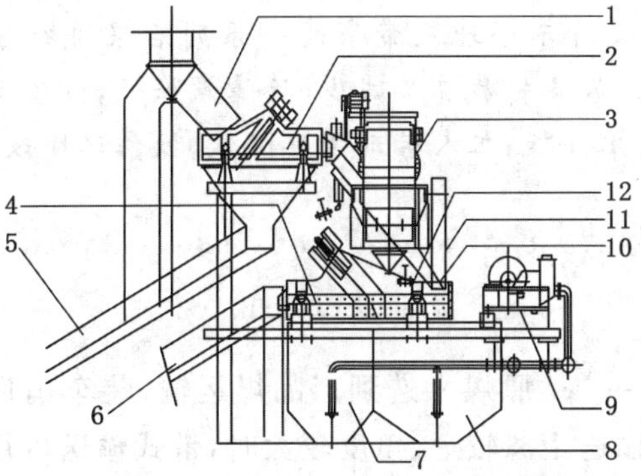

1—洗矸石或洗中煤入料；2—预先分级筛；3—浅槽重介质分选机；4—直线振动筛后段；5—预先分级筛筛下溜槽；6—分选得到的块精煤溜槽；7—直线振动筛后段(稀介)溜槽；8—直线振动筛前段(合介)溜槽；9—磁选机；10—浅槽重介质分选机重产物；11—浅槽重介质分选机轻产物；12—直线振动筛前段。

图 2-4　集成式重介质浅槽分选系统

该分选工艺的特点如下：

(1) 把传统轻重产物的垂直排料方式改为同向排料，使轻重产物可以共用同台固定脱介筛、直线振动筛进行脱介，筛子中间用隔板隔开。

(2) 脱介筛筛下合格介质和稀介质溜槽经特殊设计，取代了合格介质桶和稀介质桶。

(3) 磁选精矿直接进到合格介质桶，减少了浓介质桶。

(4) 从合格介质泵输出管路上直接分出三个出口，分别去重介质浅槽分选机的水平流、上升流和磁选机磁选，后者取代了传统工艺设计的分流箱。

(5) 密度调节装置的使用保证了工作悬浮液在分选过程中密度的稳定。在返回重介质浅槽分选机介质流的管路上使用压差密度计，避免了分选过程中悬浮液的密度出现较大的波动。

重介质浅槽分选机可以根据现场情况特制，轻重产物同向排料，使用同一台脱介筛脱介，改进的脱介筛筛下漏斗和介质泵上分流装置取代了分流箱、合格介质桶和稀介质桶，从而使系统布置灵活紧凑、操作简单、检修方便，可实现一键式启停车，在节省空间的同时，又大大节约了人力。该系统可用于矸石再选作业。

三、应用效果

该系统目前已在河南焦煤能源有限公司演马庄矿选煤厂用于跳汰矸石的再选作业，从中回收部分低密度可燃物，取得了良好的经济、社会和环保效益。

四、案例小结

新型集成式重介质浅槽分选系统缓解了传统系统复杂、投资大、功率大、管理和维护工作量大的问题，应用于演马庄矿选煤厂，经济和社会效益显著。

第四节　梁北选煤厂精煤与中矸产品转载入仓系统的改造

◈ 内容导读

针对梁北选煤厂的产品转载入仓系统设计不合理及带来的一系列后果进行了分析，并提出了新的解决方案。改造效果表明，设备转载环节减少，故障点降低，设备运转效率提高；作业工人减少，人员工效提高，成本降低；工人劳动强度降低，操作环境改善，安全系数提高。

一、问题提出

带式输送机是选煤厂重要的运输设备之一。从原煤入选到产品煤运输、装车销售整个过程中带式输送机起着举足轻重的作用。当输送距离较远、角度较大时，带式输送机往往需要进行转载输送，而转载输送过程中不可避免地会出现一些问题。梁北选煤厂的产品转载入仓系统在生产过程中存在以下问题：

（1）带式输送机转载点管理难

精煤与中矸产品入仓系统的运输转载带式输送机的转载点不在同一个平面上，尤其是地下转载点光线不好、检修空间狭窄、设备难于维护、卫生不易打扫、经常有积水积煤，同时不利于安全作业。

（2）带式输送机头看护岗位多

上下层分开的带式输送机机头与机尾因有楼层隔离，致使岗位人员无法同时兼顾两台设备，增加了岗位看护，不利于减人提效与设备管理。

（3）精煤带式输送机机头溜槽堵塞

生产能力的提高使得精煤转载带式输送机运输量大大增加，该厂生产的产品大部分是浮选精煤，颗粒较细、黏度较大、易黏附溜槽。503 精煤带式输送机机头的落料溜槽设计不太合理，下料角度较小，翻板位置不合适，翻板不论向哪个方向打，均在翻板上滞煤。精煤入仓时必须两条胶带同时运行，才能避免堵塞溜槽，影响生产。如果溜槽堵塞，不仅导致精煤落地，工人清理溜槽的劳动强度增大，而且存在很大的安全隐患，设备的事故率提高，造成了不必要的电能浪费和装车费用,生产成本增加。

二、技术实施

技术改造采用降能节耗、同类合并、舍去难于管理的转载点的方案:将原来靠近转载点处的中矸栈桥和精煤栈桥向上抬升,取消原有的精煤转载点和中矸转载点;将原来的501、502两条精煤胶带合二为一,701、702中煤胶带合二为一,801、802矸石胶带合二为一,改造后的胶带经过两次变换角度。

三、应用效果

(1) 设备转载环节减少,故障点降低,设备运转效率提高。

(2) 减少了岗位设置,人员工效提高。改造后减少岗位2个,三班生产岗位人员6名,每月按人均0.25万元计算,每年可节约人工工资18万元。

(3) 解决了精煤胶带503机头溜槽经常堵塞的状况,消除了潜在的安全隐患;减少了设备故障率,降低了工人劳动强度。

(4) 真正实现只运行一条配仓胶带就能够满足精煤仓配煤的需要,节约电能消耗,降低生产成本,实现最佳的经济效益。

(5) 去掉一个职工"望而生畏"、设备维护环境差、有一定安全隐患的岗位,对公司的安全生产、职工的职业健康环境起到了不可估量的作用。

此次栈桥改造工作节约电耗22 kW/t,设备损耗减少2台4 kW和1台5.5 kW的电机、电动滚筒及减速机。此次改造解决了转载点处积煤积水、无人愿意管理的问题,且节省3个胶带滚筒、3个人工,减少工人的设备维护工作,取得较好的收益。

四、案例小结

结合梁北选煤厂精煤与中矸产品转载入仓系统的改造实例,说明带式输送机在设计、安装过程中要考虑车间的实际情况,最优化的布置才能降低选煤厂成本投入。梁北选煤厂通过对精煤和中矸产品转载入仓系统的改造,系统得到了优化配置,提高了人员工效和经济效益,减少了影响安全生产的因素,改善了工人操作环境。

第五节　梁北选煤厂粗精煤回收工艺的创新

◈ 内容导读

分析了梁北选煤厂粗煤泥分选系统产品灰分偏高的原因,提出了合理的解决方法。实践表明,改造后精煤产品质量稳定,精煤回收率提高,为企业带来显著的经济效益。

一、问题提出

梁北选煤厂分选工艺采用预脱泥有压给料三产品重介质旋流器分选+粗煤泥TBS回收+煤泥直接浮选+浮选精煤加压过滤机回收+尾煤压滤机回收的联合流程。原生煤泥经水力旋流器分级后,底流进入粗煤泥系统进行分选。粗煤泥系统工艺流程如图2-5所示。近年来,集团公司兼并重组了一批小煤矿,为了更好地利用煤炭资源,减少煤炭消耗对环境的影响，实现社会、企业效益的最大化，选煤厂担负起分选外来煤的任务。由于矿井原煤粒度变细、灰分升高，以至于生产过程中需降低重介分选密度以平衡产品的综合灰分，保证分选产品的质量。重选背灰大大降低了精煤产率，严重影响了选煤厂的经济效益。

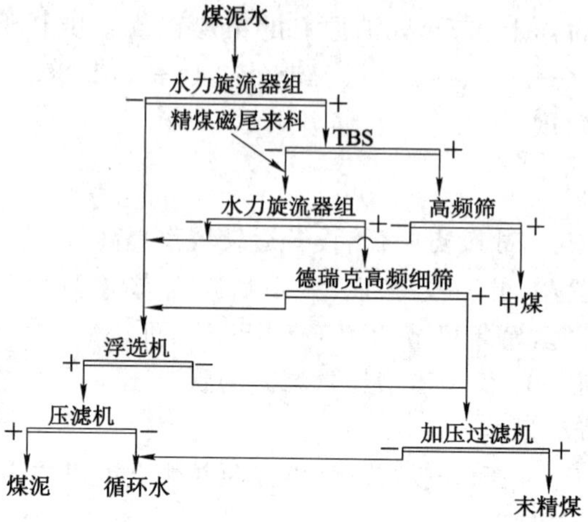

图 2-5　粗煤泥系统工艺流程图

实际生产中，德瑞克高频细筛筛上灰分为 16.49%，而要求精煤的综合灰分小于 11%，因此重选精煤为其背灰。德瑞克高频细筛筛上灰分偏高可能是由以下几个方面造成的：① 分选车间地沟水去向不合理；② 重介质旋流器分选下限高，部分进入重介系统的煤泥未能有效分选；③ 粗煤泥精煤比例增大，德瑞克高频细筛处理量不够，造成产品中高灰细泥无法有效脱除；④ TBS 对 −0.2 mm 粒级分选效果不理想。

二、技术实施

基于上述问题进行了如下改造：

(1) 优化主选车间地沟水系统

① 混料桶附近地沟水经扫地泵泵送至精煤稀介质桶，改为泵送至混料桶。混料桶附近地沟水主要来自混料桶内煤介悬浮液，灰分高且含有部分介质，地沟水量较小，将其重新循环至混料桶，不仅不会对重介分选密度造成影响，而且能够减少介质损耗，降低对精煤磁尾综合灰分的影响。

② 精煤沿线及中矸胶带沿线地沟水经扫地泵送至精煤稀介桶，改为泵送至中矸磁尾桶，经浓缩脱水后混入中煤产品。

(2) 检查调整原生煤泥分级旋流器组

选煤厂原生煤泥分级旋流器组部分底流口直径由安装前的 45 mm 磨损至 50 mm 左右。更换底流口后，原生煤泥分级旋流器底流夹细现象有所好转，减少了 TBS 入料中 −0.2 mm 粒级的含量。

(3) 更换德瑞克高频细筛筛板

水质硬度高及温度变化引起德瑞克高频细筛筛板背面筛丝出现大面积结垢现象，结垢使得筛孔变小，降低了德瑞克高频细筛的分级下限。因此更换德瑞克高频细筛筛板，同时将结垢的筛板除垢后作为备用筛板。

(4) 增加德瑞克高频细筛筛上喷水

通过增加德瑞克高频细筛筛上喷水，强化德瑞克高频细筛分级效果，减轻高灰细泥对精煤综合灰分的影响；同时调整德瑞克高频细筛各层筛面的布料情况，使筛板的有效筛分面积得到最大化利用。

三、应用效果

经过系列改进措施的实施，精煤灰分能够稳定在 11%以下，降低了重介精煤为浮选精煤背灰的比例，提高了重选精煤的回收率，同时提高了分选精煤综合灰分的稳定性，为企业带来较大的经济效益。

四、案例小结

通过对选煤厂工艺和设备的技术改造，梁北选煤厂有效解决了粗煤泥分选及脱泥问题，精煤产品质量稳定，提高了精煤回收率，降低了粗煤泥产品灰分，减少了重选精煤的背灰情况，为企业带来显著的经济效益和社会效益。

第六节　梁北选煤厂浓介桶鼓风系统研究与应用

内容导读

针对梁北选煤厂浓介桶鼓风效果差、桶内介质积存严重的问题，在分析常用加介系统的基础上，对浓介桶鼓风系统采用周边布置、旁路送风方式，支管沿桶壁下到底部。改造后，梁北选煤厂减少了重介分选系统的故障率。

一、问题提出

梁北选煤厂重介分选生产精煤占精煤总产量的 35%左右，因此重介选煤系统工作正常与否严重影响精煤产量与质量。重介分选的关键影响因素是介质系统，稳定的介质输送与回收系统能够使产品质量和数量均达到最佳。梁北选煤厂浓介桶鼓风效果差，桶内介质积存严重，清理一次不到半月就又存半桶介质，浓介泵抽不走，清理出来的介质因已经结成块又无法重复利用，带来很大的浪费。如不及时清理，又会占据浓介桶的有效容积，平时一次补介就可满足生产需要，现在两次，严重时需要三次，影响了生产密度的及时调节，带来无效的工作。究其原因在于鼓风方式的设计存在缺陷。鼓风管位于介质桶下方，当停止鼓风后，风管压力突然降低，桶内介质悬浮液倒灌进入风管，在风管中沉积，堵塞风管，严重影响再次鼓风。堵塞的风管又会影响浓介桶内介质的混合，不能把加入的介质全部溶解，造成介质易在桶底部沉积，致使泵口堵塞，输送系统工作不畅，直接影响重介系统的密度调节。风管疏通工作难度大，每次清理需要将管道拆除或直接更换，耗时费力，浪费材料。原浓介桶鼓风系统如图 2-6 所示。

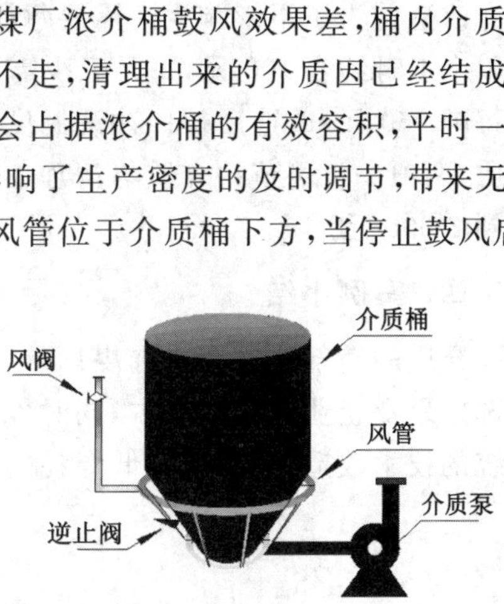

图 2-6　原浓介桶鼓风系统

二、技术实施

改造后的鼓风系统如图 2-7 所示。浓介桶鼓风系统采用周边布置、旁路送风方式，支管沿桶壁下到底部。6 根支管深入高度不同，便于底部搅拌。支管上部连接方式依然采用快速接头连接，主管连接水源用于冲洗。这种周边布置，没有对原桶的结构造成影响，不阻碍介质的投加，而且支管数量足，在底部分两层对桶内物料进行搅拌、溶解，能够达到较好的效果。

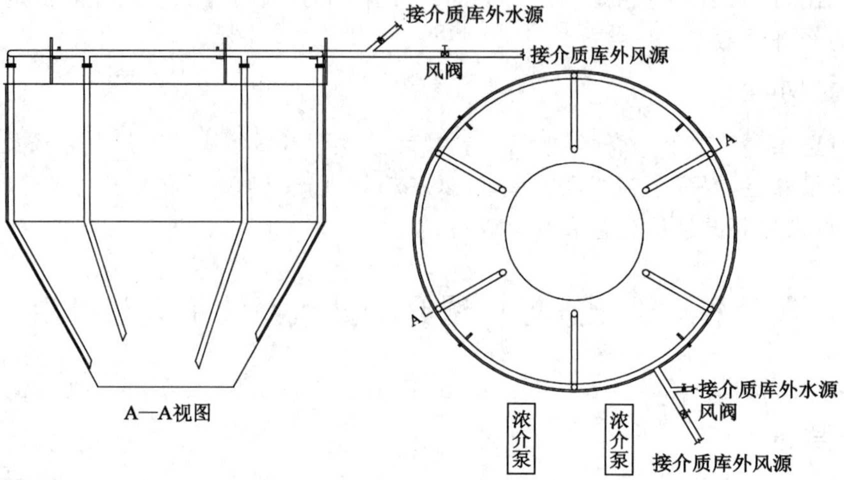

图 2-7　改造后的鼓风系统

三、应用效果

浓介桶鼓风系统经改造后，没有出现风管堵塞影响介质输送的情况。供风支管分布合理，控制阀门集中布置在操作平台附近，介质溶解充分、均匀，为重介分选系统的稳定和重介选煤产品质量提供了可靠的保障，减少了重介分选系统的故障率。

改造前为了不影响生产需要每周对浓介桶供风管进行一次清理，每次需要 2 个工人耗费 1 个工时约合 100 元，每月至少需要清理浓介桶一次，每次至少有 2 t 介质无法继续使用，按每吨 960 元；改造后按照冲洗制度执行后，无须人工清理，每周可节约 100 元，也不再浪费介质，两项一年可节约介质与清理工时 2.8 万元。此项技改投入包括管道、阀门、工时一共不到 2 000 元。

四、案例小结

介质的消耗是重介质选煤厂重要的经济技术指标，介耗的高低直接影响重介质选煤的分选效果及企业的生产成本，同时也体现选煤厂的技术管理水平。梁北选煤厂通过浓介桶系统的技术改造，达到了降低介耗的目的，实现了企业经济效益最大化。

第七节　梁北选煤厂中煤再选系统改造

◈ 内容导读

通过对梁北选煤厂稀缺炼焦煤种分选加工过程中产生的中煤副产品长期不合理利用的分析，进行中煤破碎再选可行性研究并实施相应的工艺改造。改造过程中，充分利用其现有的粗煤泥回收系统对中煤再选回收，完善了生产系统，节约了改造成本，有效提高了中煤利用率，优化了产品结构，为企业赢得了巨大的效益。

一、问题提出

梁北选煤厂入选原煤是炼焦煤种中极为稀缺的瘦煤，其仅占总资源的4.01%和占炼焦煤资源量的6.19%。主导产品为洗精煤，灰分≤10%，硫分≤0.5%，主要用于国内高炉喷吹、炼焦配煤，而其重选副产品中煤供附近电厂作为动力用煤。中煤是煤炭分选加工过程中的副产品，是各种选煤工艺富集回收了精煤和排出尾煤以后的中间产品。长期以来，该厂重选中煤一直具有灰分低、发热量高等特点，作为电厂燃料，无疑是对珍贵的稀缺煤炭资源的极大浪费，且不利于企业效益最大化。经过分析和论证，在原工艺系统中增设中煤破碎再选系统，从中煤中最大限度地回收精煤产品，提高中煤的利用率，从而降低选煤生产成本，提高企业利润，节约能源。

(1) 重介质旋流器分选效果的影响因素

① 入料煤质特性

对于三产品重介质旋流器，在旋流器二段，有一个入口、两个出口，其进入和排出的瞬间体积流量相等。底流口和溢流口排量的分配，在一定的条件下是基本固定的，但当入选原煤的密度组成发生变化时，例如高密度物含量较少，那么要求底流固体排出量减少，溢流固体排出量相对增加，但溢流口直径大小有限，因而会将一部分中等密度的煤颗粒和重介质挤向底流口排出，必然会造成中煤灰分降低。因此，入选原煤密度组成的变化会引起旋流器分选密度的波动，结果必定降低综合分选效率。

② 旋流器的结构参数

底流口直径与入料中重产物(矸石或中煤)的比例有关。增大底流口，在相同条件下会降低实际分选密度，精煤产率相应降低；底流口减小，则会相应提高实际分选密度。溢流口直径通常与底流口直径保持一定比例关系。在其他条件不变的情况下，溢流口直径缩小会降低实际分选密度，使部分原本应进入溢流的轻颗粒从底流口排出。若三产品重介质旋流器二段溢流口较小，较轻颗粒挤向底流口，这样中煤灰分也会较低。入料口的形式和直径对分选有重要影响。目前多数重介质旋流器采用螺旋线或渐开线入口，入料口尺寸增大，若超过旋流器的处理能力(特别是重产物排出能力)，分选效率会受到损失；入料口尺寸减小，则会降低入料粒度上限。

③ 重介质悬浮液的稳定性

保持重介质悬浮液的质量和稳定性对重介质分选系统的正常运行至关重要。重介质悬浮液在旋流器内的浓缩对分选效率影响很大,磁铁矿粉粒度较粗时会发生过分的浓缩。为保持良好的分选,介质的浓缩度越小越好。在实际生产中,除了避免使用太粗的磁铁矿粉,并使循环介质中保持一定量的煤泥外,有时还可以往介质中添加少量黏土或一些天然的或人工合成的稳定剂。若一段悬浮液密度降低,二段经浓缩后,循环液密度也较低,中煤灰分也会相对较低。

④ 循环介质量

重介质旋流器的容积很小,重介质和煤在其中的停留时间基本相同,只不过数秒钟的时间。为保证有效分选所必需的液固比,重介质旋流器的循环介质量相对较大。不同粒度和密度的原煤,循环介质量一般为原煤 3～5 倍,对于三产品重介质旋流器而言,循环介质量有时还可能超出此上限。重介质旋流器的分选效率受液固比的影响较大。

⑤ 重介质的入口压力

重介质的入口压力应使旋流器内产生足够的离心力,使密度高于分选密度的重颗粒能进入底流。增加入口压力将增大旋流器内产生的离心力,提高细粒重产物在底流中的回收率,但同时也增强了悬浮液在旋流器中的浓缩。如果入口压力减小,旋流器的矿浆通过量随之加大,浓缩作用减小,从而增加了矿浆在旋流器内的停留时间,减小了溢流排出量,中煤灰分自然相对较低。

(2) 入料性质对中煤灰分的影响

入料原煤为中灰原煤,50～0.5 mm 级产率占 57.98%,而其中 13～0.5 mm 级产率为 52.25%。各粒级中随粒度的减小灰分降低,说明矸石较硬,煤相对易碎。当分选密度小于 1.4 kg/L 时,分选密度±0.1 的值为 79.93%,50～0.5 mm 的原煤可选性为极难选;当分选密度为 1.5 kg/L 时,分选密度±0.1 的值为 21.81%,50～0.5 mm 的原煤可选性为较难选;当分选密度大于 1.5 kg/L 时,分选密度±0.1 的值小于 10%,50～0.5 mm 的原煤可选性均为易选。50～0.5 mm 原煤综合级可选性曲线如图 2-8 所示。

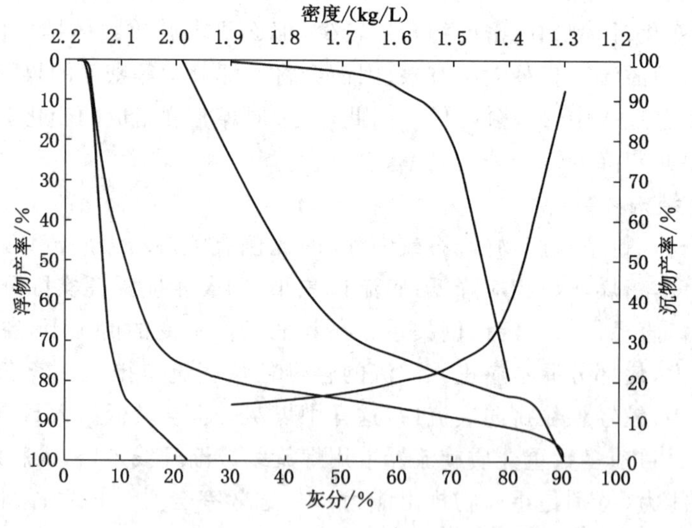

图 2-8 50～0.5 mm 原煤综合级可选性曲线

灰分特性曲线反映了入选原煤中可燃物和不可燃物的结合特性。由灰分特性曲线可以看出：灰分特性曲线上部呈陡峭状，灰分低并且质地均匀，说明重介入料物料中可燃的有机质与非可燃的矿物质已相对解离。灰分特性曲线下部已相对变陡，说明高密度级含量较低，灰分高，质地较为均匀，1.6～1.8 kg/L 密度级含量为 2.97%，而+1.8 kg/L 密度级含量仅有 3.09%。−1.3 kg/L 密度级含量为 7.13%。较低密度级含量占主导，1.3～1.4 kg/L 密度级含量最高，达到 54.22%。中间段接近于水平，表明中间密度级物料很少，1.5～1.6 kg/L 密度级含量仅有 4.12%，灰分仅为 20%左右。所以由灰分特性曲线可知，只要合理确定分选密度，煤与矸石易于分离，但中煤含量较少，并且灰分不可能太高。若对中煤没有再选工艺，则很难从中煤中获得较高质量的精煤。

密度曲线的形状反映了性质不同的煤以及其密度和数量在原煤中的变化关系。可以看出：曲线上端较为陡峭，说明重介入料中低密度级含量很多，若密度稍有变化，则浮煤量变化很大；而曲线的下端较为平缓，这表明高密度的矸石含量较少，且在此处密度稍有变化，沉煤量变化不大；在密度曲线的中段，即 1.4～1.8 kg/L 密度级之间，其斜率变化不大，说明中间密度级较为平均，且中间密度的煤量较少，若分选密度稍有变化，浮煤和沉煤的变化不大。由于重选设备中，不易严格维持某一特定的分选密度，实际上总有些波动，因此如中间密度的物料多，则该煤难以得到有效回收。

该厂的原有工艺已经使原煤得到了很好的分选，但由于原煤可选性较好，重介中煤灰分很低，公司要求选煤厂入选资源整合后的小煤矿原煤，原煤质量不稳定，存在细粒含量大、灰分高、矸石含量大的现象，同时煤矿开采正处于断层，原煤中矸石含量大，细粒多，给选煤厂生产造成很大的困难。目前，存在的主要问题是 TBS 入料前的旋流器分级效果差，高灰细泥进入 TBS，且全部进入溢流，溢流经过脱水后仍含有大量的高灰细泥，造成 TBS 精煤灰分高，不得不通过压低重介质旋流器的分选密度和灰分来确保总精煤灰分合格，因而造成中煤灰分低，有时仅为 20%左右。该矿煤种为廋煤，属稀缺煤种，精煤价格高，中煤通常按照动力煤销售，造成了稀缺煤的浪费，也降低了选煤厂的经济效益。所以对中煤中的优质精煤进行回收有利于企业的发展。

二、技术实施

由矿物学原理和破碎知识可知，随着煤样破碎粒度的减小，低密度物料和高密度物料的含量均增加，而中间密度物的含量则显著减少。这说明经过破碎，煤样实现了部分解离。即在相同的精煤灰分要求下，随着煤样破碎粒度小，其产率逐渐提高；在相同的产率要求下，随着煤样破碎粒度的减小，其灰分逐渐降低。因此，要从夹矸煤中选出低灰分精煤，首先必须进行破碎，使煤和其他矿物质充分解离，然后再利用常规方法回收精煤。

通过对梁北选煤厂中煤破碎前后进行分析，可以得出以下结论：

(1) 梁北选煤厂中煤破碎前 1.4～1.5 kg/L 和 1.5～1.6 kg/L 密度级占主导地位，两者之和占本级的 55.26%，如果分选密度为 1.50 kg/L，属于极难选煤。破碎后 1.3～1.4 kg/L 和 1.4～1.5 kg/L 密度级占主导地位，两者之和为 47.68%，分选密度为 1.40 kg/L 时，仍是极难选煤，但分选密度比破碎前有所降低，因此错配率将降低。

(2) 破碎后煤泥(−0.5 mm)中−0.074 mm 粒度级占主导地位，占本级达到了 35.24%，灰分随粒度的降低而降低，煤质易碎。

(3) 中煤破碎前若精煤灰分要求为 11%时,产率在 36%左右;中煤破碎后当灰分为 11%时,分选所得精煤产率为 42%。

(4) 中煤破碎到−1 mm 后,1～0.5 mm 的中煤灰分为 11%时,理论精煤产率为 42%;中煤破碎到−1 mm 后,−0.5 mm 的煤泥分选,灰分为 11%时,理论精煤产率为 62%。

(5) 中煤破碎后,1～0.5 mm 和−0.5 mm 的产率分别为 36.36%和 63.64%,灰分分别为 23.32%和 18.59%。

(6) 该厂中煤产率为 6%左右,如果采用中煤破碎再选,全厂总精煤产率增加:6%×36.36%×42%+6%×63.64%×62%=0.916%+2.37%=3.29%。

根据梁北选煤厂现有的工艺特点,只增加中煤破碎环节,选用功率为 37 kW 的锤式破碎机将中煤破碎至 2 mm,再用精煤磁选机尾煤稀释配制成一定固液比煤浆进入缓冲桶内,由一台 90 kW 渣浆泵打入原煤脱泥筛前的布料溜槽,代替循环水作为脱泥筛入料润湿水。经脱泥筛进行脱泥分级,由于脱泥筛的筛孔为 0.75 mm,因此 2～0.75 mm 粒级物料进入重介质旋流器分选,−0.75 mm 粒级物料经分级旋流器分级后,0.75～0.25 mm 粒级物料进入 TBS 分选,−0.25 mm 粒级物料溢流进入浮选。在不增加分选设备的前提下,充分利用现有重介系统、粗煤泥分选及浮选系统的能力实现了中煤的破碎再选。

具体实施方案为:

(1) 在中煤筛后增加双摆锤式破碎机将中煤破碎至 2 mm 以下,然后进入煤泥桶,利用精煤磁选尾煤稀释成煤浆由渣浆泵输送到原煤分级脱泥筛的布料溜槽,同时作为脱泥筛入料润湿水。

(2) 经过脱泥筛分级后,筛上物中解离的物料经过重介质旋流器分选出精煤和矸石,未解离的部分通过重介质旋流器中煤口排出再进入破碎机破碎,筛下物进入原生煤泥桶经水力分级旋流器组分级以后,底流 0.75～0.25 mm 进入粗煤泥分选系统,−0.25 mm 溢流进入浮选系统。

(3) 底流先经 TBS 分级机预脱泥,TBS 分级机底流大排放进入 TBS 分选机分选,溢流精煤经过德瑞克高频细筛脱泥后掺粗浮选精煤进入加压过滤机脱水。

(4) 溢流进入浮选料缓冲池直接浮选,经过跌落式高效矿化器预先矿化后再进入浮选机浮选,浮选精矿进入加压过滤机脱水,浮选尾煤进入浓缩池浓缩后压滤。

三、应用效果

梁北选煤厂结合自身工艺特点,充分发挥和利用现有高效分选工艺,形成了一套中煤破碎再分选新工艺。该工艺具有以下创新点:

(1) 提出了将中煤深度破碎至 2 mm 左右+原煤脱泥筛+筛上进入重介质旋流器再选+精煤磁尾与脱泥筛合并分级+粗粒液固流化床粗煤泥(TBS)分选+细粒浮选新工艺,实现了破碎后物料粗粒重介分选+粗煤泥液固流化床分选+细粒煤泥浮选的三段选煤。

(2) 中煤湿法深度破碎技术。将中环磨或复合式破碎机引入湿式中煤破碎中,并将−50 mm 的中煤一次性破碎至−2 mm,且排料中−1 mm 比例达到 90%以上。

(3) 引入部分精煤磁尾采用泵输送,充分利用精煤磁尾中含有一定量的煤泥防止粗粒沉降速度太快而影响泵的输送,同时系统节省循环水的用量。

(4) 将精煤磁尾用于输送中煤破碎后物料,并打入脱泥筛,减少脱泥筛使用循环水用量，提高浮选入料浓度，减少浮选入料矿浆量，延长浮选时间，有利于浮选效率的提高。

四、案例小结

中煤再选是提高煤炭利用率、强化分选过程的有效途径之一。梁北选煤厂充分结合自身工艺特点，合理利用现有设备优势，增加了中煤破碎环节，使精煤产率提高，仅以极小的投资便获得了巨大的效益，其思路与成果值得在其他选煤厂推广。

第八节　神东煤炭洗选中心降低介质消耗标准处置流程制定

◇ 内容导读

介质消耗是重介质选煤厂的主要材料消耗及成本构成因素之一，不仅关系到生产系统的稳定，而且影响全厂的经济效益，是衡量选煤厂生产工艺水平和管理水平的重要技术经济指标。

一、问题提出

重介质选煤厂的介质消耗包括技术介耗与管理介耗。技术介耗是指重介各产品（精煤、中煤和矸石）和各磁选机尾煤带走的介质折合到每吨入选原煤的质量；管理介耗是指在介质的储存、运输、添加及生产过程中，跑、冒、滴、漏而损失的介质折合到每吨入选原煤的质量。《煤炭洗选工程设计规范》(GB/T 50359—2016)中规定的介耗标准为：块煤系统＜0.8 kg/t；混煤、末煤系统＜2.0 kg/t。在选煤厂设计和生产管理中，及时分析和查找各种损耗，并采取相应的技术手段或管理措施，对减少生产过程的介质损耗、降低生产成本、提高工艺水平非常重要。

神东煤炭洗选中心各选煤厂分布在横跨晋陕蒙三省的广大区域，煤质情况十分复杂，分选系统各有特色，介质用量各不相同。随着矿井原煤质量下滑，介质消耗相应加大。

二、技术实施

建立全面、系统的问题排查流程。

(1) 排查原则

介质消耗量增大问题绝不单纯是介质回收系统的问题，要从整个介质管理环节中找原因。

(2) 标准排查流程

① 了解介质进厂质量；② 了解矿井原煤质量变化情况并采样化验，现场查看原煤中矸石是否泥化；③ 检查分级筛筛分效果是否良好；④ 检查介质分流是否合理；⑤ 检查分选密度是否适；⑥ 检查脱介筛喷水压力是否正常，喷头是否堵塞或者损坏；⑦ 检查磁选机设备工况是否正常。

(3) 标准处置流程

① 介质质量：对每一批次到货介质质量按规定要求进行采样（选煤厂需有 2 人对每车介质进行初验和采样），采样必须有代表性，签字密封后送中心工艺煤质部质量检测室对各

项指标进行化验，即磁性物含量、真密度、过网率、水分。磁性物含量须大于等于93%，真密度须大于等于4.5 kg/L，200网目过网率须大于等于90%，325网目过网率须大于等于85%，水分不得大于8%，如有一项质量不达标，按中心考核标准进行扣吨处理。

② 煤质情况：关注原煤化验指标，包括原煤的水分、灰分、发热量及矸石是否泥化。

③ 筛分效率：筛分效率好可以减少进入块煤系统原生煤泥量，降低介质耗量。生产中可以平均分配物料筛面全宽给料，定期清理筛面改善筛分效果。

④ 脱泥：脱泥效果好，可以减少进入浅槽的煤泥量，降低介质耗量。因此，必须保证脱泥筛喷水压力和调整脱泥筛角度改善脱泥效果。

⑤ 加介：防止介质搬运过程中损失，同时加介必须保证介质和水的混合程度，须去掉介质中的杂质。

⑥ 介质分选密度：根据原煤质量设定合理的分选密度，密度过低，虽然介质耗量少，但矸石带煤；密度过高，介质耗量大。

⑦ 合介和稀介桶液位：液位设定要合理，与现场生产实际相符。

⑧ 介质分流：根据现场实际情况，调整分流，避免造成介质损失。

⑨ 脱介筛：保证脱介筛喷水压力达到脱介效果，喷水逆煤流进行喷洒，喷头如有堵塞或者损坏情况，须及时更换，减少从煤表面带走的介质量，同时防止合介进入稀介。

⑩ 磁选设备：了解选煤厂具体设备型号、设计磁选机效率和实际磁选机效率，判断是否存在磁力不足问题。定期对磁选机磁场强度、磁选机效率和回收率进行检测，对磁偏角进行调整，防止因设备问题增加介质耗量。

⑪ 突发情况：发现加介量突然增加，须立即对加介系统进行全面、细致的检查，尽快查出跑介原因，立即整改。

⑫ 现场人工检测：介质用量突然增大时，用磁铁对尾煤及脱介后的煤中进行人工检测，防止从尾煤及脱介后的煤中跑介。

⑬ 磁选机溢流：检查是否存在翻花现象、溢流槽堵塞情况。

⑭ 介质2次质量检测：在使用过程中若发现介质质量问题，可随时进行采样送中心化验，对介质质量再次进行检测。如是介质问题，立即用录音电话告知供货商，对本批次介质扣吨处理，下次再送类似介质将拒收或者上报公司相关部门。

⑮ 严格考核，奖罚分明。严格执行三级考核，即中心对各选煤厂介质吨煤消耗进行考核，选煤厂对车间进行考核，车间再对相关人员进行考核，从而增强员工的责任心，杜绝跑、冒、滴、漏现象的发生。

流程制定完成后，中心各选煤厂立即启用。上榆泉选煤厂主选车间出现了严重跑介、介质消耗大幅超标的问题，当日最高介耗高达1.7 kg/t，超计划指标一倍多，同时分选密度大幅波动和不稳定，严重影响煤炭质量和正常生产。上榆泉选煤厂组织技术人员对照本流程，对系统进行了全面的排查，将介质耗量降到控制范围0.8 kg/t以下。这次排查共查出3项问题：一是磁选机磁偏角不合适，导致4台磁选机均存在不同程度的跑介现象，特别是328磁选机跑介问题非常严重。当在磁选机尾煤中放入磁铁时，会吸出大量的磁铁矿，而溢流翻花处的跑介问题更为严重。二是脱介筛存在窜介现象。三是稀介桶液位设定不合理，液位设定在60%左右，最高能达到80%～90%，这降低了磁选机的磁选效果。

按照标准处置流程逐一对排查出的问题提出了系统的整改方案：一是技术人员对磁偏

角进行了调整，将磁偏角在精矿端的上沿调至高于溢流槽上边缘 1 cm 的位置，提高了磁选机效率，杜绝了跑介现象。二是对固定筛中焊接面积较大的筛板进行更换，将下部积存毛絮的筛板进行一周一次除毛，形成制度；同时更换入料挡板，使入料能够从入料端顺筛板流下，保证脱介面积，并在脱介筛上安装缓冲挡条 3 条，将 0.5 mm 筛板更换为 1.5 mm，采取以上措施后，脱介筛窜介现象得到根治。三是调整稀介桶液位，调整脱介筛喷水，保证不跑介即可，不单为保持稀介桶液位而将脱介喷水调大。同时调整稀介桶入料阀门，稀介桶液位维持在 20%能够保证磁选机连续稳定上料即可。系统整改方案如图 2-9 所示。

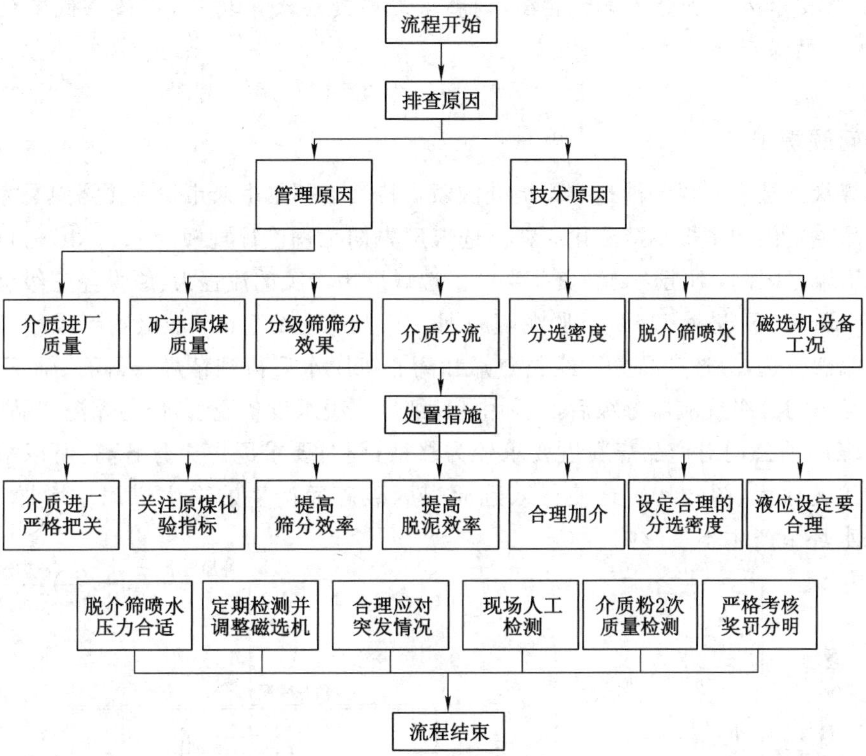

图 2-9　系统整改方案

三、应用效果

该处置流程在上榆泉选煤厂使用，效果显著，介质消耗从 1.7 kg/t 降为 0.59 kg/t。同时选煤厂在日常管理中，严把介质验收质量关。

四、案例小结

设计是源头，生产管理是关键。降低介耗是重介质选煤厂的关键技术，也是选煤厂降低成本、提高经济效益的重要手段。因此，无论是在选煤厂设计过程中还是在生产管理中，都应采取有效措施来降低重介质选煤厂的介质消耗，从而降低分选成本，取得良好经济效益。

第九节　煤制油选煤厂减少次生煤泥量的措施

◈ 内容导读

针对神东煤炭洗选中心煤制油选煤厂次生煤泥量大、压滤机处理能力不足的问题，采取改造原煤仓、降低原煤入仓冲击力，改造分级筛、增加透筛率，改原煤脱泥筛为分段式脱泥，改变水力旋流器底流口直径，调整煤泥粒度组成等措施，有效降低了次生煤泥量，增加了精煤产率。

一、问题提出

神东煤炭洗选中心煤制油选煤厂地处内蒙古自治区鄂尔多斯市伊金霍洛旗马家塔。该厂分选的产品主要供神华煤直接液化原料。选煤厂先期工程设计规模为 6.0 Mt/a，目前由于煤制油公司用煤量限制，不能达到满负荷生产。选煤厂生产工艺流程为：原煤经三级破碎后粒度控制在 30 mm 以下，进入 1.5 mm 脱泥筛脱泥。筛上 30～1.5 mm 粒级物料采用有压两产品重介质旋流器分选，分选产品分别经脱介筛和离心机脱水后得到精煤与矸石；筛下 −1.5 mm 粒级物料经水力分级旋流器分级后，分别由粗、细煤泥脱水设备脱水，作为煤泥产品。

由于煤制油公司对产品煤粒度要求较为严格，同时要求原煤充分解离，所以采取先破碎后分选的工艺流程（图 2-10），这使得入选原煤因破碎而产生的次生煤泥量增加，对后续脱泥及煤泥水环节产生不良影响。

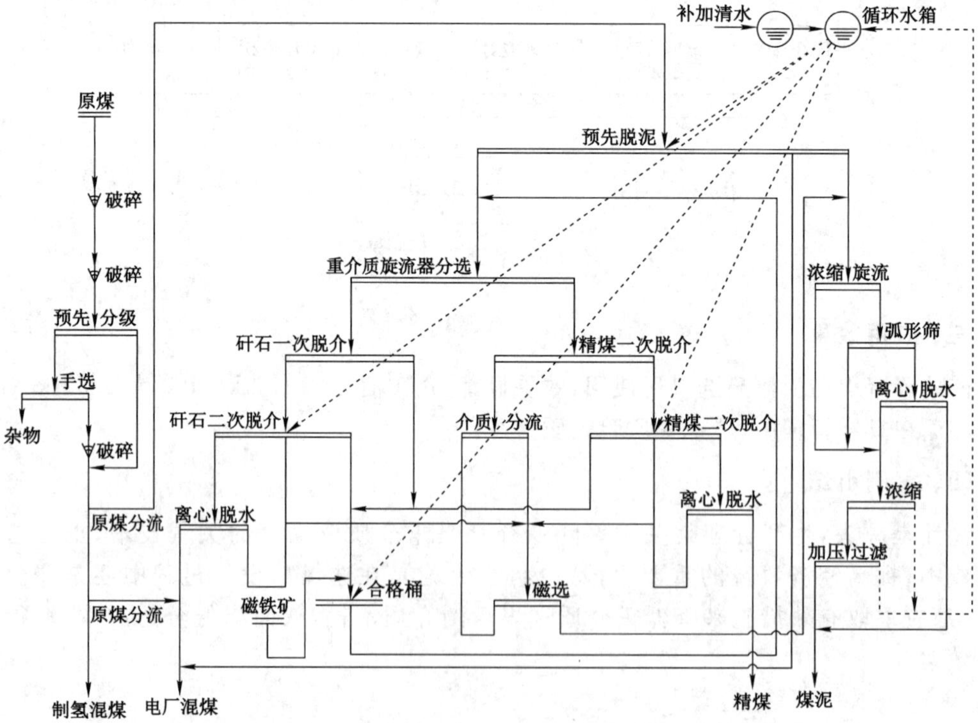

图 2-10　煤制油选煤厂工艺流程示意图

原煤筛分准备流程也会不同程度地造成原煤过粉碎。而重介质选煤厂分选过程中，煤泥水处理是重要环节之一。如何减少过粉碎，或者减少进入重介质选煤阶段的煤泥量，需要分析分选流程各环节，寻求整体降低次生煤泥量的方法。

(1) 次生煤泥的产生

矿井原煤筛分试验结果见表 2-1，三级破碎后入选原煤筛分试验结果见表 2-2。由表 2-1 和表 2-2 可知，经过三级破碎后，－3 mm 粒级产率为 33.1％，较原煤该粒度级产率增加 15.335 个百分点，该部分即为增加的次生煤泥量。

表 2-1　矿井原煤筛分试验结果

粒级/mm	质量/kg	产率/％	M_{ad}/％	A_d/％	V_{daf}/％	$S_{t.d}$/％	$Q_{b.ad}$/(MJ/g)	$Q_{gr.d}$/(MJ/g)
＋150	410.0	4.044	6.30	8.99	41.11	0.28	26.86	28.62
150～100	367.8	3.628	6.17	7.27	37.68	0.23	28.48	30.28
100～50	1 706.5	16.834	6.46	5.93	34.87	0.30	28.39	30.27
＋50 小计	2 484.3	24.506	6.39	6.63	36.32	0.29	28.15	30.00
50～25	2 067.4	20.394	6.02	5.18	35.11	0.31	29.02	30.80
25～13	1 130.9	11.156	6.93	4.84	34.92	0.28	28.84	30.91
13～6	1 308.4	12.906	7.72	5.03	35.19	0.24	28.64	30.96
6～3	1 345.6	13.273	7.68	5.04	35.54	0.26	28.63	30.83
3～0.5	1 107.5	10.925	7.24	4.97	35.42	0.32	28.72	30.88
0.5～0	693.4	6.840	5.68	7.61	34.86	0.67	28.20	29.79
总计	10 137.5	100.000	6.78	5.59	35.47	0.31	28.59	30.59

表 2-2　三级破碎后入选原煤筛分试验结果

粒级/mm	质量/kg	产率		
		各粒级产率/％	筛上累计产率/％	筛下物累计产率/％
＋25	21.6	15.8	15.8	100.0
13～25	18.7	13.7	29.5	84.2
6～13	24.1	17.7	47.2	70.5
3～6	26.9	19.7	66.9	52.8
－3	45.2	33.1	100.0	33.1
合计	136.5	100.0		

(2) 技改前煤泥系统瓶颈

粗细煤泥年平均产率为 16.74％，粗细煤泥产率比值为 1∶2，故需压滤处理的细煤泥量占 11.16％，粗煤泥量占 5.58％。按系统处理量为 800 t/h，单班生产 8 h 计算，每班处理原煤 6 400 t，则细煤泥单班产量为 714.24 t；而压滤机最大处理量为 72 t/h，单班处理细煤泥 576 t。因此，单班将有 138.24 t 细煤泥在浓缩池中积聚，需要压滤系统在主选系统停机后，利用检修时间，单独处理煤泥，导致全系统无法实现 24 h 连续运行。

达到满负荷的煤泥系统无法应对突发的煤质异常情况。由于矿井过断层，煤质严重恶化，矸石量增大且泥化严重，煤泥水系统负荷异常增大。造成浓缩池内煤泥不断积聚，最严重时总高 6 m 的浓缩池中煤泥层厚度达到 5.5 m，仅余 0.5 m 的清水层，只能启用备用浓缩池。

二、技术实施

（1）减少冲击

3 个原煤仓设计直径 22 m、高 40 m。原煤由仓上配仓刮板输送机分配入仓，由于落差大，所以原煤入仓时易造成不必要的粉碎。为解决这一问题，规定生产过程中原煤仓须保证留存 1/3 仓位，利用预留煤层作为缓冲层，以减少原煤落差，减少入仓阶段原煤粉碎。同时各转载点部分溜槽为直通溜槽，将直通溜槽变为改向溜槽，改向处增设缓冲台，由原来的“煤打铁”，改为“煤打煤”，有效降低了原煤过粉碎率。

（2）增加透筛率

原煤分级筛是原煤处理阶段控制过粉碎的关键设备，该分级筛完成三级破碎前的检查筛分，筛孔为 25 mm，筛上物进入三级破碎系统。

① 在原筛面纵向方向间隔 2 m 处安装两道 30 mm 角铁，用螺栓与筛面紧固，煤流经过两道角铁时产生翻滚，改善分层效果，增加透筛率。

② 将系统内喷雾降尘改造为湿式除尘风机抽排降尘，有效减少外水进入煤流，避免因原煤潮湿而造成筛孔堵塞。

③ 日常生产中发现，现有聚氨酯筛板为 25 mm×50 mm 长方形筛孔，极易卡堵煤块，卡堵率达到 30%，极大地阻碍了透筛，所以选煤厂集中定做了 25 mm 六边形冲孔不锈钢筛板，改造后效果良好，筛孔堵塞率降低至 5%以下。

（3）将原煤脱泥筛改造为分段式脱泥

原脱泥筛机共有 21 排 7 列筛孔为 1.5 mm 的不锈钢筛板。将原煤脱泥筛改造为分段式脱泥，如图 2-11 所示。将入料段的 7 排筛板筛孔更换为 13 mm，并去掉原煤脱泥喷水，改为干法筛分。筛下溜槽改为两段式，并单独设溜槽与刮板输送机，以转运筛下物至混煤仓。后段 14 排 1.5 mm 湿法筛分段不变，筛下单独设溜槽与管道，转排筛下煤泥水入煤泥桶。在干法筛分段预先脱除大部分煤泥的同时，有效改善了后段湿法脱泥效率，减少了进入主选系统的煤泥量。

（4）采用水力旋流器调整煤泥粒度组成

水力旋流器是控制浓缩池中物料粒度组成的关键设备。由于该厂细煤泥处理设备只有一台加压过滤机，浓缩机底流粒度组成对压滤机处理效果影响非常大，若煤泥过细不适于压滤处理，则大量细煤泥将随压滤机滤液再次被排入浓缩池，在系统内循环，最终形成大量次生煤泥积聚。因此，必须时刻监测浓缩池中煤泥粒度组成，调整旋流器底流口径，改变溢流中煤泥粒度组成，以适应压滤机处理条件，减少次生煤泥量。

为方便灵活地调整旋流器溢流粒度组成，将 10 组旋流器中的 4 组底流口直径更换为 50 mm，其余 6 组保留原来的 40 mm，正常生产过程中开启 8 组旋流器即可满足生产流量要求。每周采集旋流器溢流煤泥水样化验粒度组成，通过化验结果合理调整 50 mm 与 40 mm 旋流器组的搭配，以满足调整溢流粒度组成的要求。表 2-3 所示为不同底流口直径搭配时，

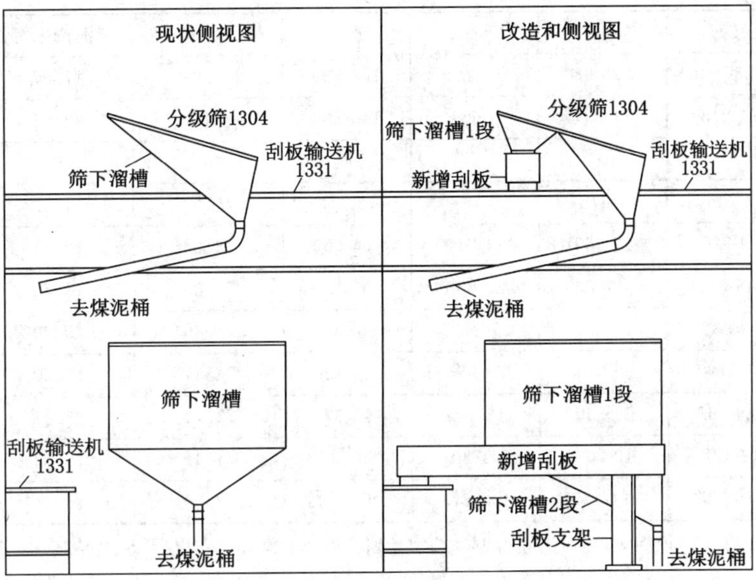

图 2-11　脱泥筛分段脱泥改造前后示意图

旋流器溢流的粒度组成(为对比不同底流口尺寸对旋流器溢流粒度组成的影响,在更换旋流器底流口技改前,专门采集了 8 组 40 mm 底流口的对比数据)。

表 2-3　不同底流口直径搭配时旋流器溢流的粒度组成

粒径/mm	8 组 40 mm 底流口		6 组 40 mm 底流口配合 2 组 50 mm 底流口		4 组 40 mm 底流口配合 4 组 50 mm 底流口	
	产率/%	累计产率/%	产率/%	累计产率/%	产率/%	累计产率/%
+0.5	4.2	4.2	1.7	1.7	0.4	0.4
0.5～0.25	34.8	39.0	19.2	20.9	8.7	9.1
0.25～0.125	21.9	60.9	21.9	42.8	19.8	28.9
0.125～0.075	4.4	65.3	20.1	62.9	19.8	48.7
0.075～0.045	8.3	73.6	1.8	64.7	1.9	50.6
−0.045	26.4	100.0	35.3	100.0	49.4	100.0
合计	100.0		100.0		100.0	
样品浓度/(g/L)	59.3		58.4		60.2	

三、应用效果

(1) 精煤产率提高,煤泥产率降低

煤泥系统技术改造前后各产品产量、产率变化情况见表 2-4 和表 2-5。

表 2-4　各月产品产量和产率

时间	精煤/t	煤泥/t	矸石/t	入选量/t	精煤产率/%	煤泥产率/%	矸石产率/%
1月	123 250	29 068	12 221	164 539	74.90	17.67	7.43
2月	74 248	24 054	8 564	106 866	69.48	22.51	8.01
3月	0	0	0	0	0	0	0
4月	9 916	1 878	1 318	13 112	75.63	14.32	10.05
5月	79 829	12 969	11 711	104 509	76.38	12.41	11.21
6月	145 831	38 486	20 833	205 150	71.08	18.76	10.16
7月	48 932	10 093	7 373	66 398	73.69	15.20	11.11
8月	178 790	36 344	23 986	239 120	74.77	15.20	10.03
9月	148 067	29 360	18 145	195 572	75.71	15.01	9.28
10月	49 422	12 203	4 720	66 345	74.49	18.39	7.12
合计	858 285	194 455	108 871	1 161 611	73.89	16.74	9.37

注：本表计数周期为10个月，其中3月份煤制油公司计划性停产检修，故该月仅零星生产部分混煤供电厂使用。

表 2-5　1—7月份各产品产量和产率

时间	精煤/t	煤泥/t	矸石/t	入选量/t	精煤产率/%	煤泥产率/%	矸石产率/%
1月	147 955	22 420	26 149	196 524	75.28	11.41	13.31
2月	183 015	23 630	28 159	234 804	77.95	10.06	11.99
3月	181 815	21 850	31 339	235 004	77.37	9.30	13.33
4月	184 630	23 860	25 866	234 356	78.78	10.18	11.04
5月	54 735	10 950	11 302	76 987	71.10	14.22	14.68
6月	19 865	2 510	3 428	25 803	76.99	9.73	13.28
7月	177 615	19 270	25 422	222 307	79.90	8.67	11.43
合计	949 630	124 490	151 665	1 225 785	77.47	10.16	12.37

通过对比表2-4与表2-5可以看出：

① 改造后精煤产率由73.89%提升至77.47%，煤泥产率由16.74%降为10.16%，矸石产率由9.37%提升至12.37%，这说明通过系统改造原煤过粉碎现象明显减少，更多原煤进入重介质旋流器分选成为精煤产品，同时这也是矸石产率有所提高的一方面原因。

② 随着采掘技术的发展，目前矿井综采工作面高度已达7 m大采高，随之而来的是煤质的恶化，矸石量增大，分选难度较以往有所增加，所以矸石产率由9.37%提升至目前的12.37%，这是一个趋势，同时也反映出减少煤泥量改造的必要性。

③ 煤泥产率大幅下降至10.16%，单班细煤泥产量为433.5 t（压滤机单班处理量为576 t），粗煤泥产量为216.8 t，压滤机可以实现随主选启停，进而实现主选系统连续24 h运行。

（2）介耗、药耗分析

介耗由1.39 kg/t原煤降为目前的1.30 kg/t原煤，聚合氯化铝用量由48.89 g/t原煤降为37.03 g/t原煤，聚丙烯酰胺用量由6.77 g/t原煤降为4.52 g/t原煤。年产原煤

420 万 t,则年节约介质、药剂采购费用 59 万元。

(3) 降低电耗

改造前压滤机及煤泥转排系统需单独运行近 2 h 来处理浓缩池中的积聚煤泥。按年生产 330 d,每天两班生产计算,年压滤机及煤泥系统开机时间减少 1 267 h。由表 2-6 可知,年节约电力消耗 473 万 kW·h。目前电价 0.562 4 元/(kW·h),年节约电费 266 万元。

表 2-6　细煤泥处理系统电机功率

设备名及部件		台数	功率/kW	总功率/kW
压滤机	刮板电机	1	11	11
	主轴电机	1	11	11
	搅拌电机	9	7.5	67.5
	液压站	1	11	11
	入料泵电机	1	132	132
供风系统	低压风机	4	750	3 000
	高压风机	2	30	60
供料系统	浓缩池底流泵	1	45	45
煤泥转载系统	1861 煤泥转载胶带	1	132	132
	1863 煤泥转载胶带	1	132	132
	1865 煤泥转载刮板输送机	1	132	132
合计功率/kW	3 733.5			

四、案例小结

(1) 选煤厂煤泥系统改造后,精煤产率提高 3.85 个百分点,煤泥产率降低 6.58 个百分点,年增加精煤产量 16.17 万 t,年节约介质、药剂采购费用 59 万元,节约电费 266 万元。

(2) 该厂改造方法具有一定的普适性,尤其在动力煤选煤厂实用性较强。

(3) 水力旋流器不同底流口直径搭配时溢流粒度组成试验分析,提供了一种调节浓缩池煤泥粒度组成、适应加压过滤机生产的有效途径。

第十节　煤制油选煤厂重介质旋流器溢流管道改造

◇ 内容导读

影响重介质旋流器分选效果的因素很多,相互关系较为复杂。因此,在设备选型中,应根据原煤煤质选用合适的重介质旋流器,合理调整并不断优化各参数,使设备处于最佳运行状态,从而保证重介质旋流器获得良好的分选效果。

一、问题提出

重介质选煤方法具有分选精度高、对原煤适应性强、易实现自动控制等优点,已成为选煤工业发展的首选方法。重介质旋流器中心溢流管直径和长度对产品质量和产量的影响很大，通过调整其参数可获得不同质量的产品，同时又要求其有一定的范围。

煤制油选煤厂直径 1.45 m 的重介质旋流器存在跑料现象，经过日常运行发现 1307 重介质旋流器溢流管道存在两方面问题：

(1) 溢流管道过长，影响溢流物料正常排出。

(2) 溢流管道弯头角度过大，导致旋流器内压力无法有效释放，造成分选旋流紊乱。旋流器内部压力不稳定，溢流管颤动严重，导致旋流器内部靠近溢流管处的瓷片掉落，大大减少旋流器的使用寿命。

同时溢流管道的设计缺陷导致旋流器跑料，存在以下几点弊端：

(1) 无端增加系统瓶颈。旋流器底流间歇性跑料导致底流煤量极不稳定。通过现场测定，稳定排料时煤量基本维持在 30～40 t/h，跑料过程中底流瞬时煤量可达到 300 t/h，使得矸石脱介脱水系统过煤量出现瓶颈。例如，矸石脱介脱水系统过煤设计量为 150 t/h，如果旋流器正常排料，完全无压力，但是跑料过程中瞬时过煤量达到设计量的两倍，从而导致设备负荷过大，胶带综保故障停车，或溜槽通过量不够，导致堵溜槽影响生产。跑料造成的煤量波动对整个分选系统平稳生产产生极大影响。

(2) 增加介耗量。正常排料时矸石脱介筛及离心机工况良好，脱介脱水效果良好，矸石带介量很少。当旋流器跑料时，矸石脱介筛筛面煤层厚度可达 30 cm，致使脱介喷水根本无法穿透物料层，夹矸煤流带介严重，同时矸石离心机负荷加重，脱水不良，导致矸石系统稀介无法充分回收，介质随矸石进入产品，介质大量损失。

(3) 导致产品质量波动。经过观察发现，1310 矸石筛筛面跑料是由大量夹矸煤混入矸石流中引起的。通过对不跑料、跑料时精煤筛面物料采样对比化验分析，可以得到正常排料时精煤灰分为 5%，跑料时精煤灰分突降为 3%左右，跑料降低了精煤产率，导致精煤浪费，同时使得日常产品煤采样失去代表性。

二、技术实施

为解决上述问题，将旋流器溢流管道进行重新设计改造，同时配套改造溢流箱体，将原有溢流管道长度缩短，出料角度由 90°改为 135°，有效释放旋流器内部压力。改造后解决了溢流管道不规则颤动问题，同时跑料情况得到很大好转。该项目有以下几个特点：

(1) 改造量小，仅需将原有溢流管道拆除，更换重新设计加工的溢流管道，同时将溢流缓冲箱加高，改变缓冲床角度即可，工程总预算量不超万元。

(2) 改造效果显著。

① 延长旋流器使用寿命，改造后溢流管道长度明显缩短，角度合理，旋流器内部压力得到有效释放。目前，溢流管道稳固，无不规则震颤，旋流器内部瓷片除正常磨损外，不存在异常掉落，增加了旋流器的使用寿命。

② 改善了旋流器内部压力结构，有效释放压力，降低了跑煤频率，减少了跑煤量，提高了精煤产率。也就是说原有夹矸煤被合理分配进入矸石及精煤中，在保证产品煤灰分要求的情况下最大化保证了精煤产率，矸石筛过煤量较为均匀，基本保持在 50 t/h，减少了溜槽堵塞及矸石脱介脱水系统过载跳电引起的设备故障停车次数。脱介效果得以改善，矸石筛筛面料层相对均匀，在保证一定喷水量的情况下脱介效果得以改善，矸石带介现象明显好

转。旋流器改造后外形图如图 2-12 所示。

图 2-12　旋流器改造后外形图

三、应用效果

该项改造经济效益可以从以下两方面分析。

(1) 提高精煤产量

改造前跑料周期为 3 min,正常矸石量为 30 t/h。跑料持续时间为 20 s,跑料过程中,夹矸煤与矸石总量为 300 t/h,换算平均每小时夹矸煤与矸石量合计为 93 t/h,改造后矸石筛煤量基本维持在 50 t/h。这样在保证精煤产品质量要求的情况下可提高精煤产量约 43 t/h。

(2) 降低介耗

改造后,1310 过煤量基本平稳,脱介效果稳定,表 2-7 为改造前后各月份介质消耗统计表。

表 2-7　改造前后各月份介质消耗统计表

2013 年	入选量/t	介质消耗/t	吨耗/(kg/t)
1 月	184 181	223.44	1.21
2 月	185 434	252.54	1.36
3 月	235 221	313.38	1.33
4 月	242 422	322.01	1.33
5 月	248 922	278.30	1.12
平均			1.27
6 月	0.00	0.00	0.00
7 月	105 623	130.08	1.23
8 月	242 159	280.00	1.16
9 月	228 569	301.00	1.32
10 月	225 511	277.87	1.23
11 月	191 134	201.12	1.05
12 月	230 500	254.38	1.10

表 2-7(续)

2014 年	入选量/t	介质消耗/t	吨耗/(kg/t)
1 月	193 327	190.00	0.98
2 月	234 108	150.00	0.64
3 月	234 588	131.10	0.56
4 月	234 356	161.04	0.69
月平均			1.00

分析表 2-7,改造后介耗降低 0.27 kg/t。按全年入选原煤量 230 万 t 计算,年节约介耗为 0.27 kg/t×2 300 000 t/1 000=621 t,节约介质资金 41 万元。

综上,改造后年节约设备维修资金、电费、介质药剂采购费用共计 258 万元。

四、案例小结

重介质旋流器的分选效果直接影响选煤厂产品质量,只有充分掌握重介质旋流器的分选原理及影响因素,在生产中才能做到对产品质量的控制。

第十一节　石圪台选煤厂浅槽分选机中煤回收工艺研究与应用

◈ 内容导读

针对停车过程中存在的中煤外排进入矸石产品的现象,采取了在矸石带式输送机上安装犁式卸料器,实现了一条带式输送机输送两种产品的目的,最终回收了停车过程中浅槽内的中煤,取得了良好的经济和社会效益。

一、问题提出

石圪台选煤厂隶属于神东煤炭洗选中心,坐落于陕西省神木县大柳塔镇石圪台村,设计年处理原煤 1 200 万 t,原煤煤种牌号为长焰煤、不黏煤。采用的分选工艺为:块煤、末煤选前脱泥,200～13 mm 块煤重介质浅槽分选机分选,13～1.5 mm 末煤重介质旋流器分选,1.5～0.15 mm 煤泥螺旋分选机分选。煤泥水处理工艺为:分级旋流器两段分级、浓缩澄清配合加压过滤机和板框压滤机分别脱水回收。

(1) 重介质浅槽分选机分选工艺

石圪台选煤厂毛煤采用 200 mm 分级,筛下经过原煤分级筛 13 mm 分级,−13 mm 级物料一部分进入混煤上仓带式输送机,另一部分进入末煤重介质旋流器分选,+200 mm 级物料经过手选排除大块矸石并破碎之后和 200～13 mm 级物料汇合,采用刮板输送机分配给4 台块煤脱泥筛脱泥,分别进入 2 台重介质浅槽分选机进行分选,浅槽分选机精煤采用双层脱介筛实现了 25 mm 分级和脱介目的,最终得到 200～25 mm 级块精煤和 25～1.5 mm 级末精煤,2 台重介质浅槽分选机矸石产品采用同一台矸石脱介筛,脱介之后落入矸石带式输送机外排。

块精煤脱介筛和块矸石脱介筛的筛下一段合介直接回收进入块煤合介桶,二段稀介质采用磁选机回收，磁选尾煤和脱泥筛筛下进入煤泥桶。重介质浅槽分选机分选工艺流程如图 2-13 所示。

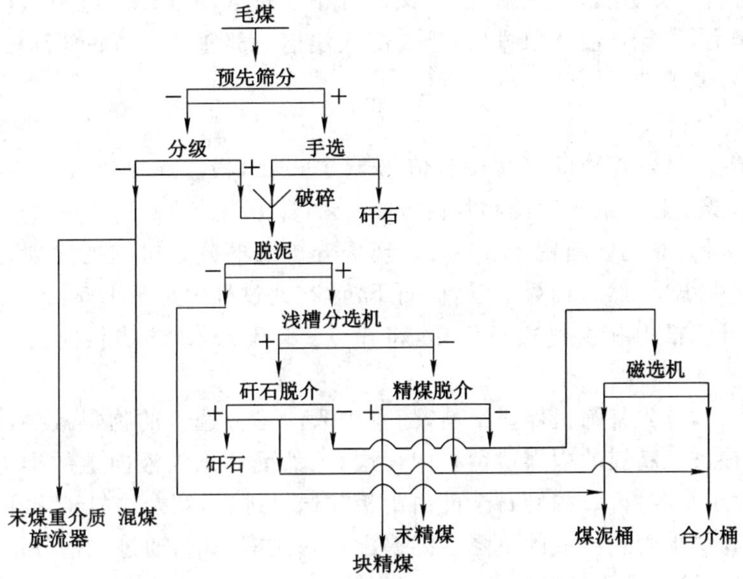

图 2-13　重介质浅槽分选机分选工艺流程图

(2) 重介质浅槽分选机分选过程

重介质浅槽分选机原煤中部分物料密度与悬浮液相近，这部分物料进入浅槽分选机后，未能严格按照悬浮液的密度精确分层，而是悬浮在浅槽中部，受到上升悬浮液的推力和其他物料的碰撞作用，大部分随着轻产品从溢流口排出作为精煤，其余小部分则沉入浅槽底部。

选煤厂每天需要停车检修一次，停车后，合格介质泵停止工作，重介质浅槽分选机内与悬浮液密度接近的中煤在槽体中漂浮，向上的推力消失，不能随着重介质浅槽分选机溢流排出，最终随矸石排出，造成了大量的中煤浪费。为了解决这一问题，从以下两方面分析出现这种情况的原因：

① 受力分析

重介质浅槽分选机主要依靠悬浮液的浮力、向上的推力和物料的重力实现矸石和精煤分层，然后利用水平流将分好层的轻产品冲出溢流堰，实现了精煤和矸石的分离。在正常生产过程中，浅槽分选机的物料受力分析如图 2-14 所示。

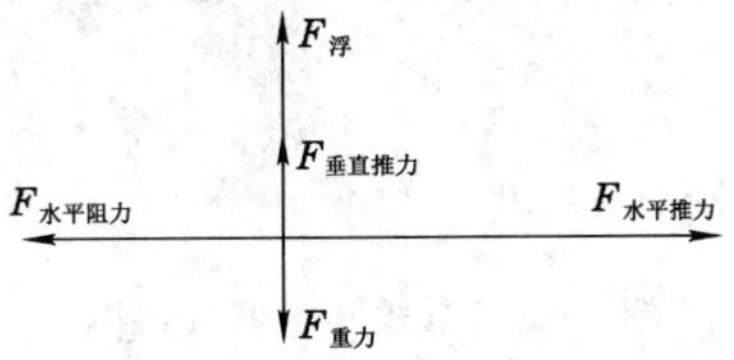

图 2-14　浅槽分选机物料受力分析图

精煤垂直方向受力大小关系为：$F_{浮}+F_{垂直推力}>F_{重力}$；

矸石垂直方向受力大小关系为：$F_{浮}+F_{垂直推力}<F_{重力}$；

停车后向上的$F_{垂直推力}$消失，对于本应上浮的中煤：$F_{重力}>F_{浮}$。

通过上述分析可知，正常生产情况下，该部分中煤进入精煤产品，停车过程中该部分中煤失去向上的推力，不能从溢流口排出，最终沉入浅槽底部通过浅槽底部刮板输送机排至矸石脱介筛，造成资源浪费。

② 物料干扰分析

正常生产情况下，悬浮液的密度设定值为 1.5 kg/L，根据原煤浮沉资料及生产实际情况可知，块煤中，低于悬浮液密度的物料占 80.14%，1.5～1.7 kg/L 这一密度区间的物料占 7.98%，大于 1.7 kg/L 的物料占 11.88%。现场分析浅槽分选机结构发现，物料先给入浅槽分选机中层即中煤层，然后精煤上浮，矸石下沉，在此过程中小于 1.5 kg/L 的物料在上浮过程中，由于上升流推力和物料相互作用，将 1.5～1.7 kg/L 的物料向上托起，进入精煤产品。

在停车过程中，首先是筛机停止给料，随着进入浅槽分选机的物料减少，精煤对中煤的作用减弱，原本该进入精煤的中煤遗留在中煤层，虽然受到悬浮液向上的推力，但仍不能从溢流堰排出。大于 1.7 kg/L 的矸石全部由刮板输送机排出，剩余物料悬浮在中煤层。停止合介泵后，中煤物料随着悬浮液的下降最终错配沉入浅槽底部，通过浅槽分选机底部刮板输送机排到矸石脱介筛上作为矸石排出。

二、技术实施

(1) 现场犁式卸料器的安装及改造

为了及时回收中煤，在矸石带式输送机上方安装犁式卸料器，犁式卸料器所卸物料通过溜槽导入正下方的块精煤带式输送机。在正常生产情况下，犁式卸料器抬起，不工作，停止合介泵之后，将犁式卸料器放下投入使用，遗留在浅槽内部的中煤经过矸石脱介筛脱介之后落入矸石带式输送机，最终通过犁式卸料器(图 2-15)卸入 702 块煤带式输送机。

图 2-15　犁式卸料器效果图

(2) 程序改造

将犁式卸料器加入现有的自动控制程序，可以采用就地和集控两种控制方式。就地由岗位工根据 3111 块煤矸石脱介筛的筛上物料情况启动犁式卸料器，但是操作环节较多，而停车时间短，所以一般采用集控操作，即岗位工在现场观察块矸石脱介筛筛上物料，当筛上物料过尽之后，联系调度室停合介泵，同时开启犁式卸料器进行排料，直至块矸石脱介筛上中煤排尽之后停车。

三、应用效果

经测算，每次正常停车检修时，每台浅槽分选机内排出的中煤至少 3 t，2 台浅槽分选机按 6 t 计。正常生产情况下，每天至少停车一次，再加上中途仓满停车的影响，一个月按照 40 次计算，则每个月多回收 240 t，一年多回收 2 880 t 块精煤，每吨按 500 元计算，一年可以多创收 144 万元。

四、案例小结

石圪台选煤厂通过对浅槽分选机及中煤回收工艺改造，有利于煤炭企业的精益化管理，节约了资源，提高了企业竞争力，在煤炭行业具有较高的推广价值。

第十二节　保德选煤厂北部区加介系统改造

◇ 内容导读

保德选煤厂北部区原加介系统运行中存在着加介周期长、加介不及时、加介效果差、介耗高等问题，并最终影响到商品煤的回收率。针对这些问题，保德选煤厂对加介工艺进行自主设计改造，有效克服了加介周期长、加介不及时、加介效果差等问题。

一、问题提出

保德选煤厂设计处理能力 18.0 Mt/a，分南北部区两套完全独立的生产系统。北部区设计处理能力 8.0 Mt/a，处理保德煤矿北部区矿井原煤；南部区设计处理能力 10.0 Mt/a，处理保德煤矿南部区矿井原煤和外购煤。保德选煤厂所出商品煤为石炭纪气煤，因其高灰熔融性的特性，主要作为中心矿区长焰煤、不黏煤的优质配煤。

保德选煤厂北部区为全重介选煤工艺，具体为：200～13(25) mm 块煤重介质浅槽分选机分选，13(25)～2 mm 末煤脱泥有压两产品重介质旋流器分选，矸石经有压两产品重介旋流器再选，粗煤泥螺旋分选，细煤泥经浓缩后板框筛网联合回收。目前保德选煤厂北部区介质添加工艺为：将介质加入加介桶，加介桶内注水后起泵打入主选车间，通过分流箱进入各分选系统合介桶，完成一次加介过程。

(1) 存在问题

保德选煤厂北部区原介质添加方式为：测得分选密度偏低，通知加介工备介加介，如加介后密度偏高则进行补水，加介后密度偏低且液位不高则继续加介，加介后密度仍偏低且液位较高则进行打分流浓缩，分流后密度仍不足则继续备介加介。

① 加介时间长

介质添加全部靠人工手动进行，测得密度偏低后，从备介到加介，中间还需经过分流、补水甚至重新加介，才能使分选密度达到设定值，调整时间较长。加介不及时、分选密度难以及时调整会导致产品质量不稳定、跑煤及介耗增加等一系列后续问题。

② 稀释合格介质

保德选煤厂北部区加介房距离主厂房较远，为保证加介泵上料正常，不得不向合介桶添加密度较低的介质(平均仅为 1.41 kg/L)。以块煤 A 系统设定密度 1.85 kg/L，合介桶设定液位 40%(桶体积 60 m^3)为例，当密度降至 1.80 kg/L 时，加介 100 袋(50 kg/袋)，加介后液位上涨至 56%，此时合介桶合介密度仅为 1.69 kg/L，反而低于加介前。为使合介密度达到 1.85 kg/L，需继续打分流至液位 45%才能满足要求。由于合格介质被稀释，添加介质后悬浮液密度反而降低，造成商品煤回收率下降，产品质量不稳定。

③ 介耗高

加介完成后，因合介桶液位上涨密度稀释，导致后续需要打分流提高密度，打分流时又因磁选机磁性物回收率达不到 100%而不可避免地造成介耗增加。当磁选机磁性物回收率达到 99.80%时，因磁性物含量大，打分流造成的介耗达到 11.66 kg，而直接将介质加入磁选机回收造成的介耗仅为 10.00 kg，即每添加 5 t 介质会增加介耗 1.66 kg。因绝大部分磁选机回收率远达不到 99.80%，实际生产中的介质损失会更大。

综上所述，保德选煤厂原有加介工艺存在加介时间长、介耗高、加介质量低、对合格介质产生稀释作用、造成系统跑煤等诸多问题，亟须提出新的加介工艺。

(2) 常用加介工艺

目前重介质选煤以其分选效率高、分选密度调节范围广、适应性强、分选粒度广、生产过程易实现自动化等优点而备受关注。但重介质分选不可避免地会产生介耗，造成合格介质密度降低，为保证分选密度，不得不向合格介质中补加介质。现有的介质添加方法包括手动和自动两种。

手动控制一般是根据悬浮液密度变化随机调节，当合介桶液位较高、密度较低时采用打分流方式进行浓缩，从而提高密度；当液位较低、密度较高时进行补水，使密度下降；当合介桶液位低于设定较低液位密度，但仍无法满足要求时，则需人工加介。手动控制缺点较多，人为观察密度准确性低且不及时；耗时长，反应滞后，通过加介使分选密度达到要求时，可能悬浮液分选密度已不在要求的分选密度范围。

现有重介质选煤自动加介系统(图 2-16)包括浓介桶、介质泵、合介桶及密度控制系统，浓介桶、介质泵、分流箱和合介桶各装置间通过管路连接。密度控制系统包括检测装置、控制装置和分流箱。浓介质在加介泵的作用下进入分流箱，分流箱在控制装置的控制下分别沿箭头 C 和箭头 B 向合介桶和浓介桶分流。进入合介桶的介质在合介泵的作用下沿箭头 D 进入浅槽分选机或混料桶进行原煤和介质混合，进入浓介桶的介质通过泵进行下一次循环输送。

在整个控制过程中，检测装置不断检测合介桶中合介密度，得到相应的实时测量密度信号，并将其传输至控制装置，控制装置对测量密度和预定密度进行比较。当测量密度大于预定密度时，控制装置控制分流箱不给合介桶分流，使合介桶内介质密度逐渐下降，直至等于给定值；当测量密度等于预定密度时，控制装置控制分流箱不动作，浓介质返回浓介桶；当测量密度小于预定密度时，控制装置控制分流箱增大浓介质进入合介桶的分流量，使合介桶内介质密度逐渐上升，直至等于预定密度。

实际生产中，浓介质并不是一个稳定的均相液体，在生产系统中易产生沉淀。为防止浓

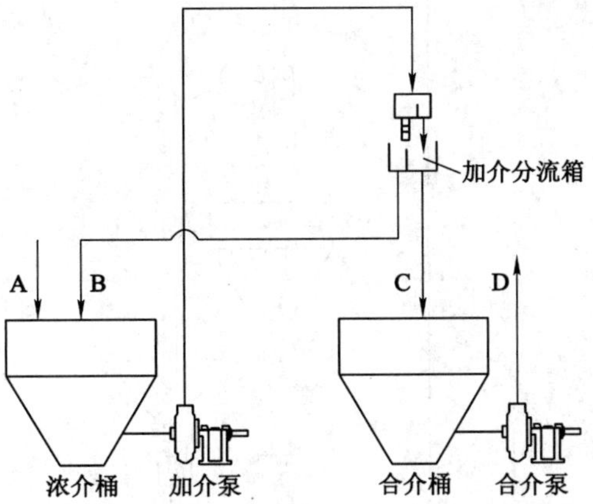

图 2-16 现有典型重介质选煤自动加介系统

介质悬浮液在生产管路和容器(浓介桶)中沉淀,保证悬浮液稳定性,生产时必须用泵不断打循环,造成设备和管道磨损,增加了能耗和生产成本。同时,合介桶添加介质后,所加介质还需与合介长时间混合后才能达到均匀混合。由于检测的是合介桶中合介密度,造成合介密度调节滞后、检测不准确,致使产品质量不稳定。制备浓介质时,水和磁铁矿粉的添加比例不易控制,难以保证浓介质具有较高的合适密度。

二、技术实施

(1) 加介新工艺

针对保德选煤厂北部区加介系统存在的问题,保德选煤厂提出了新加介工艺,如图 2-17 所示。磁铁矿粉与水预先任意比例混合后,经加介泵打入加介磁选机,磁介质经磁选机回收后进入浓介桶,浓介桶下设有管道和控制阀门,并对应有加介分流箱,最终对应到重介质分选系统各合介桶。新工艺需先行制备浓介质,浓介质的制备不受选煤厂分选系统的影响,加介速度快,介质浓度高,加介后无须分流,降低了因分流产生的介耗。新工艺可一次制介储存后多次添加,加介人数减少 2/3,实现了减员增效;同时可配备高度自动控制系统,即一旦检测到合介桶密度低,便自动控制加介桶下阀门打开加介,密度合格后阀门自动关闭,进一步缩短了加介时间。

(2) 方案实施

工艺确定后,保德选煤厂根据北部区现有工艺系统、设备布置、空间结构提出了实施方案,具体为:在 331A 末煤重介质旋流器侧安装方形浓介桶,在 331B 末煤重介质旋流器侧安装圆形浓介桶。借用新系统闲置的 355A、B 两台矸石系统稀介磁选机作为加介磁选机,磁选机精矿直接入浓介桶。因加介分流箱在用且位置需调整,将矸石系统不用的两台分流箱 319A、B 移至三楼指定位置,待安装完成后再将 455A、B 加介分流箱移回 319A、B 处。北部区新加介系统工艺如图 2-18 所示。

三、应用效果

加介系统在保德选煤厂北部区调试并投入使用后,介耗由原来的平均 0.62 kg/t 降至最低 0.21 kg/t,降低了 66%。改造完成前的 8、9 月及改造后的 10—12 月介耗变化见

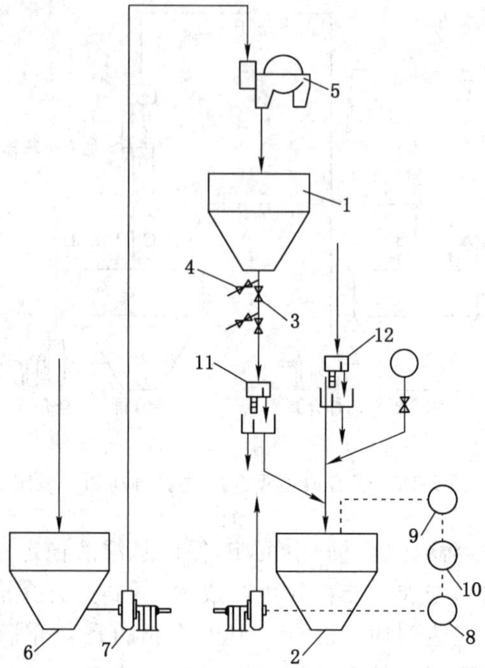

1—浓介桶；2—合介桶；3—浓介桶控制阀；4—浓介桶鼓风阀；5—加介磁选机；6—加介桶；
7—加介泵；8—密度传感器；9—液位传感器；10—综合控制器；11—加介分流箱；12—分流箱。

图 2-17 新加介工艺流程

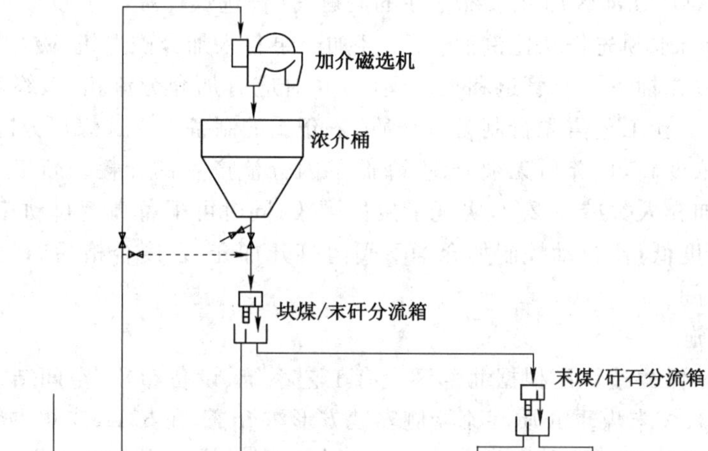

图 2-18 北部区新加介系统工艺

图 2-19。因加介量减少，且浓介桶始终存有浓介质，一旦发现密度降低，可随时加介，减轻了加介工劳动强度。保德选煤厂北部区仅早班配置 1 名加介工，较原来的每班 1 名加介工减少了 2/3，达到了减员增效的目的。

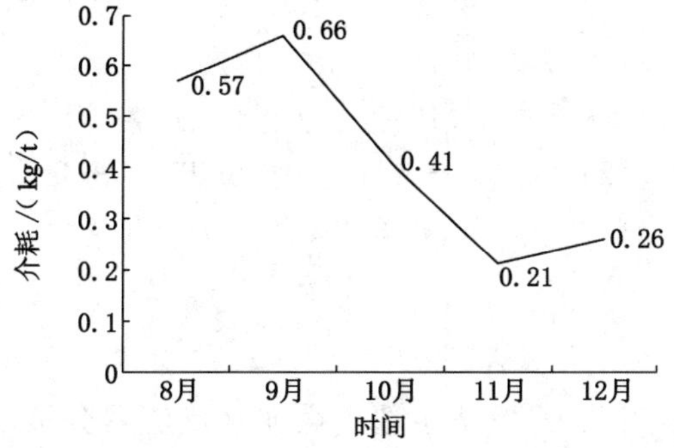

图 2-19　新加介系统投入使用前后介耗变化

改造完成后，加介时间明显降低，因密度低造成的分选系统跑煤、回收率低等问题得到有效控制。浓介质密度实测达到 2.12 kg/L，高于保德选煤厂北部区块煤系统的 1.85 kg/L 合介密度，进一步避免了合格介质稀释后产生的跑煤现象。此外，加介完成后无须打分流提高密度，当磁选机磁性物回收率达到 99.80%时，每加介 5 t 减少介耗 1.66 kg，按照神东煤炭洗选中心磁选机回收率平均 99.17%的水平计算，每添加介质 5 t 减少介耗 6.89 kg。

保德选煤厂北部区实际处理能力为 1 700 t/h，块煤系统设定密度 1.85 kg/L，规定密度低于设定密度 0.02 kg/L 时开始加介，根据浮沉试验，密度降低 0.02 kg/L 时商品煤回收率降低 0.6 个百分点。此外，通过节省加介时间，商品煤回收率提高了 0.6 个百分点，一次加介可多回收商品煤 8.25 t，不包括克服合介二次稀释跑煤所提高的回收率。根据长期数据积累，正常情况下每 10 000 t 原煤加介 100 袋，保德选煤厂北部区原煤年处理量 674 万 t，则可多回收商品煤 10 197 t，按照发热量 17.58 MJ/kg 混煤 363 元/t 的销售价格，每年可多创收 3 701 511 元，加上每年介耗降低节约的成本 893 724 元，每年可多创效 4 595 235 元。

四、案例小结

针对保德选煤厂北部区介质添加存在的问题，通过对常用加介工艺的研究，提出了一套新加介工艺。该工艺克服了当前介质添加系统存在的添加不及时、用时长、磨损量大、要求条件苛刻、易跑粗、增加介耗等诸多问题。现场实际运行表明：采用新加介工艺后，加介时间较原加介系统降低 91.51%(一次加介 100 袋由 1.57 h 降低至 8 min)，加介工由 3 名减至 1 名，介耗得以降低，杜绝了因加介导致的跑煤现象，达到了减员、增效、降耗的目的。

第十三节　阳城煤矿选煤厂粗煤泥系统技术改造

◈ 内容导读

为提高阳城煤矿选煤厂精煤产率，针对其原有工艺、煤质情况进行研究分析，最终确定在原设计工艺基础上增加一条以干扰床分选机（TBS）为核心的粗煤泥分选系统，取得了良好的分选效果。

一、问题提出

阳城煤矿选煤厂原设计工艺为：跳汰主选＋煤泥水旋流器分级浓缩＋高频筛回收＋煤泥压滤。原煤经跳汰机分选出精煤、洗混煤和矸石三种产品。精煤筛下水中的 0.5～0 mm 级煤泥经分级浓缩旋流器组进行分级浓缩，绝大部分 0.5～0.2 mm 级粗煤泥由旋流器底流排出，经弧形筛、高频筛进一步脱水回收后直接掺入精煤；大部分 0.2～0 mm 级细煤泥由旋流器溢流排出，进入浓缩池，浓缩机底流经压滤机脱水回收，作为最终煤泥产品，浓缩机溢流作为循环水循环使用，实现全厂洗水闭路循环。

粗煤泥系统存在的问题为：

(1) 分选工艺不完善，粗煤泥（0.5～0.2 mm）未经有效分选，其灰分偏高，无法掺入精煤产品。实际生产中要求综合精煤灰分指标在 9%以下，而经煤泥水旋流器分级浓缩＋高频筛回收的 0.5～0.2 mm 级粗精煤泥的灰分居高不下，普遍在 15%以上，若将此部分粗精煤泥掺入精煤将会带来两种结果：一是在保证主产品灰分不变的情况下掺入，势必严重影响综合精煤质量；二是为了控制综合精煤灰分在合格范围内，降低主产品灰分来对冲过高的粗煤泥灰分，这样势必大大降低主精煤的产率，也不符合最大精煤产率的原则。

(2) 粗精煤泥掺入中煤，造成精煤资源的损失

目前，为了保证综合精煤灰分不超过 9%，现场将这部分粗精煤泥掺入中煤产品，使部分合格精煤损失，造成了资源浪费，降低了选煤厂综合经济效益。

二、技术实施

改造后的粗煤泥系统分选工艺流程如图 2-20 所示。新更换的 FX500 煤泥水旋流器底流进入新增的 TBS1800 分选机，TBS1800 分选机溢流进入新增振动弧形筛脱水脱泥后，再进入新增的离心机进一步脱水脱泥后掺入精煤产品；TBS1800 分选机底流直接进入原高频筛脱水后作为洗混煤产品。

将主厂房中原 FX350×4 煤泥水旋流器组更换为 FX500 煤泥水旋流器，旋流器倾斜布置。两个系列分别采用两台入料泵分别对应两台 FX500 旋流器，两台旋流器共用溢流箱和底流箱，新增 TBS1800 分选机配置于 FX500 煤泥水旋流器底流管处。FX500 煤泥水旋流器的底流自流给入 TBS1800 分选机，TBS1800 分选机溢流自流进入四楼新增 HS-Z-2400 振动弧形筛进行脱水脱泥处理，同时在主厂房三楼新增煤泥离心机对粗精煤泥进一步处理，以保证粗精煤泥指标达到产品水分要求；TBS1800 分选机底流进入三楼西面原高频筛脱水处理后即可掺入洗混煤。

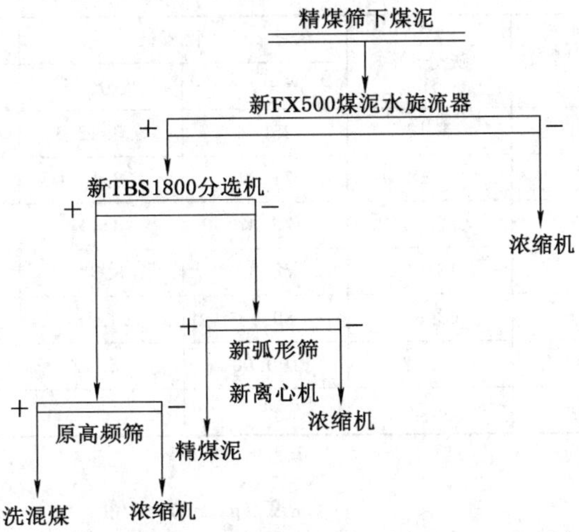

图 2-20　改造后粗煤泥系统分选工艺流程

(1) TBS 分选机可由机体旁边的控制柜中 PLC 模块控制，在其显示屏上输入所需分选参数值，即生产出合格产品。无须设专人专岗，只需巡检即可。亦可根据要求将 PLC 模块中显示屏数据连到集控室，由集控室人员集控操作。

(2) 原旋流器＋高频筛直接回收粗煤泥的工艺仍保留，旋流器底流管处增加三通及切换电液推杆阀门，粗煤泥不超灰时，旋流器底流可跳过 TBS 分选机直接进入脱水筛，保证系统的灵活性。

(3) 该系统正常生产时只需顶水水量约 20 m^3/h，利用主厂房中循环水泵的富余量即可满足需要。

新增设备清单如表 2-8 所示。

表 2-8　新增设备清单

序号	设备名称	规格、型号	数量	功率/kW
1	煤泥水入料泵(带变频)	H=32 m、Q=200 m^3/h	2	37
2	煤泥水分级旋流器组	FX500-GT×2	1	—
3	粗煤泥分选机	TBS1800	1	0.55
4	振动弧形筛	HS-Z-2400	1	1.5
5	离心机	WHL1000	1	75+1.1

三、应用效果

高频筛上粗精煤泥的浮沉试验结果及可选性曲线如表 2-9、图 2-21 所示。根据高频筛上粗精煤泥可选性曲线可知：当控制粗精煤泥灰分在 9.0%以内时，理论精煤产率为 80.41%，理论分选密度为 1.595 kg/L，±0.1 含量为 8.62%，属于极易选煤，适合用 TBS 分选机进行分选。

表 2-9　高频筛上粗精煤泥小浮沉试验结果

密度级/(g/cm³)	产率/%	灰分/%	浮物累计		沉物累计	
			产率/%	灰分/%	产率/%	灰分/%
−1.3	25.66	5.42	25.66	5.42	100.00	16.50
1.3～1.4	46.28	9.68	71.94	8.16	74.34	20.32
1.4～1.5	3.43	13.54	75.37	8.41	28.06	37.87
1.5～1.6	3.45	18.12	78.82	8.83	24.63	41.26
1.6～1.8	10.36	28.85	89.18	11.16	21.18	45.03
+1.8	10.82	60.52	100.00	16.50	10.82	60.52
合计	100.00	16.50				

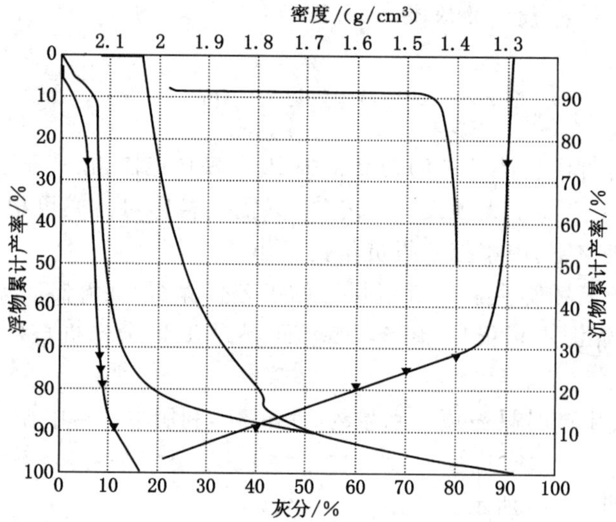

图 2-21　高频筛上粗精煤泥可选性曲线

根据现场考察，选煤厂现场粗煤泥回收系统共有两个系列，均利用 FX350×4 煤泥水旋流器组进行浓缩分级，目前每组 FX350×4 旋流器组正常工作 2 台，备用 2 台，4 台 FX350 煤泥水旋流器总处理量为 90 m³/h×4＝360 m³/h，旋流器入料浓度 104 g/L，则旋流器入料固体量为：360 m³/h×104 g/L ＝37.44 t/h。

同时检测 FX350 煤泥水旋流器的溢流、底流浓度分别为 70 g/L、490 g/L。由此可推算出煤泥水旋流器的底流产率为：

$$\frac{490\times(104-70)}{104\times(490-70)}\times 100\%=38\%$$

则进入 FX350 煤泥水旋流器底流中的煤泥固体量为：

$$37.44\ t/h\times 38\%=14.22\ t/h$$

由高频筛上粗精煤泥可选性曲线可知：精煤泥灰分控制在 9.0%时，理论精煤产率为 80.41%，TBS 分选机的分选数量效率按 90%计算，则分选机溢流中的精煤产量为：

$$14.22\ t/h\times 80.41\%\times 90\%=10.29\ t/h$$

阳城煤矿选煤厂原煤入选能力为350～360 t/h，则利用TBS分选机对粗煤泥系统进行改造后，总精煤的产率增加：

$$10.29\ t/h \div 350\ t/h \times 100\% = 2.9\%$$

阳城煤矿选煤厂入选原煤量为160万～180万t，则经粗煤泥系统改造后，每年可多回收总精煤量：

$$160万\ t \times 2.9\% = 4.64万\ t$$

按精煤(850元/t)与中煤(500元/t)差价350元/t计算，年可产生效益至少为350元/t×4.64万t=1 624万元。

综上分析，阳城煤矿选煤厂粗煤泥系统的技术改造项目经济效益显著。

四、案例小结

粗煤泥的处理工艺已引起我国各选煤厂和相关科研、设计院所的重视。选煤厂既要考虑工艺的先进性，又要兼顾设备的可靠程度、技术管理水平以及精细化生产管理实践等因素，才能在分选过程中得到理想的产品，且处理量大、回收率高，真正实现企业效益的最佳化。

第十四节　中煤再选工程

◈ 内容导读

通过对重介质旋流器分选后的中煤脱介筛筛上物进行分析，发现物料粒度以18～1 mm为主，占本级达到90%以上；对中煤脱介筛筛上物料进行浮沉试验，结果表明末中煤+0.5 mm物料中$-1.5\ g/cm^3$浮物累计产率为25.19%，累计灰分为13.22%，而-0.5 mm物料中$-1.4\ g/cm^3$浮物累计产率为44.10%，累计灰分为11.26%，说明重介质旋流器分选后的中煤中存在一定量的精煤，作为宝贵稀缺的炼焦煤资源，需考虑该部分精煤的再次回收。

一、问题提出

田庄选煤厂入选原煤来自平顶山天安煤业股份有限公司的四、五、十、十一、十二、十三及首山、天力、香山等煤矿。天安煤业矿区煤田为多煤层、多煤种的炼焦煤煤田，共有气、肥、焦、1/3焦煤、瘦五个煤种。目前，全矿区主要开采煤层为丁组、戊组、己组煤。2011年公司原煤产量达到55.00 Mt，公司所属可供生产优质炼焦精煤的原料煤(己组煤)产量也大幅度提升。田庄选煤厂主要入选己组煤，矿区区域广阔，己组煤变质程度差异较大，形成三种牌号：肥煤、主焦煤、1/3焦煤。综合近年煤质，中煤产量约为1.20 Mt/a，灰分约为36%，中煤浮沉筛分资料如表2-10至表2-15所示。

表2-10　旋流器中煤脱介筛筛上物料粒度组成

样品粒度/mm	2020年7月31日		2020年8月14日		平均	
	占本级/%	灰分/%	占本级/%	灰分/%	占本级/%	灰分/%
+18	2.17	42.53	1.14	42.25	1.65	42.43

表 2-10(续)

样品粒度/mm	2020 年 7 月 31 日		2020 年 8 月 14 日		平均	
	占本级/%	灰分/%	占本级/%	灰分/%	占本级/%	灰分/%
18~6	51.44	38.47	39.74	38.46	45.59	38.47
6~3	21.66	34.76	26.17	36.52	23.92	35.72
3~1	18.41	33.39	24.53	32.67	21.47	32.98
1~0.5	5.96	31.65	8.18	29.9	7.07	30.64
−0.5	0.36	28.45	0.24	28.1	0.30	28.31
合计	100.00	36.38	100.00	35.85	100.00	36.11

表 2-11　旋流器中煤脱介筛筛上物料+0.5 mm 浮沉试验结果

样品密度/(g/cm³)	2020 年 7 月 31 日		2020 年 8 月 14 日		平均		浮煤累计	
	占本级/%	灰分/%	占本级/%	灰分/%	占本级/%	灰分/%	占本级/%	灰分/%
−1.3	2.45	4.00	1.52	5.24	1.98	4.47	1.98	4.47
1.3~1.4	13.03	8.76	10.86	9.83	11.94	9.25	13.92	8.57
1.4~1.5	12.18	19.26	10.35	18.66	11.27	18.98	25.19	13.22
1.5~1.6	25.21	29.34	25.00	27.25	25.11	28.30	50.30	20.75
1.6~1.8	30.88	40.92	39.90	38.47	35.39	39.54	85.69	28.51
+1.8	16.25	55.90	12.37	56.45	14.31	56.14	100.00	32.46
不带煤泥小计	100.00	32.70	100.00	32.22	100.00	32.46		
带煤泥	96.18	—	99.50	—	97.84	—		
煤泥	3.82	33.51	0.50	37.66	2.16	33.99		
合计	100.00	32.73	100.00	32.25	100.00	32.49		

表 2-12　旋流器中煤脱介筛筛上物料−0.5 mm 浮沉试验结果

样品密度/(g/cm³)	2020 年 8 月 14 日		浮煤累计	
	占本级/%	灰分/%	占本级/%	灰分/%
−1.3	24.49	9.91	24.49	9.91
1.3~1.4	19.61	12.94	44.10	11.26
1.4~1.5	17.05	25.34	61.15	15.18
1.5~1.6	11.15	34.85	72.30	18.22
1.6~1.8	17.89	48.33	90.19	24.19
+1.8	9.81	66.65	100.00	28.36
不带煤泥小计	100.00	28.36		

表 2-13　旋流器中煤脱介筛筛上物料破碎至−3 mm粒度组成

样品粒度/mm	2021年5月21日	
	占本级/%	灰分/%
+0.5	80.06	33.58
−0.5	19.94	26.82
合计	100.00	32.23

表 2-14　旋流器中煤脱介筛筛上物料破碎至−3 mm前后浮沉试验结果

样品密度/(g/cm³)	2021年5月21日					
	原样		破碎后(3～0.5 mm)		破碎后(−0.5 mm)	
	灰分:31.55%		灰分:33.58%		灰分:26.82%	
	浮物累计		浮物累计		浮物累计	
	产率/%	灰分/%	产率/%	灰分/%	产率/%	灰分/%
−1.30			2.56	4.48	18.92	16.57
−1.35					32.32	18.12
−1.40	8.59	7.27	14.18	8.28		
−1.45	11.45	9.96	25.86	15.24		
−1.50	21.51	14.54	34.74	18.18		
−1.60	56.62	23.2				

表 2-15　旋流器中煤脱介筛筛上物料破碎至−6 mm前后浮沉试验结果

样品密度/(g/cm³)	2021年4月9日			
	破碎前		破碎至−6 mm	
	占本级/%	灰分/%	占本级/%	灰分/%
−1.50	12.71	15.68	15.45	15.22
−1.45	8.83	11.04	9.07	12.98

由表2-10可以看出,本厂旋流器分选后的中煤脱介筛筛上物料粒度以18～1 mm为主,占本级达到90%以上,而通过表2-11和表2-12旋流器中煤脱介筛筛上物料浮沉试验结果可以看出,末中煤+0.5 mm物料中−1.5 g/cm³浮物累计产率为25.19%,累计灰分为13.22%,而−0.5 mm物料中−1.4 g/cm³浮物累计产率为44.10%,累计灰分为11.26%,说明旋流器分选后的中煤中存在一定量的精煤,作为宝贵稀缺的炼焦煤资源,需考虑该部分精煤的再次回收。

由表2-13可以看出,旋流器分选后的中煤破碎至−3 mm时,煤泥量占本级19.94%,相比表2-10中未破碎时的−0.5 mm含量0.30%高出很多,说明破碎产生的煤泥量很大,容易造成粗煤泥分选及煤泥浮选系统能力紧张;且通过表2-14和表2-15旋流器中煤破碎至−3 mm、−6 mm前后浮沉试验结果对比来看,未看出明显解离规律,故暂不考虑中煤破碎。

基于现场中煤煤质资料,很有必要将中煤进行再选。

一方面，中煤再选，既可增加企业经济效益，也是国家炼焦煤资源保护性利用要求的需要。

另一方面，块煤破碎后再选，是完善工艺流程的需要。目前块煤系统仅利用斜轮分选低密度精煤，物料粒度大，解离不充分，易造成精煤损失。为了尽可能高效回收更多的精煤，有必要将块精煤破碎解离后再选。块精煤破碎后进入末煤系统再选，块煤系统形成主再选工艺，工艺流程更完善。

综上所述，为了保护炼焦煤资源，提高企业和集团的经济效益，须尽快对中煤实施再选。

二、技术实施

选煤厂现有工艺流程为：300～30 mm 块原煤采用块煤斜轮分选机分选；30～1 mm 末原煤采用有压三产品重介质旋流器分选；1～0.25 mm 粗煤泥采用干扰床分选机分选；－0.25 mm 细煤泥采用浮选机分选。

中煤再选技改工程工艺流程如下：

块精煤再选系统：斜轮预排矸，块精煤脱介筛筛上物料经环锤破碎机破碎至－30 mm 后进入块精煤缓冲桶，煤水混合物由泵输送至原煤分级筛分级，末煤进入末煤分选系统，块煤进入斜轮分选。

末中煤再选系统：旋流器中煤脱介、脱水筛筛上物与介质混合后进入混料桶，经泵送入有压两产品重介质旋流器分选，分选后的精煤经弧形筛、直线筛脱介、脱水后由精煤离心机脱水，进入现有 683 带式输送机（原中煤带式输送机）至高灰精煤仓（现有中煤方仓改造）储存外运。再选旋流器分选后的中煤经弧形筛脱介、直线筛脱介、脱水后进入现有中煤刮板输送机后由离心机脱水进入产品系统。主厂房中煤经转载后进入新建机架一体式带式输送机栈桥至 7 号转载点（现有改造），由原上仓带式输送机运输至中煤圆筒仓储存外运。主厂房内再选精煤、中煤稀介质分别磁选，磁选精矿进入中煤再选混料桶，磁选尾矿进入现有末煤中矸磁尾回收系统，精煤离心液进入现有末煤系统离心液桶。

高灰浮选精煤压滤系统：煤泥再选车间的高灰浮选精煤利用厂房内现有精煤压滤机脱水后与重介高灰精煤一并进入高灰精煤仓（现有中煤方仓改造）存储。

本项目达产后年销售收入 33 042.48 万元，年平均增加净利润 3 287.44 万元。

三、应用效果

（1）提取高灰精煤。根据中煤煤质资料分析及现场应用情况来看，中煤再选工程实施后可以从原有的中煤产品中提取到灰分为 13％左右的精煤产品，然后再选出高灰精煤。

（2）提高经济效益。根据销售收入估算，销售高灰精煤：10.8 万 t/a，销售价格：1 250 元/t（含税）；销售中煤：82.20 万 t/a，销售价格：290 元/t（含税）。由上述模拟计算出本项目销售收入为：33 042.48 万元（不含税）。据此进行盈利能力分析，本项目达产后年销售收入 33 042.48 万元，年平均增加利润总额 4 383.25 万元，年平均增加净利润 3 287.44 万元。

四、案例小结

田庄选煤厂进行中煤再选技术改造，能够达到充分利用优质炼焦煤资源的效果，并且能够给企业带来可观的效益。

课后思考题

1. 简述井下毛煤排矸及矿井水处理联合工艺在实际生产中的作用。

2. 传统干扰床分选技术在细粒煤应用中有何局限性以及改良后的细粒矿物流态化干扰沉降分选(级)机有何优势?

3. 新型集成式重介质浅槽分选系统相比于普遍使用的重介质浅槽选煤工艺有何优势?

4. 梁北选煤厂粗煤泥系统工艺流程中德瑞克高频细筛筛上灰分高的原因是什么?

5. 重介质旋流器分选效果的影响因素有哪些?

6. 描述粗煤泥回收的工艺流程。

7. 简述浅槽分选机的分选原理及过程。

8. 描述阳城煤矿选煤厂粗煤泥改造工艺流程。

第三章 浮游选矿案例

第一节 梁北选煤厂浮选加药系统的自动化改造

◈ 内容导读

浮选药剂的添加对设备的正常运行至关重要。针对梁北选煤厂药剂添加不足的问题，将浮选加药自动控制和药剂乳化有机结合起来，设计了自动加药控制系统，从而在保证精煤灰分指标合格的前提下，实现药剂制度优化，达到提高精煤产率的目的。

一、问题提出

常规的浮选作业均以人工操作为主，主要靠"一听、二摸、三看"来指导操作，受人自身的状态与感性认识影响很大。除保证浮选机机械部分的正常运转外，药剂制度是影响浮选效果的重要因素。药剂制度包括药剂配置、药剂种类和用量、药剂添加顺序、加药点和加药方法、药剂作用时间、药剂最佳化控制和调节等。现有的浮选药剂多数靠人工添加，人为因素影响较大。

煤油和轻柴油是煤泥浮选最常用的捕收剂，但不溶于水，在实际使用中耗量往往过高。理论和实践证明，用适当的方法将捕收剂乳化后使用，不仅可以降低药剂用量，还能改善浮选条件，减轻高灰细泥对浮选精煤的污染。捕收剂经乳化后，黏度下降，分散度大大提高，"油粒"变小，在煤粒表面形成的"油膜"也就变薄，用量减少。理论上讲油膜厚度仅需 1 至 2 个分子厚度，但实际上由于油水互不相溶，限制了捕收剂在水中的分散度，造成油滴过大，不仅浪费了捕收剂，而且还会导致捕收剂在被煤粒吸附的同时将其表面的细泥覆盖，导致细泥污染。捕收剂经乳化后黏度下降，减轻了高灰细泥在煤粒表面的黏附，从而提高了"二次富集"的效果，降低了细泥对浮选精煤的污染。

梁北选煤厂采用脱泥有压给料三产品重介质旋流器分选＋TBS 分选＋粗煤泥回收＋煤泥浮选＋浮选精煤加压过滤机回收＋尾煤压滤机回收的联合流程。由于原煤易碎，所以进入浮选的煤泥量特别大，浮选精煤占产品的比例较大，浮选效果的好坏直接影响选煤厂的经济效益。

二、技术实施

改造过程中，量化加药量的配比、调整加药位置、增加定点定量加药装置和药剂乳化装置。

(1) 量化加药量的配比

浮选药剂有各自的作用，对加药量进行优化配比，既能得到较好的浮选效果又能产生经济效益。药剂配比的确定需要先弄清楚药剂与矿物之间及各种药剂浓度之间的相互关系。

捕收剂添加常见的设备是齿轮泵，加药位置可以是一点也可以是多点，对于难浮煤泥或者浮选活性较高的药剂应该采用后者。通过使用小流量浮选剂的自动测量和分散多点控制比例自动添加技术，加药量不仅可以自动跟踪入浮干煤泥量，还可以自动跟踪入浮煤浆浓度。这样一来，浮选剂的添加量更加合理，从而提高了精度。

(2) 调整加药位置

该厂进一步采用捕收剂提前添加在浮选入料桶的入料管内，而起泡剂则在浮选机各加药点处进行添加。通过提前添加捕收剂，使捕收剂提前与煤泥进行了矿化作用，提高了捕收剂的利用率。通过定点定量添加起泡剂，提高了起泡剂的利用率。同时为了使捕收剂能与料浆更充分混合，该厂自行设计了管道射流装置。

(3) 增加了加药装置

为了使捕收剂与起泡剂用量能够量化，该厂积极和甘肃华益科技有限公司合作，成功将ZJY-A型智能加液控制仪应用到浮选自动加药系统(图3-1)。其工作原理是：用液位恒定器使恒压箱中液体的液面高度保持恒定后，经标定阀和控制阀流出的液体量取决于标定阀的开启时间，标定阀的开度被调节在适当位置并保持不变。因此，实际流出的液体量仅取决于控制阀的开启时间，该时间由智能加液控制仪自动控制。ZJY-A型智能加液控制仪(图3-2)具有操作灵活、控制准确、可靠性高等优点，能够减轻现场操作人员的劳动强度，提高选矿指标，节省药剂，并对环境保护起到积极作用。

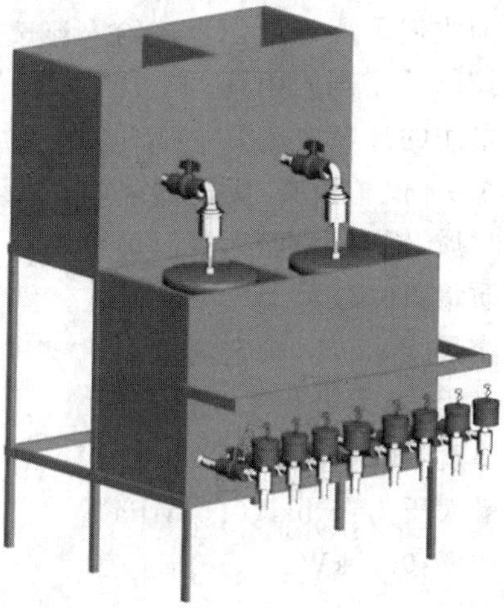

图3-1　浮选自动加药系统

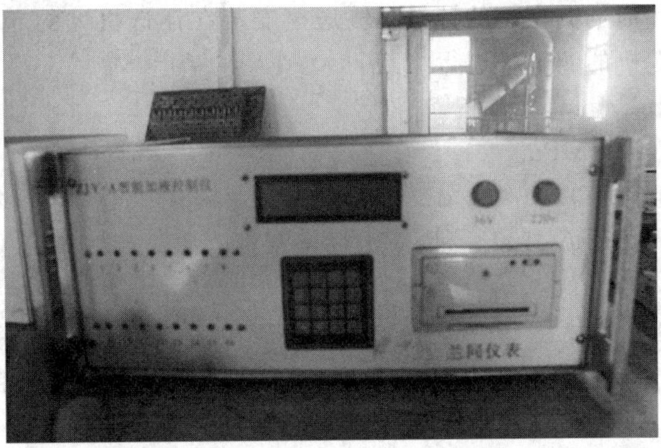

图3-2　ZJY-A型智能加液控制仪

控制仪电器原理示意图如图3-3所示。

浮选自动加药系统的缺点：一是因药剂较黏可能堵塞标定阀，也可能使控制阀失灵；二是液位恒定器的可靠性还需进一步提高。

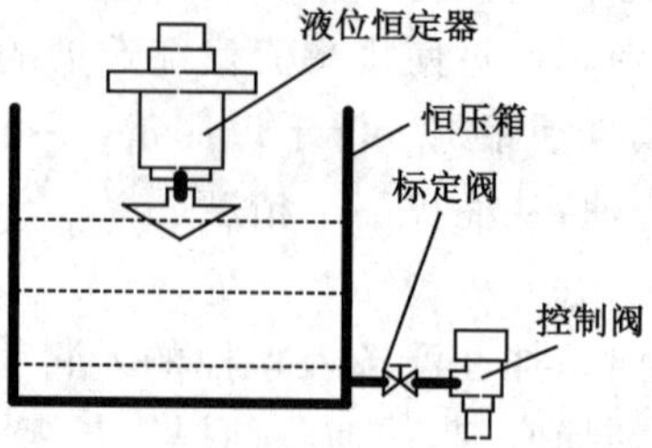

图 3-3　控制仪电器原理示意图

① 捕收剂

捕收剂采用计量泵直接给入浮选入料桶的入料管。按实际生产情况调节计量泵的排料量来控制捕收剂的用量。

采用的计量泵型号:WRS MA-80。

泵头:仅单泵头,无泄漏隔膜泵头。

材质:铝合金机壳,聚丙烯泵头。

质量:10 kg。

流量:80 L/h,额定流量在 10%～100%的范围内,计量精度为±2%。

吸程:最大吸程 1.5 m。

温度:输送介质温度可达 45°。

最大压力:6 bar(0.6 MPa)。

功率:0.3 kW。

电压:380 V。

② 起泡剂

起泡剂首先由起泡剂储存罐的计量泵输送至安装在浮选机处的起泡剂缓冲槽,然后通过电磁泵单独对浮选机的四个槽进行给药。

最大流量:200 mL/min。

最大吐出压力:0.35 MPa。

冲程长度调节范围:50%～100%。

电源:单相 50/60 Hz AC100～240 V±10%宽带电源。

功率:30 W。

(4) 增加了药剂乳化装置

药剂经乳化后分散性变好,与矿浆接触面积增大,提高了药剂与煤粒的接触面。实践证明,使用乳化装置后,吨煤药剂耗量可降低 10%～30%。

三、应用效果

浮选自动加药系统经过改造之后,精煤回收率明显提高,尾煤灰分在 50%～60%之间,有时达 65%以上。药剂消耗量从 0.53 kg/t 原煤降到 0.28 kg/t 原煤。原煤年处理量 150 万 t,则年节约药剂量 375 t。

四、案例小结

目前对于浮选的工作还是以人为控制为主、局部自动化为辅，如何实现全自动化或者最大化自动化生产，还需进一步研究。

第二节　梁北选煤厂高煤泥含量煤炭分选工艺与关键技术研究

◈ 内容导读

通过对河南省许昌新龙矿业有限责任公司梁北矿原煤进行试验研究，优化工艺流程，确定合理的高煤泥含量煤炭高效分选工艺与方法，并在工业中实施，实现了全粒级高效分选，分选出灰分相近的重介精煤、粗精煤和浮选精煤，控制精煤水分，提高精煤产品质量，降低生产成本。工业应用效果显著。

一、问题提出

我国目前的煤炭分选工艺主要为粗粒（＞0.5 mm）跳汰或重介＋煤泥（＜0.5 mm）浮选两段选煤工艺，粗粒采用脱水筛＋离心机脱水，浮选精煤采用真空过滤机脱水，浮选尾煤采用浓缩压滤脱水。然而煤炭分选存在粒度越细、分选难度越大、成本越高的问题，尤其是在高煤泥含量的煤炭分选中，这些挑战可能会给选煤生产带来一系列问题，甚至导致选煤厂无法正常运转。

目前，国内大量应用的跳汰或不脱泥重介＋浮选的选煤工艺难以适应高煤泥含量的煤炭分选，主要原因在于：

(1) 高煤泥含量的煤炭在跳汰分选过程中会导致大量细粒煤透筛损失到中煤，从而降低跳汰分选精度，尤其是对细粒煤含量大的煤炭。

(2) 高煤泥含量的煤炭采用重介质分选时为照顾大量细粒煤的分选精度，须采用窄粒级和小直径重介质旋流器分选，然而目前我国的选煤工艺主要还是采取全粒级重介质分选。

(3) 高煤泥含量的煤炭采用目前的不脱泥重介质分选时因煤泥含量高会导致脱介和磁选负荷大，设备投资和占地面积大。

河南省许昌新龙矿业有限责任公司梁北矿主要开采的$二_1$煤层属于典型的高煤泥含量煤炭，其储量占全部总储量95%以上。$二_1$煤层原煤属低（中）灰、低水分、低挥发分、低硫分、特低磷分、高发热量、中黏结性、高灰熔融性煤，煤种为瘦煤，是优良而资源缺少的冶金配焦原料煤。

长期以来，由于认识的局限性，人们普遍认为高煤泥含量的原煤无法以低成本进行分选，分选效率不高，经济效益也不理想。而且，－13 mm 的产量较大，且灰分相对较低，一般通过筛分去除块矸，将其以混煤形式作为商品煤供应动力煤使用。

为此，针对梁北矿所生产的高煤泥含量煤炭的分选工艺和关键技术开展相关研究，最终形成一套高煤泥含量煤炭的分选工艺与关键技术。

二、技术实施

(1) 根据高煤泥含量煤炭普遍存在煤易碎、矸石硬、大块原煤中矸石含量占绝大部分的特点，提出在原煤仓上设置圆形滚筒筛，＞50 mm 粒级进入小振动筛，采用反手选，手选原煤经破碎后与＜50 mm 一起进入原煤仓，剩余矸石利用原煤仓高差的优势通过溜槽直接进入矸石仓。这种原煤准备工艺避免了传统的将＞50 mm 破碎直接进入选煤系统或增加复杂的块煤排矸系统，减少矸石对系统的磨损和动力消耗，提高了选煤厂的处理能力。

(2) 根据高煤泥含量煤质的特点，制定了脱泥重介、粗煤泥 TBS 分选的合理工艺，并采用了两台 TBS 串联，第一台用于分级采用底流大排放脱除高灰细泥，第二台用于分选，最大限度减少高灰细泥对粗煤泥分选的影响，提高 TBS 的处理能力和分选效率，对降低粗精煤的产品灰分起到了保障作用。

(3) 针对高煤泥含量煤炭分选中影响精煤产率的最关键环节——浮选，采取了两项关键措施：增加煤泥浮选药剂的定量、引入新型跌落式高效矿化器和结构优化的 XJX-T12 型浮选机，以提高矿化和浮选效果。

(4) 根据粗煤泥和浮选精煤的特点，将 TBS 溢流经脱泥后与浮选泡沫混合给入加压过滤机，实现浮选精煤掺粗，提高了浮选精煤的浓度，大大缩短了加压过滤机的脱水周期，同时提高了处理能力，尤其解决了长期以来由于高煤泥含量煤炭浮选精煤量大、泡沫多，导致加压过滤机给料泵易产生气蚀，进而出现浮选精矿桶冒料和加压过滤机给不上料致使系统不能长期连续运转的现象。

三、应用效果

通过本项目的实施，所形成的主成果包括：

(1) 新开发了有压给料三产品重介质旋流器分选＋粗煤泥 TBS 分选＋煤泥浮选全粒级分选高煤泥含量煤炭工艺；

(2) 优化了圆滚筒筛分级块煤反手选定期破碎原煤准备工艺；

(3) 开发了分选前后脱除高灰细泥的粗煤泥分选新工艺；

(4) 优化了定量加药、高效矿化和高效浮选的煤泥浮选工艺；

(5) 开发了粗精煤混合浮选精煤实现加压过滤机掺粗的细粒高效脱水工艺。

应用于河南省许昌新龙矿业有限责任公司选煤厂(梁北选煤厂)，取得以下效果：

(1) 重介、粗煤泥分选和浮选三种分选方法可保证全粒级分选，精煤产率最大化，且各种分选方法的粒度范围可根据物料粒度组成进行适当调整，工艺灵活。

(2) 优化后的原煤准备工艺可防止大块矸石进入分选系统，同时降低了破碎环节的能耗。

(3) 在粗煤泥分选系统中，通过利用液固流化床分级机在分选前脱除高灰细泥的工艺，有效减少了高灰细泥在粗煤泥分选过程中的干扰，提高了 TBS 的分选效率和处理量；分选后用德瑞克细筛再次脱除溢流精煤的高灰精煤，可以保证粗精煤的灰分。

(4) 通过在煤泥浮选中对药剂制度、矿化方式和浮选过程等方面进行一系列优化措施，降低了浮选药剂成本，提高了精煤的回收率，同时提高了浮选尾煤灰分，减少了煤泥水处理系统的负荷，降低了循环水的浓度，从而减少了对分选系统的影响。

(5) 粗精煤和浮选精煤混合一同进入加压过滤机，提高了入料浓度，缩短了加压过滤机的排料周期，处理量提高了 50%以上，产品水分降低 4 个百分点。

(6) 精煤回收最大化，总精煤的回收率达到 75%以上或者更高。

四、案例小结

随着煤炭开采机械化程度提高，粉煤含量增加，开发的工艺与关键技术对高煤泥含量煤炭具有普遍适用性，对全国高煤泥含量煤炭的分选起到一定的推动作用。

第三节　浮选药剂射流乳化装置自动控制系统的设计

◈ 内容导读

为提高浮选药剂添加的精确度和分散程度，根据浮选药剂射流乳化装置的结构特点、工艺流程需求，确定主要参控环节，并结合实际控制需要确定控制系统的软硬件构成，选用先进的计算方法和控制模式，设计出浮选药剂射流乳化装置自动控制系统。射流乳化装置自动控制系统的应用，不但能够精确控制药剂添加量，而且对于提高药剂使用效率、节省浮选药剂有着重要作用。

一、问题提出

浮选效果的主要影响因素有煤泥性质、浮选设备性能、药剂的种类与配比、浮选工艺流程、药剂分散程度等，其中药剂的分散程度直接影响煤泥浮选效果和药剂使用效率。目前选煤厂使用的浮选药剂主要是油性药剂，采用一般方法很难使其在矿浆中实现良好分散。乳化处理是提高浮选药剂在矿浆中分散的有效方法，现场通常借助乳化设备提高浮选药剂的分散程度，其中基于循环水射流的浮选药剂射流乳化装置是使用最普遍、最有效的装置。该装置已在多座选煤厂得到成功应用，但其定量给药的缺陷易出现药剂超量使用的现象，同时由于缺少配套的药剂分散装置，药剂分散效果较差，不但造成药剂浪费，而且影响煤泥浮选效果和后续的煤泥水处理。因此，亟须研制一套浮选药剂射流乳化装置自动控制系统，以提高浮选药剂添加的精确度和分散程度。

二、技术实施

(1) 主要参控环节的确定

浮选药剂射流乳化装置的作用是在高速射流作用下，使药剂高度分散，形成雾状气溶胶，从而增加药剂与矿浆的接触面积，实现药剂使用效果的最大化。浮选药剂射流乳化装置主要由水箱、高压水泵、压力表、射流管、药剂箱、药剂乳化桶组成，结构示意图如图 3-4 所示。

根据装置结构和工艺流程结构及生产需求，需要在整个流程环节增设必要的计量、变频、监测等传感器和控制设备，实现对煤泥浮选效果、药剂乳化效果的监测，从而实现对整套系统的自动闭环控制。

① 射流水泵的控制。首先为射流水的高压水泵加装变频器，并设定水泵的最佳射流压力，根据压力传感器的反馈，实时 PID 调节水泵频率，进而调整水泵水量和射流水压力。当射流水压力和水量达到最佳值时，保持水量、压力稳定，以保证浮选药剂的乳化效果。

② 药剂添加控制。针对药剂的添加功能，通过上位机专家控制系统直接生成最佳的药

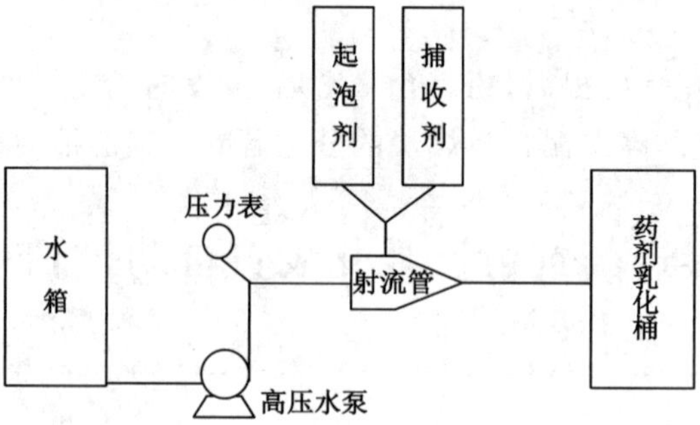

图 3-4　浮选药剂射流乳化装置结构示意图

剂配比，借助人机交互界面可以直接观察药剂乳化效果和起泡效果，及时根据图像反馈调节水泵压力比，根据处理量确定各种药剂的添加量，实现实时调整给药量和给药量的节约化。

③ 药剂乳化效果与浮选效果监测。对浮选药剂乳化效果和浮选效果两部分进行实时摄像监测，根据反馈图像进一步调节射流水压力和水量，使药剂乳化效果处于最佳状态；同时根据反馈图像的监测，优化浮选药剂用量和添加频率，形成基于专家系统的闭环控制，实现真正的浮选药剂乳化与添加的自动控制。

（2）射流乳化装置自动控制系统特点

① 精确控制药剂添加量

该系统在药剂乳化的基础上加入了自我调节、自动控制及数据库系统，从而实现了药剂乳化系统的整体控制；同时，上位机和数据库系统具有经验数据自我学习功能，可为生产提供更多、更具体的数据参考；此外，专家数据库的使用和实时数据的同步，减少了自动控制的调节扰动和超调。射流乳化装置自动控制系统的应用，能够使药剂添加量得到精确控制，也能提高工艺系统的可靠性和可控性，为长期的连续生产提供有力保障。从多次的试验数据可以看出，该控制系统投入使用后，可节省 10％的药剂用量。

② 功能多样化

通过加入浮选效果、乳化效果监测设备，能够更直观地展现系统使用效果，真正实现远程控制，有效解决需要人工现场值守的问题，对于降低人工劳动强度、增强劳动防护、节约人工费用起到关键性作用。该系统具有对应煤质数据存储功能，可随时查询、调用相关数据，为实际生产提供经验数据参考；数据可远程传输，为远程监控和集团化生产起到关键的对接作用，为未来的移动数据互联和异地监控数据查询提供了可升级的基础。

三、应用效果

确定浮选药剂乳化和相应的检测系统硬件后，就需要在硬件实现的基础上进行上位机的控制、整体基于 PLC 硬件的 PID 控制的设计和实现。

（1）上位机控制

上位机的控制主要由两部分组成，即人机交互系统的建立和专家数据库系统的建立。

① 人机交互系统的建立

基于组态王软件设计人机交互界面（图 3-5），通过组态王软件、PLC 及整体硬件系统的通信实现系统的监测和回路控制；同时基于组态王系统建立专家数据库，通过试验参数、经验参数将对应煤泥的单位浓度加药量录入专家数据库系统。现场应用时可以直接调用相关参数，并在经验参数的基础上通过自动控制对其进行微调，从而保证系统的控制精度和合理性。

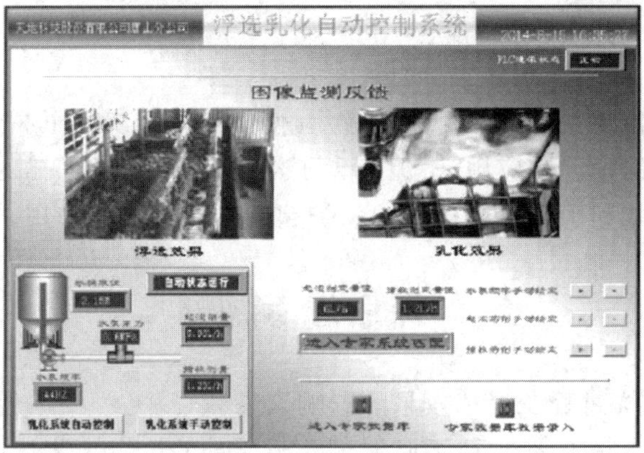

图 3-5　人机交互界面

通过人机交互界面可以直接地观察药剂乳化效果和起泡效果，及时根据图像反馈调节水泵压力和给药量的具体参数，并通过下位 PLC 中的 PID 调节模块进行最终设定值的闭环调节。

② 专家数据库系统的建立

该数据库采用单一数据形式，根据煤质情况建立相对固定比例的给药量对比数据库。使用组态王软件可以直接利用 SQL 语言编程，调用 SQL Server 内置数据。通过基于 SQL 数据库的无缝对接，可实现后台运行 SQL 数据库，便于上位软件直接访问和实时更新。SQL 作为数据平台，通过其数据交互功能，人机界面可以随时同步调用数据。根据煤质参数，直接调用相应的数据配比，有效抑制 PID 控制初期的振荡和超调，确保控制精准度和稳定性。同时，将实时监测数据录入数据库系统，以进一步充实数据，为后续生产提供专家支持。

(2) PID 控制

对于不同的浮选药剂通过数据库选用不同配比，设定初期的给药量，通过 PLC 内置 PID 控制模块进行定量控制。为了提高控制精度且实现无缝闭环控制，通过上位机和 PLC 对反馈值进行计算，并将计算值转化为模拟量信号，输入给定量给药泵；PLC 模糊 PID 控制通过传递的数据和上位机的命令来控制给药泵的频率，实现定量给药和 PID 实时给药的双重控制。通过 PID 多次微量调整给药量，逐步消除理论值与实际值之间的振荡，使实际给药量无限地接近理论给药量，从而达到最佳的药剂使用效果；将反馈数据通过 485 通信接口(或模拟量传输)传递给上位机数据库，上位机根据反馈信号在计算机中通过逻辑计算将 PID 系数和计算结果传递给专家数据库，由数据库对数据分析后直接录入，使 PLC 具有自我学习的功能，同时为以后的控制提供经验数据，再遇到类似数据控制时可直接调用，避免反复控制，且能提高控制精度。在该环节，PID 调节起到了至关重要的作用，调节 PID 的参数即可实现在系统稳定运行的前提下，兼顾其带载能力和抗干扰能力；并且 PLC 模糊 PI 控制仪采用比例积分控制项，使控制系统增加了一个零积点，使其成为一阶或多阶系统，系统阶跃响应的稳态误差趋于零。根据控制对象的不同，PID控制系数也随之发生变化，控制系数是通过PID参数控制率的计算和实际验证得出的，通过多次验证，最终使PID控制系统达到稳定、精确控制的目的。

四、案例小结

浮选药剂射流乳化装置在选煤行业的应用，使煤泥浮选实现了高效化和高产化；射流乳化装置自动控制系统的设计和应用，不但节省了浮选药剂，而且提高了药剂使用效率，为不可再生石化资源的高效利用和矿区环境的保护起到十分重要的作用。

课后思考题

1. 简述浮选的基本过程及浮选效果的影响因素。
2. 简述目前国内应用的跳汰或不脱泥重介＋浮选的选煤工艺特点。
3. 展望浮选过程自动化未来的发展趋势。

第四章　磁力选矿案例

第一节　盘式结构永磁高梯度综合力场分选机

◈ 内容导读

针对现有的永磁高梯度磁选设备存在聚磁介质堵塞、被吸附的磁性物料难以清除等问题，设计了盘式结构永磁高梯度综合力场分选机，适用于极弱磁性微细粒物料的分选。

一、问题提出

目前应用的永磁高梯度磁选设备，大都是加聚磁介质并在聚磁介质表面产生高磁力吸附弱磁性粉体物料，这样会不可避免地造成聚磁介质的堵塞；永磁高梯度磁选机的聚磁介质多为棒条、钢板网和钢毛等易堵塞材料，即使通过振动方式也很难清除被黏附的磁性物质。

二、技术实施

针对上述技术中存在的不足，研制了盘式结构永磁高梯度综合力场分选机。该分选机包括支架、设置在支架上的圆环形结构的支撑基板、通过环绕支撑基板圆周设置的多组减振弹簧、安装在支撑基板上方的磁盘、以间隙配合依次安装在磁盘上方的聚磁钉旋转圆盘和顶层圆环盘以及安装在聚磁钉旋转圆盘下方的竖直向下延伸并穿过设置在磁盘中心位置处的导向轴套和支撑基板中心孔的传动轴，该传动轴的下端与驱动机构相结合；顶层圆环盘通过环绕其周边设置的连接件与磁盘相结合，磁盘的底面通过连接件与设置在支撑基板下方的振动电机相结合；在顶层圆环盘上方一侧设置有给料装置；在磁盘下方安装有非磁性物接料装置，且非磁性物接料装置的安装位置与给料装置的安装位置上下相对应。该磁选机可实现跳跃给料，消除物料夹杂现象，满足高品位分选的要求；同时，在综合力场中加大了磁性被聚磁介质捕捉的可能性，使分选效率更高。

三、应用效果

该设备优点在于符合节能减排的要求，设备结构得到简化，易实现连续化作业，适用于高岭土、蒙脱石、钾长石等非金属矿磁性物选别以及高炉喷吹煤粉磁选脱硫等领域。

四、案例小结

盘式结构永磁高梯度综合力场分选机解决了现有的永磁高梯度磁选设备存在聚磁介质堵塞、被吸附的磁性物料难以清除等难题，适用于高岭土、蒙脱石、钾长石等非金属矿磁性物选别以及高炉喷吹煤粉磁选脱硫等领域。

第二节　粗煤粉永磁干式梯次磁选机

内容导读

为减少粗粒煤粉碎磨过程中的能耗，获得高质量低硫低灰煤，开发了粗煤粉永磁干式梯次磁选机，可广泛应用于能源、电力、冶金、煤化工等领域。

一、问题提出

要想获得高质量的低硫低灰煤，需将煤炭细粉碎使得煤中的矿物质得到充分解离，而后加以分选，但由于磨煤的能耗很高，给后续的储存、运输作业带来很多问题。研究表明，粗粒煤粉中富集了原煤中大多数硬度大、可磨性难的有害矿物质，物性差异十分明显，再加上粗煤粉粒度较粗，比较易选。若在粗煤粉返回磨煤机之前对其进行分选，清除这部分难磨的矿物杂质，不仅能够极大程度上缓解燃煤污染问题，达到燃煤提质的效果，还能降低磨煤能耗，达到节能降耗减排的目的，具有巨大的经济效益和社会效益，应用前景广阔。

基于此，利用磁选对煤炭燃前进行提质脱硫降灰是最理想的控制技术。针对当前缺乏专门适用于燃煤煤粉炉、高炉喷吹、煤化工煤粉气化等制粉系统中粗煤粉处理的永磁设备，提供粗煤粉永磁干式梯次磁选机。

二、技术实施

粗煤粉永磁干式梯次磁选机包括主体机架，分别设置在主体机架左右两侧主动轮机架和从动轮机架，这两个机架上分别安装有主动输送带轮和从动输送带轮；在主体机架的钢板台板上方安装有梯次磁源，底面设置有磁性物接料斗；由主动输送带轮和从动输送带轮驱动的分选物料输送带，上部位于梯次磁源的正上方，下部位于梯次磁源的正下方；在从动输送带轮上方的机架上安装有振动给料漏斗，在主动输送带轮下方的机架上安装有非磁性物接料斗；在梯次磁源上方的分选物料输送带上方设置有可做前后、上下位移运动的聚磁介质。

三、应用效果

该设备不仅适用于燃煤电厂制粉系统，还可适用于高炉喷吹煤粉制粉系统、煤化工煤粉气化等，可广泛应用于能源、电力、冶金、煤化工等领域。

四、案例小结

粗煤粉永磁干式梯次磁选机能够解决粗粒煤粉磨矿能耗高的难题，适用于燃煤电厂制粉、高炉喷吹煤粉制粉、煤化工煤粉气化等领域。

第三节　多力场螺旋离心永磁高梯度磁选机

◈ 内容导读

针对物料在磁选设备中的黏结、磁性物料与非磁性物料粒度匹配方面的问题，研制了多力场螺旋离心永磁高梯度磁选机，同时配套了风路系统，该设备应用前景广阔。

一、问题提出

目前，干法选矿技术领域的磁选设备在物料分选时存在着不同程度的缺陷。首先，分选磁性物料与非磁性物料的粒度匹配要求存在劣势；其次，现在市场上的磁选设备在弱磁性粉体物料的分选方面过于注重综合力场的运用；最后，物料在分选腔中出现的黏结现象也是选矿过程中面临的难题。针对上述技术中存在的不足以及高炉喷吹煤粉脱硫降灰问题，研制了多力场螺旋离心永磁高梯度磁选机。

二、技术实施

多力场螺旋离心永磁高梯度磁选机包括设置在螺旋分选装置进、出料口端的物料输送进、出风路管道；物料输送进风路管道的进口与风源装置、给料器相连；物料输送出风路管道的出口分别通过相应管路与磁性物收集装置、非磁性物收集装置相连；螺旋分选装置包括圆柱形筒体、环绕圆柱形筒体外壁面以螺旋布置的方式设置的内层矩形磁钢、包覆在内层矩形磁钢外表面上由导磁金属材料制备而成的圆柱筒形结构的内环螺旋基体、以共轴线的夹层套结构方式套装在内环螺旋基体外的圆柱筒形结构的外环螺旋基体、以与内层矩形磁钢相对应的螺旋布置的方式环绕外环螺旋基体外壁面设置的外层聚磁介质。

三、应用效果

该磁选机结合离心力并配套风路系统，可专门针对高炉喷吹煤粉磁选脱硫，还可应用于高岭土、蒙脱石等非金属矿磁性物选别以及建材、陶瓷、磨料等行业的粉体物料提纯。

四、案例小结

多力场螺旋离心永磁高梯度磁选机应用广泛，不仅可用于高炉喷吹煤粉磁选脱硫，还可应用于高岭土、蒙脱石等非金属矿磁性物选别以及建材、陶瓷、磨料等行业的粉体物料提纯。

第四节　对极式永磁强磁磁选机

◈ 内容导读

针对现有的磁性物测定仪结构复杂、操作烦琐、应用面窄的缺陷，开发出结构简单、操作灵活、适用性强的对极式永磁强磁磁选机，适用于各种稀有、有色金属矿（铁矿、锰矿等）、非金属矿及粮食等粉体中磁性物含量的测定。

一、问题提出

目前，磁性物测定技术较成熟，但磁分离设备采用的是电磁磁系，不可避免地存在设备占地面积大、运行成本较高、结构复杂、操作烦琐、不适用于野外使用、不能满足弱磁性粉体测定的需要等缺陷；而且磁场强度不能根据磁性物含量及其磁性强弱进行调节，适应性不强，磁性测定仪器有待进一步优化。针对磁性物测定仪结构复杂、操作烦琐、应用面窄等缺陷，提出结构简单、操作灵活、适用性强的对极式永磁强磁磁选机。

二、技术实施

对极式永磁强磁磁选机结构如图 4-1 所示，其外形如图 4-2 所示。对极式永磁强磁磁选机将 6 块同规格的矩形磁钢分成两组叠加，极性排列为 N—S—N 和 S—N—S；将两组叠加磁钢分别固定在 U 形钢板 12 上，两组磁钢极性相对构成分选空间，聚磁介质盒 8 置于其中；聚磁介质盒 8 内封装了多层 5 mm×2.5 mm 菱形不锈钢钢板网作为聚磁介质；通过调节手柄 7 来调整两组磁钢之间的间距，以控制分选空间的磁场强度；磁系和聚磁介质盒整体置于振动台上，通过变频器能够调整激振电机 14 的振频。

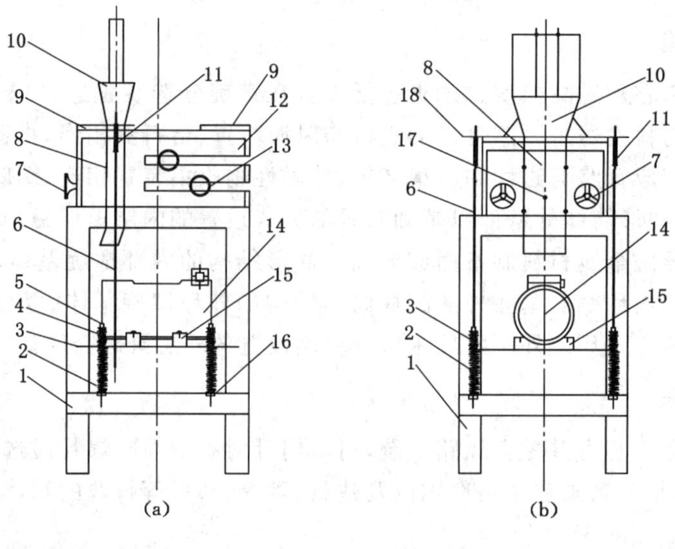

1—机架；2—减振弹簧；3—钢板；4—中径螺旋弹簧；5—连接螺栓；6—双头螺柱；7—调节手柄；8—聚磁介质盒；9—PVC 塑料板；10—给料漏斗；11—小径螺旋弹簧；12—滑槽 U 形钢板；13—锁紧螺母；14—激振电机；15—轴承座；16—垫圈；17—长头螺栓；18—支撑架。

图 4-1　对极式永磁强磁磁选机结构简图

自制的对极式永磁强磁磁选机为周期式作业，操作步骤如下：① 调整磁极间距，使两磁极头紧贴聚磁介质两侧；② 开启激振电机，调整到合适的振动强度；③ 将粉体试样缓慢、均匀地从给料漏斗处给入，粉体物料流经聚磁介质盒时，磁性物料被吸附于导磁不锈钢板网上，非磁性物料则在自身重力和振动力的作用下通过分选空间成为精煤；④ 关闭激振电机，调整磁极间距使分选区域退磁，此时，吸附在聚磁介质上的部分磁性物开始脱落；⑤ 重新开启激振电机，将剩余磁性物料脱除干净；⑥ 收集磁性物（即尾煤），从而完成一次分选试验。

图 4-2 对极式永磁强磁磁选机外形

三、应用效果

该磁选机适用于各种稀有、有色金属矿(铁矿、锰矿等)、非金属矿及粮食等粉体中磁性物的含量测定。

四、案例小结

对极式永磁强磁磁选机解决了现有的磁性物测定仪结构复杂、操作烦琐、应用面窄的缺陷。

第五节 旋转圆盘式高梯度永磁磁选机

内容导读

针对现有的圆盘式磁选机在处理极弱磁性物料方面存在分选效率低、应用范围窄的问题,研制了旋转圆盘式高梯度永磁磁选机,该设备全自动化操作、推广价值大。

一、问题提出

我国矿产资源中,一些非金属矿如高岭土、蒙脱石中富含的磁性物多为极弱磁性物,选用常规磁选机很难将其分选出来,通常采用感应盘式磁选机进行分选。现有的电磁盘式磁选机磁路工作间隙调整困难,容易使磁场的分布特性变坏,因而稳定性相对差,影响选矿品位达标,且磁程工作区极数少,不具备对综合性矿种的选矿能力,限制应用领域的拓展。针对上述问题研制了可控、全自动化、有推广价值的旋转圆盘式高梯度永磁磁选机。

二、技术实施

旋转圆盘式高梯度永磁磁选机(图 4-3)包括传动辊固定机架,安装在传动辊固定机架两端的主、从动辊，以及由主、从动辊驱动的输送胶带；在传动辊固定机架中部设置有主体机架；主体机架由与传动辊固定机架相固接的下基架体和通过竖直位移调节件安装在下基架体上方的永磁磁钢组支撑机架组成；在永磁磁钢组支撑机架上由下至上依次设置有永磁磁钢组和由动力源驱动的可做水平回转运动的旋转圆盘，且永磁磁钢组位于输送胶带的上、下层胶带之间，旋转圆盘位于输送胶带的上层胶带上方；旋转圆盘的盘面上设置有环形结构的辅助磁极；在输送胶带一端的正上方设置有闭风给料器，在输送胶带下方通过接料斗支撑架设置有磁性物接料斗。

图 4-3　旋转圆盘式高梯度永磁磁选机

三、应用效果

该磁选机能够实现极细物料的均匀给料，具备可调的磁矩，有效地对极弱磁性杂质在高梯度磁选空间进行有效分选。通过旋转圆盘平稳转动，确保磁性物料进入磁场区域时被吸附，转出磁场区域时掉落，适用于高岭土、蒙脱土的分选以及磨煤机回粉中硫铁矿的选别。

四、案例小结

该旋转圆盘式高梯度永磁磁选机克服了现有的圆盘式磁选机在处理极弱磁性物料方面分选效率低、应用范围窄的问题，适用于高岭土、蒙脱土的分选以及磨煤机回粉中硫铁矿的选别。

第六节　永磁高场强磁滤器

◇ 内容导读

磁滤器是用于弱磁性粉体矿物分选的小型磁选机，其磁系是磁滤器的关键部件。针对国内外磁系磁路设计中的问题，研制了磁路独特的永磁高场强磁滤器，把不同结构的轴向磁化和径向磁化的多块 NdFeB 磁体组合实现聚磁，以轴向充磁环形磁体内径构建分选空间，同时获得了较大的分选空间和高磁场强度。

一、问题提出

目前，永磁强磁选机大都采用闭路磁系结构，由两块或两块以上单独的磁铁来构建分选空间，虽然采用了辅助磁铁铠装和挤压排斥技术，单分选区域场强多在 1 T 以下，难以满足分选弱磁性粉体的需要。永磁高场强磁滤器采用铠装堵漏和挤压聚磁技术进行磁系、磁路设计，从而在分选区域获得 1.3 T 的高场强，改善了分选效果并拓展了永磁磁选设备的应用领域，使之能够应用于矿石中磁性矿物含量的分析及磁化水、磁化肥的生产等。

二、技术实施

永磁高场强磁滤器由若干个以同轴线方式串接在一起的永磁磁环和挤压在每两相互叠放的永磁磁环间的高导磁轭片构成的主磁系组成。永磁磁环的内环腔作为分选空间，且同一轭片两侧的磁环极性相同；环绕永磁磁环的外环面以若干块扇形磁钢进行铠装，构成辅助磁极，使每个磁环都受到上、下和外部三面的挤压以提高分选空间的磁通量，从而获得高的磁场强度。由于采用永磁磁环内环腔作为分选空间，在磁系设计中采用三面同极挤压技术构成闭合磁系，确保了分选腔中心轴线上磁场强度能够达到 1.3 T。

三、应用效果

该设备可用于弱磁性矿物粉体提纯，或用作矿石中磁性矿物含量分析，还可用于生产磁化水等。

四、案例小结

采用多面挤压装配夹具及装配工艺解决了永磁强磁选设备分选(作用)空间狭小、作用深度浅的问题。

第七节　永磁开梯度分选装置

◈ 内容导读

针对当前的永磁磁选机的磁系、磁路设计以及设备制作存在场强低、分选间隙小的缺陷，提出了永磁开梯度分选装置，该设备利用吸引式原理对粉体物料进行分选，增大磁路行程，使物料充分磁化、分选。

一、问题提出

永磁磁选机的磁系不需要激励功耗和冷却系统，具有性能稳定、结构紧凑简单、运行能耗低等优点。针对当前永磁磁选机存在的问题，即磁系、磁路设计以及设备制作导致被分选的磁性颗粒在磁介质表面聚集，通过吸住式和吸出式达到分选的目的，存在场强低、分选间隙小等缺陷，提出利用吸引式原理对粉体物料进行分选，并优化磁系、磁路设计，增大磁路行程，使物料充分磁化、分选。

二、技术实施

永磁开梯度分选装置包括通过连接件安装在竖直设置的立柱上的磁选柱，安装在磁选柱的分选腔顶部进料口处的由振动均料器和闭风变量给料器构成的给料系统，设置在磁选柱的分选腔下端出料口处的位置可调的闭风分选隔板和排料仓；磁选柱包括永磁磁钢构建的主磁极，与主磁极相对设置的由若干根聚磁钉构建的辅助磁极，以及位于主磁极与辅助磁极之间的分选腔；主磁极由若干个以径线为基准、相互串联叠加在一起的永磁磁钢以及挤压在两两相互叠加的永磁磁钢间的磁轭片构成，每组磁钢为轴向充磁，且同一轭片上下两侧的磁钢极性相反，通过挤压方式提供强磁力线；聚磁钉以等间距的排列方式固定在多组可调节的聚磁钉板上。

三、应用效果

该设备采用的塔式体形状和吸引偏转分选原理，可增大物料分选行程，满足分选精度和精矿回收率的要求，适用于非金属矿、磨料等物料提纯以及煤粉脱硫等领域。

四、案例小结

该永磁开梯度分选装置解决了当前永磁磁选机的磁系、磁路设计以及设备制作存在场强低、分选间隙小的缺陷，利用吸引式原理对粉体物料进行分选，增大磁路行程，使物料充分磁化、分选，适用于非金属矿、磨料等物料提纯以及煤粉脱硫等领域。

第八节　除铁器自动卸杂装置

◇ 内容导读

随着国民经济的快速发展，除铁器在火力发电、选煤厂、煤矿、输煤港口、矿山以及建材、化工、冶金、钢铁、玻璃、食品等行业应用日益广泛。保德选煤厂针对除铁器无法实现自动控制的问题，在除铁器两侧安装红外检测装置，将检测信号实时返回至 PLC 程序控制器，实现带面位置与卸料胶带启停闭锁，减少了除铁器无谓的电耗，避免恶性撕带事故的发生，经济和社会效益显著。

一、问题提出

减少铁类杂质提升煤质是煤炭分选加工诸多分选工艺中最重要的环节之一，但在实际生产中铁类杂质混入煤料中极难筛选。当铁器杂物进入系统内部，对整个选煤系统危害重重，多次出现因尖锐铁器将胶带恶性撕裂事故，因大块铁器的卡阻造成设备恶性损毁，直接经济损失达数十万元；影响生产短则十几小时，长则几十小时，造成的间接损失可能会达到成百上千万。为此，有效去除原煤中的铁类杂质显得尤为关键。在选煤厂系统工艺设计中一般采用除铁器（分为永磁式和电磁式）来吸附铁类杂质。

永磁除铁器内部采用高矫顽力、高剩磁的特殊永磁体“钕铁硼”等材料组成复合磁系，适用于带式输送机下料溜槽上的非磁性物料中除铁，具有免维护、磁力强、寿命长、安装简单、使用方便、运行可靠等优点，缺点是当永磁铁吸附铁磁物较多时，需人工操作转动胶带或人工将铁器清除。

选煤厂多采用永磁除铁器除杂，在实际使用中，因除铁器无法实现自动控制，除铁器往往需要岗位司机进行间断性启动和停止，也就是正常情况下不会启动除铁器，当吸附的杂物达到一定的量时，启动除铁器将杂物抛出然后停止除铁器，如此进行重复操作。但常因除铁器下方吸附杂物堆积过多，岗位司机未及时发现，造成除铁器最外层铁器杂物附着力下降重新掉入煤流；另一方面，因杂物堆积，造成较长的铁器横跨于除铁器与带式输送机机头之间，极易造成带式输送机带面恶性撕裂事故，导致全系统停产。为了提高除铁器的除铁效率，有些选煤厂会让除铁器一直处于开启状态，但是又因煤中无铁器杂物，增加电耗，造成无效浪费。

二、技术实施

除铁器两侧安装红外检测装置(类似于光幕保护)对卸料带面位置进行检测,将检测信号实时返回至PLC程序控制器,实现带面位置与卸料胶带启停闭锁。除铁器自动卸杂装置如图4-4所示。工作状态分以下4种。

图4-4　除铁器自动卸杂装置

(1) 无杂物状态下:发射器发出的信号被处于正常位置的除铁器卸料胶带带面阻隔,信号无法传输。接收器未接收到信号,无信号返回PLC模块,故除铁器不运行。

(2) 小型杂物状态(如废旧铁丝、焊条头、螺栓、螺母等):由于吸附力小,不能导致卸料带面位置发生明显改变,所以发射器发出的信号仍被处于正常位置的除铁器卸料胶带带面阻隔,信号无法传输。接收器未接收到信号,无信号返回PLC模块,故除铁器无动作。

(3) 中等杂物状态:在杂物和磁体之间较强吸附力的作用下,杂物迫使带面向磁体方向发生位移,带面向上抬高,发射器发出的信号不再受胶带阻隔。接收器接收到来自发射器的光信号,并将转换信号传递给PLC,通过程序控制除铁器启动,将杂物卸除,在除铁器启动30 s后自动延时停机。考虑到除铁器运行中带面上下抖动会持续地给传感器发出启动信号,会造成启动30 s后除铁器无法自动延时停止运行,所以在30 s停机之后又加了10 s延时,PLC对后10 s时间里收到的启动信号不再做出判断,这样可避免上述问题。

(4) 大型杂物状态:在杂物和磁体之间强大吸附力的作用下,卸料带面与磁体之间的摩擦力大于带面与驱动滚筒的摩擦力,导致带面发生打滑现象,无法正常卸料。为解决该问题,特意在从动滚筒处加装打滑保护,实时将故障信息返回到集控画面进行提示报警。

上述装置可以实现在除铁器吸住较大型杂物后及时运转,卸除杂物后及时停机,提高除铁器的除铁效率,降低电耗,避免因杂物过多导致除铁器压死或者铁器杂物划伤胶带的恶性机电事故;也可以避免吸附大型杂物后因卸料带面打滑导致电机烧毁或带面着火事故。当除铁器没有吸住杂物或者吸附较小杂物时,可以避免除铁器无效运转,降低电耗。

三、应用效果

高除铁效率不仅可以提高生产效率,还能有效防止杂物进入后续生产系统和商品煤中,从而避免恶性撕带事故的发生。这种做法不仅可以确保生产系统的正常运行,还能避免因撕带事故导致的生产中断和损失，从而产生巨大的间接效益。

四、案例小结

煤炭行业对产品的除杂要求却越来越高，所以今后一段时间需要不断寻找新型材料，寻求新方法，研发新型除铁器，以提高除铁器的性能。同时，如何在现有条件下更好地利用除铁器，发展新工艺也是值得研究的方面。

第九节　煤制油选煤厂磁选机入料流量精益化控制改造

◈ 内容导读

煤制油选煤厂磁选机入料泵采用直启泵，导致岗位司机工作量大、介质损耗大、泵叶轮磨损严重，将磁选机入料泵改为变频控制，取消手动闸阀，减少了介耗、节约了人力和物力。

一、问题提出

介质消耗是评价重介质选煤厂生产管理的一项重要指标，也是影响经济效益的重要因素。介质损耗过高不仅会造成介质的浪费，更重要的是污染精煤，增大精煤灰分。影响介质消耗的因素主要有：① 弧形筛和脱介筛的脱介效率；② 磁选机的磁选效率；③ 磁铁矿粉的质量；④ 循环水的浓度。煤制油选煤厂存在如下问题：1316 磁选机入料泵无变频控制，其流量由磁选机入料手动闸阀控制，人工调节流量及桶位存在滞后现象；由于调整不及时或煤质变化脱泥、脱介效果差，经常出现稀介入料桶空，或频繁补水情况。此时调度需就地停泵蓄水，桶位正常后就地启泵加入集控，导致泵磨损加剧并伴随跑介。

现有直启泵的弊端有如下几个方面。

(1) 稀介液位调整不便

目前仅依靠岗位司机调节磁选机入料手动阀开度来调节稀介液位，即液位过高开度调大，液位过低开度调小。如若遇到煤质变化末煤含量大时，由于脱泥筛脱泥效果较差，导致入选原煤带水进入混料桶，则间接造成稀介液位不稳定，需要岗位司机频繁调整磁选机入料阀来调整稀介桶液位，无暇顾及其他设备的巡视检查及调整。

(2) 生产过程中存在跑介点

① 为降低稀介桶液位，维持各桶液位稳定，稀介桶位过高时不得不强行调大磁选机入料阀开度，导致磁选机尾煤溢流翻花而跑介。

② 煤质较好时，脱水脱介效果很好，在满足磁选机溢流平稳、各脱介筛喷水开至最大的前提下，仍出现稀介桶空的情况。此时只能就地停泵，待稀介液位升高后，重新启泵，对泵的冲击较大，同时由于缺少鼓风，桶内介质沉淀，启泵过程中跑介严重，增加介耗。

(3) 泵叶轮磨损严重

① 稀介泵无法变频，流量恒定，但为保证磁选机的磁选效果，依靠入料调节阀开度调整流量，就使得该泵流量受阻，一直处于憋压状态，泵叶轮磨损严重。

② 人工调整入料量存在滞后性，可能导致稀介桶频繁补水，无端增加稀介循环量，增加

能耗和泵的磨损量。

二、技术实施

实现磁选机入料泵的变频控制，取消手动闸阀，从而实现磁选机入料均匀性与稀介桶位的双重控制，保证磁选机最佳磁选效果的同时，保持稀介桶位的稳定。

将1316稀介泵电机改为变频控制，实现磁选机入料流量可控。手动调试后，将变频信号与稀介桶位加入集控程序，使稀介泵频率随稀介桶位自动调整。同时通过现场核定，以磁选机溢流开始翻花(即磁选机跑介)时的最大流量，设定泵频率上限；以磁选机尾煤溢流堰保持最小高度时的最小流量，设定频率下限，只要泵的频率在设定范围内就可以保证磁选机的最佳工况，保证介质回收率。在保证磁选机磁选效果的同时实现稀介桶位的自动控制，达到节能及减少泵磨损的目的。

改造后实现的功能：

(1) 1316实现流量自动控制，能有效保持稀介液位稳定，不需岗位司机频繁手动调节，节省人力的同时减少因人为操作失误导致跑介情况的发生。

(2) 液位实时控制，能够有效避免频繁补水或因稀介桶位过高调大入料调节阀，而造成的磁选机溢流翻花跑介。

(3) 稀介泵始终变频运行，避免因稀介桶空停泵蓄水后，重启过程中造成的无端介耗。

(4) 减少甚至取消稀介桶补水，降低稀介循环量，节能同时降低泵体磨损，延长使用寿命。

(5) 磁选机入料流量基本依靠变频控制，消除因手动阀门控制导致的入料泵憋压现象，从而降低泵叶轮的磨损。

三、应用效果

(1) 实现自动控制减少人力，同时避免因人为调整不及时导致的磁选机跑介情况。

(2) 减少磁选机翻花跑介和停泵蓄水后重启稀介泵过程中造成的跑介，年节约介质约330 t，节约介质采购资金22.4万元。

(3) 减少稀介泵叶轮及副叶轮的磨损量，副叶轮更换周期由每年更换4次降为每年更换1次，主叶轮由每年更换1次降低为每两年更换1次，年节约材料费约9 000元。

(4) 拆除原有手动控制入料闸阀，年节约更换闸阀费用6 000元。

四、案例小结

在重介质选煤厂，对磁选系统的工艺参数进行自动控制，并使之与重介工艺相关参数相关联，可有效提高磁选机的磁选效率，降低介质损耗，从而降低煤炭分选成本，为选煤企业创造更大的利润空间。

课后思考题

1. 简述永磁磁系相较于其他磁系的优势。
2. 简述除铁器自动卸杂装置的工作状态。
3. 简述磁选过程中影响介质消耗的主要因素。
4. 简述煤制油选煤厂磁选机入料流量精益化控制改造后的优势。

第五章　煤泥水/矿井水处理技术案例

第一节　加压过滤机入料泵防爆系统

◇ 内容导读

针对加压过滤机入料泵爆炸问题，哈拉沟选煤厂对现场设备进行了一系列改造，多角度分析泵发生爆炸的原因，多方式确保加压过滤机的安全、高效运行。

一、问题提出

哈拉沟选煤厂共有4台进口加压过滤机，其中2台加压过滤机的入料泵曾经出现过爆炸事故，一次爆炸产生的碎片直接将距离地面近30 m的厂房顶板击穿，另一次爆炸产生的碎片直接将二楼地面上一块网格板掀翻变形。爆炸时产生的威力巨大，如果有人在爆炸点周围，极有可能造成人身伤害事故。

二、技术实施

针对加压过滤机入料泵爆炸问题，哈拉沟选煤厂与设计院、泵厂家、加压过滤机厂家进行了多次沟通讨论，并对现场设备进行了一系列改造，从多个角度考虑泵发生爆炸的原因，多种方式确保加压过滤机的安全、高效运行。

(1) 加装逆止阀。在加压过滤机的入料主管道上安装逆止阀(图5-1)，可以防止加压过滤机发生意外故障，进而避免大罐压力反吹回入料泵，从而防止泵体发生爆炸。

图5-1　逆止阀安装

(2) 修改启动程序。原程序中,加压过滤机在启动时,先向罐内冲压,再启泵、开入料阀,这一过程容易导致罐内压力反吹回泵体,造成爆炸。经过程序修改,加压过滤机在启动过程中先入料再向罐内冲压。

(3) 泵前管道加装清洗装置。在加压过滤机入料泵泵前入料管道上加装 DN100 循环水管道,并与系统的循环水主管路相连,清洗管道上加装自动控制阀门(图 5-2)。停机后,调度员按照程序进行管道清洗,避免物料堵塞管路造成泵体爆炸。

图 5-2　管道清洗装置

(4) 主管路加装流量计。在加压过滤机入料泵的主管路上加装流量计(图 5-3),并进行程序修改。在启动加压过滤机过程中,流量计必须始终保持有流量数值显示,只要流量计数值不变化,则说明回料管道或者入料管道存在堵塞现象,入料泵立即停转。

图 5-3　管道流量计

(5) 管道出口处加装压力传感器。在加压过滤机入料泵出口处加装压力传感器(图 5-4),测试出口管道处的压力值,当压力值超过 0.8 MPa 时,加压过滤机入料泵自动停转,加压过滤机停止运行。

图 5-4　管道压力传感器

三、应用效果

(1) 通过多项改造,可有效保证加压过滤机入料泵的正常运行,防止入料泵发生爆炸,消除重大安全隐患,具有重要的社会意义。

(2) 单台加压过滤机入料泵的价格为 9 万～10 万元,通过改造后,可避免由于泵体爆炸造成的生产成本浪费。

四、案例小结

哈拉沟选煤厂通过采取加装逆止阀、修改启动程序、泵前管道加装清洗装置、主管路加装流量计、管道出口处加装压力传感器等措施,有效保证了加压过滤机入料泵的正常运行,消除了重大安全隐患,经济和社会效益显著。

第二节　乌兰木伦选煤厂加压过滤机煤泥入料泵事前防炸保护

内容导读

为加强乌兰木伦选煤厂加压过滤机入料泵防爆裂安全管理,认真分析了事故可能发生的原因,制定了有效安全防范管理措施。

一、问题提出

随着选煤技术的发展,选煤设备也有了很大变化,加压过滤机以分选粒度细、脱水效果良好及高效节能的特点,在选煤工艺中应用越来越广泛。由于程序操作或系统工艺等原因,加压过滤机入料泵在极偶然的情况下有发生爆炸的可能性。为了防止煤泥泵在运行过程中突发爆炸而给巡视岗位工带来人身伤害,以往采用加工防护箱来进行防护。此种防护方式的缺点是没有从事故发生前对其进行风险报警预控，而是简单地对事故发生以后进行安全防护，不能做到设备的本质安全。

针对上述问题，乌兰木伦选煤厂从事故发生前进行分析，采用一些手段对事故进行有效预防和处理，极大地提高了加压过滤机入料泵本身的安全性能，消除了加压入料泵在生产过程中爆裂给巡视人员带来的安全隐患。

二、技术实施

(1) 为了避免加压过滤机入料泵爆裂事故的发生，厂部研究决定将事故控制在发生前，以确保煤泥入料泵设备本身的安全。针对煤泥上料泵在爆裂前出现的特征，如温度急剧升高，厂部研究决定在煤泥入料泵的上料管道上增加温度保护装置。根据 110 kW 电机的在线温度监测装置原理，对所有加压过滤机入料泵增设了泵体高温保护装置，并将温度上限设置为 25 ℃(假设环境温度为 20 ℃)。当监测到温度大于 25 ℃时，保护装置将触发，导致加压过滤机入料泵自动闭锁停车，进而避免了泵体因温度继续升高而发生爆炸事故。

(2) 将该温度保护装置做成集控画面，该画面有“解锁”和“闭锁”两种模式可供选择。在日常生产过程中，该保护装置均处于闭锁状态。同时在集控画面上设置报警画面，例如当泵体温度达到温度上限值时，调度集控画面上会自动报警，调度室将报警情况反馈给过滤机岗位工，在确认过滤机入料泵已闭锁停车后，岗位工可以现场进行查看设备高温的原因并及时进行处理(例如可以开启循环水管路打上一会循环，清理掉煤泥泵积聚的煤泥，来降低泵体的温度，使泵体温度达到正常的温度范围)，在确认设备无故障后且泵体温度正常后，通知调度室集控启车。此时，调度室手动复位该温度报警装置，将该过滤机入料泵进行重新开启并闭锁该温度保护装置。

(3) 为了提高在线温度保护装置的精确度，防止泵体将热量传递到空气中，选煤厂已要求检修车间利用密封胶将新安装的温度检测装置进行完全密封。这样，温度监测装置就能够不受外界温度的干扰，大大提高了温度监测装置的监测精度。

(4) 在加压过滤机入料泵长时间停车后，入料泵内有煤泥积聚。启车后，由于煤泥与叶轮摩擦生热，进而可能引起煤泥泵爆炸的风险。为了使煤泥入料泵内的煤泥及时排出，选煤厂在加压过滤机入料泵的吸料管道上增加了循环水管道，在入料泵启车之前，由调度员观察集控画面，检查加压过滤机槽内料位是否发生变化。若变化，证明上料正常，若料位计没有变化，则先开启末煤系统的循环水并将加压过滤机吸料管上的循环水冲水管路阀门开启，关闭煤泥泵吸料管路上的阀门，利用循环水将煤泥泵内的煤泥进行清理，清洗 2 min 后，在确保泵内煤泥全部排空后，再正常给加压过滤机入料。通过增加循环水管路，解决了停车后泵内积聚煤泥的问题，减少了煤泥泵爆炸的可能性，大大提高了过滤机入料泵自身的安全性能。

乌兰木伦选煤厂生产监控系统如图 5-5 所示。

三、应用效果

(1) 增加了泵体的温度保护装置后，可以对泵体的温度变化实时监控，设备高温报警后，程序自动闭锁停车，将风险隐患降低到最小化，极大提高了设备的安全性能。

(2) 增加了泵体的温度保护装置后，可以确保岗位工在日常巡视点检查加压过滤机入料泵时的人身安全，显著提高了选煤厂的安全管理水平。

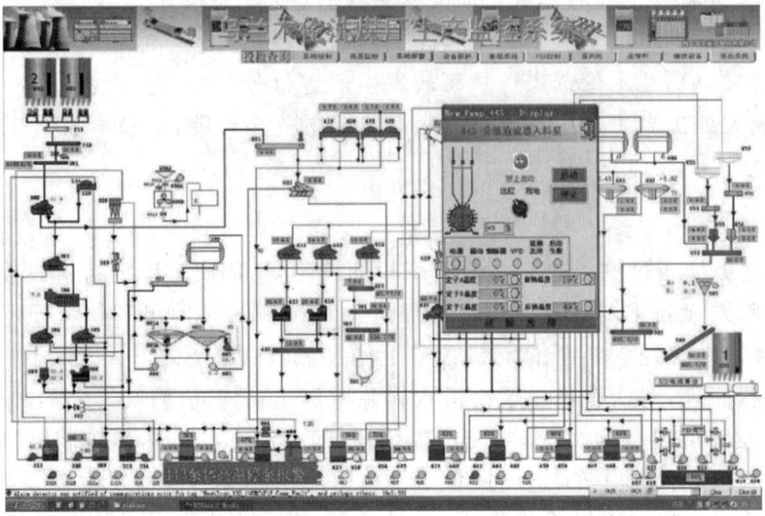

图 5-5　乌兰木伦选煤厂生产监控系统

(3) 在事故发生前进行风险控制，消除了煤泥入料泵在运行过程中存在的风险隐患，做到了人员、设备的本质安全；虽然不能产生直接的经济效益，但安全效益巨大。

四、案例小结

加压过滤机入料泵爆裂虽属偶发性事故，但一旦发生危害较大。为了避免此类事故发生，通过对乌兰木伦选煤厂加压过滤机入料流程及入料泵进行深入分析，制定了加压过滤机入料泵防爆裂安全管理措施，为选煤厂安全管理提供了保障。

第三节　矿井水处理和井下水仓清淤联合工艺技术装备

◇ 内容导读

水仓是矿井集中排水的主要场所，在矿井正常生产中发挥着重要作用。传统的清理工艺主要依赖人工清淤，工作量大，设备投入成本高，运输环节复杂，需要占用大量人力资源，工作强度大，清理工作周期长。这种方式导致矿井内外淤泥积水，污染了运输环境。煤矿企业长期以来一直面临着机械化清理矿井水仓的难题，因此，研制先进、实用、可靠的清仓机械意义重大，具有广阔的市场前景。

一、问题提出

煤矿矿井水是指在采煤过程中，所有渗入井下采掘空间的水。井工矿一般都设有专门的水仓，矿井水被收集在矿井水仓中再由排水系统抽排出井。由于矿井水中含有以煤泥、沙为主的大量杂质，这些固体颗粒物由矿井水携带进入水仓后会沉积到水仓底部，导致井下水仓有效蓄水容积减小。矿井水仓通常分为主仓和副仓，两者轮换清理和使用。传统的清理方法不仅工作量大、清挖时间长、工作环境恶劣，而且很难清挖干净。国内外对水仓的清理工作一直倍加重视，机械化清理矿井水仓是煤矿企业多年来渴望解决的难题。几十年来，我国先后研制过数十种清仓机械但都没有得到推广使用，主要是由于井下情况复杂多变。目前所研制的水仓清淤设备及其配套系统存在着性能单一、清挖效率低、固液分离不彻底等弊端，无法适应井下水仓复杂多变的工作环境。大多数设计清仓前仍需放水，实现机械化的同时未能避免人工清仓存在的这一弊端，且矿井水排放到地面后仍需进一步浓缩沉淀处理以实现固液分离。

二、技术实施

为了从源头上解决井下水仓的清淤难题，将水仓清淤和井下矿井水的处理系统相结合，研制适用于井下环境的水仓煤泥清淤收集装置和固液分离系统。该系统将井下矿井水就地收集、分级沉淀、浓缩、澄清、压滤处理，将经加工处理后基本不含固体物料的矿井水引至井下水仓供应矿井生产使用，同时将脱水后的煤泥混入煤流线进入矿井提升系统。该联合工艺技术装备(图 5-6)包括设置在井下巷道内的浓缩沉淀池、架设巷道内浓缩沉淀池顶部的导轨装置、安装在平行设置在导轨装置固定架两侧的移动盘管机构滑道上的移动盘管机构、通过导轮和驱动机构以悬吊的方式安装在沿导轨装置固定架纵向中轴线设置的单导轨上的单轨吊机以及吊装在单轨吊机下部的渣浆泵；移动盘管机构包括载车、转盘、以盘绕在转盘上的排渣管道，载车通过设置在其底面两侧的由动力源驱动的滚轮安放在移动盘管机构滑道上，在载车的平面中心部位设置有用于安装转盘的立轴，转盘通过设置在其中心部位的轴孔以动配合的方式与设置载车的平面中心部位的立轴相结合。该工艺的实施能够高效回收矿井水中的固体颗粒物，从而有效地解决了井下水仓的清淤难题。主要技术特点和优点有：

图 5-6　矿井水处理和井下水仓清淤联合技术装备

(1) 矿井水在进入水仓前由浓缩巷道进行固液分离预处理，基本不含杂质的溢流再进入水仓，从而从源头上解决了水仓清淤的难题；

(2) 采用移动盘管机构和渣浆泵联合装置在浓缩巷道中往复运动，解决了浓缩底流的排送问题；

(3) 借鉴选煤厂成熟的粗煤泥回收技术处理浓缩底流，使固体颗粒物(主要是煤泥)能得到充分回收，从而减少了污染，利用了资源；

(4) 经过处理后的矿井水再抽排上井后，基本能够达到直接外排的标准，大大简化了地面的矿井水处理系统；

(5) 井工矿的巷道掘进技术十分成熟，本设施还可以利用废弃巷道，既节约了成本，又节省了基建时间。

三、应用效果

借助于该项技术和自移式振动脱水筛在济宁三号煤矿井下构建了全国第一个完备的煤泥水脱水系统，实现了井下筛分、浓缩和压滤三个环节。

四、案例小结

鉴于我国水仓清理技术的现状和目前中小型煤矿众多，短期内水仓清理技术不可能一步到位，甚至可能还会长期实行人工清仓。为此，应充分发挥科研设计部门以及高等学校技术力量雄厚的优势，在对国内外现有水仓清理技术及装置认真筛选、优化组合的基础上，从高起点出发，全力组织对水仓清理技术及装置进行攻关，争取在较短时间内研究及开发出高效低耗、经济配套、性能可靠、不造成污染、适合国情的水仓清理技术，并尽快推广应用到清理实践中。

第四节　梁北选煤厂煤泥水处理工艺智能化研究与应用

◈ 内容导读

随着采煤机械化程度的提高，矿井开采原煤中细粒含量不断增加，湿法分选过程中的煤泥水处理量不断增加。煤泥压滤流程一般作为选煤厂煤泥厂内回收和洗水闭路循环的把关工艺，其核心设备是快开隔膜压滤机，该设备的单机自动化水平高，能够实现压紧、进料、保压、压榨等功能，同时具备反吹、拉板、暂停、卸料等功能。但是由于其间歇式工作特点，不能连续给料和排料，因此，在实际生产过程中主要依靠岗位之间的协调完成。整个过程涉及环节多，导致系统效率低，因此实现整个系统的自动化对提高选煤厂的各项技术指标和经济效益具有重要的意义。

一、问题提出

随着煤炭开采深度的不断增加以及采掘机械化程度的不断提高，原煤中细粒级含量也不断增加，细粒煤的分选和回收效果很大程度上决定了选煤厂的生产情况和经济效益。细粒煤含量的增加以及灰分的不断提高导致浮选尾煤含量增大，给浮选后续的脱水作业增加了负担。煤泥水处理系统的运行效果取决于选煤厂所采用的工艺设备类型以及选煤厂自动化程度的高低，并体现着选煤厂运行管理水平，直接关系到选煤厂的各项技术指标和经济效益。对于稀缺煤种和高煤泥含量的选煤厂来讲，浮选尾煤处理工艺自动化程度的高低显得更为重要。

梁北矿选煤厂煤泥压滤工艺流程如图 5-7 所示。选煤厂的各种煤泥水汇集到浓缩池沉淀后，浓缩机溢流作为循环水返回分选系统，底流由泵打入煤泥搅拌桶，经搅拌后由给料泵给入快开隔膜压滤机，压滤完成后，滤板拉开将煤泥卸到刮板输送机上，然后转载到煤泥带式输送机运输到煤泥场。具体工作过程是：以快开隔膜压滤机为岗位核心，协调各个岗位共同完成一个工作循环，包括入料和排料过程。入料过程如下：快开隔膜压滤机岗位通知开启浓缩机底流渣浆泵—启动底流渣浆泵提供煤泥搅拌桶给料—快开隔膜压滤机岗位观察入料桶料位达到预期液位时—通知底流泵房岗位停泵—通知开启压滤机入料渣浆泵岗位快开隔膜压滤机入料—入料结束时通知关闭快开隔膜压滤机入料渣浆泵。排料过程如下：开压滤机岗位通知压滤带式输送机岗位开启带式输送机（启动后）—通知刮板输送机岗位开启刮板输送机（开启后）—启动快开隔膜压滤机排料—排料结束关闭刮板输送机—关闭带式输送机。

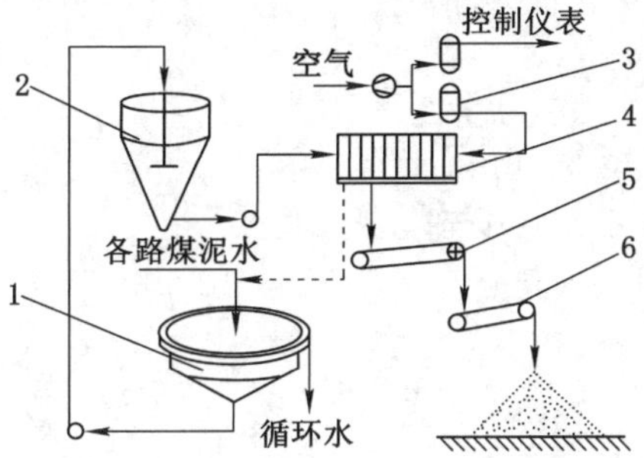

1—浓缩机；2—煤泥搅拌桶；3—储气罐；4—压滤机；5—刮板输送机；6—带式输送机。

图 5-7　煤泥压滤工艺流程

梁北矿选煤厂尾煤压滤系统存在的主要问题如下：

(1) 浓缩池底流泵往煤泥桶中打料时常造成煤泥溢出，压滤机入料泵常抽空煤泥搅拌桶造成泵气蚀。

(2) 压滤机入料人工控制，经常入料不满造成压榨过程中隔膜破裂。

(3) 压榨阶段高压气体压榨能耗较高。

(4) 刮板输送机和带式输送机没有纳入控制系统，靠人工启停，事故发生频繁。

二、技术实施

首先，对梁北选煤厂的尾煤压滤系统流程进行研究，结合国内外现有的尾煤压滤工艺控制系统，以及其他行业控制系统的研究进展，确定合适的检查设备（压力传感器、流量传感器、液位球）和控制设备（PLC），对浮选尾煤压滤工艺系统中各个环节参数进行检测，检测到的数据传给控制设备，对尾煤系统中的设备进行控制，从而使得整个工艺流程中各设备的开启和停止全部智能化，最终形成一套成熟的针对尾煤压滤设备的智能化工艺和关键技术，并推广应用到浮选精煤压滤和动力煤选煤厂细粒煤的直接回收压滤流程中。

通过本项目的实施，所形成的成果包括：

(1) 形成一套能解决浓缩池压耙问题的浓缩池底流泵管道设计方案。

(2) 开发浓缩池底流泵启动方案，该方案使煤泥搅拌桶中的煤泥既能够满足压滤机入料又不会在底流泵往煤泥搅拌桶注料的过程中溢出。

(3) 利用流量计和压力传感器对压滤机入料情况进行检测，使得压滤机入料自动化。

(4) 开发新的压榨工艺，降低原设计用高压气体压榨所消耗的能量。

(5) 对反吹阶段的压滤机管路进行重新布置，保证压滤机中未压榨的煤泥正常吹出。

(6) 对煤泥运输系统进行优化。把刮板输送机和带式输送机纳入控制系统，实现压滤机卸料过程中刮板输送机和带式输送机自动运行。

(7) 增设尾煤压滤远程监控报警系统，对尾煤压滤过程进行监控，及时发现并解决生产中的问题。

(8) 对浓缩池底流的煤泥浓度进行控制。

三、应用效果

(1) 技术指标

针对梁北矿−0.5 mm 煤泥含量超过 30%甚至 50%的尾煤，形成一套尾煤高效脱水的关键技术，并达到以下指标：

滤饼水分<24%。

压滤机一次压滤周期缩短 5 min。

压滤车间岗位工人数由 6 人减少到 2 人。

循环水浓度<15 g/L。

(2) 经济指标

选煤厂尾煤价格提高 10 元/t。

尾煤处理系统效率增加，减少生产时间 270 h/a。

减少尾煤车间岗位工人数，节约人工工资。

(3) 效果

① 选煤厂尾煤浓缩池压耙事故能得到及时处理。

② 煤泥搅拌桶中的煤泥既能满足尾煤压滤机的入料需求，又能避免浓缩机底流泵持续运行导致煤泥溢出污染环境。

③ 加压过滤机的入料自动完成，消除了入料不满造成的板框隔膜压榨破损事故的发生。

④ 压榨阶段的能耗进一步降低。

⑤ 压滤机的刮板输送机和带式输送机纳入控制系统，当压滤机卸料时能及时启动，压滤机不卸料时自动关闭，减少空转所造成的能耗和设备磨损。

⑥ 消除岗位工沟通所浪费的时间，缩短压滤机循环周期，提高压滤机的工作效率，增加压板次数。

⑦ 通过尾煤压滤处理，滤饼水分降到 24%以下，同时压滤机的滤液水浓度保持在小于 15 g/L。这种降低煤泥水分的做法提高了尾煤的售价，给企业带来了新的经济效益。

⑧ 尾煤压滤车间的岗位工人数由以前的 6 人减少为 3 人以下，实现了减员增效。

上述技术的应用解决了细粒煤脱水设备单机自动化程度高，而整个工艺自动化程度不高的问题。这对于我国选煤厂无论是精煤脱水、浮选尾煤脱水，还是动力煤选煤厂细粒煤不经分选直接脱水回收的工艺都具有较高的推广价值。随着机械化程度的提高，粉煤含量的增加以及粉煤灰分的增高，尾煤在选煤厂产品中所占比例必然更大。因此尾煤处理工艺智能化控制技术的应用和推广显得更为重要，前景更加广阔。这种技术可以推广到与快开隔膜压滤机相关的其他工艺上，对选煤厂自动化程度的提高起到推动作用。

四、案例小结

煤泥压滤工艺中快开隔膜压滤机虽然单机自动化水平高，但因其间歇式工作特点，导致工作环节多、协调时间长。通过对煤泥搅拌桶给料、压滤机入料、压滤煤泥输送、压滤入料浓度等操作环节和工艺参数自动控制的研究，实现了整个煤泥压滤系统的自动化，降低了煤泥水分，缩短了压滤机的工作循环时间，提高了选煤厂经济效益。

第五节　神东煤炭洗选中心选煤厂浓缩机耙架优化与改造

◈ 内容导读

浓缩机广泛应用于冶金、矿山、煤炭、化工、建材、环保等行业的矿泥、废水、废渣的处理，对提高中水回用率和底流输送浓度以及保护环境具有重要意义。针对选煤厂尾煤浓缩机多次出现压耙事故，严重影响生产的现状，对压耙事故原因进行了分析，提出了技术改造方案。通过技术改造解决了压耙事故，保证了正常生产。

一、问题提出

浓缩作业是选煤厂的重要环节，肩负着煤泥水的浓缩、沉淀、澄清等一系列工作。浓缩机是选煤厂进行浓缩、澄清的首选设备，具有作业稳定、运行费用低、沉淀与澄清效果好等许多优点。耙式浓缩机通常可分为中心传动式和周边传动式两大类，构造大致相同，都是由池体、耙架、传动装置、给料装置、排料装置、安全信号及耙架提升装置组成。

神东煤炭洗选中心各厂浓缩池由于建造使用年限久，再加上矿井原煤煤泥量的增多以及长时间的超负荷运转，在过载载荷、交变载荷以及煤泥水腐蚀、锈蚀的作用下，浓缩池桁架出现疲劳失效、塑性变形。在短时间内，煤制油 1601 浓缩池、布尔台 3820 浓缩池、补连塔 611 浓缩池桁架接连不同程度出现塑性变形，补连塔 611 浓缩池桁架甚至局部扭曲变形造成 1.2 m 高差，使整个浓缩池平台发生严重倾斜。桁架变形造成浓缩池耙架与池底碰撞，出现压耙事故，使设备无法继续运转。由于无备用浓缩池，压耙事故直接影响煤泥水处理系统无法运转，而桁架整体更换工艺工序复杂、耗时长，对生产影响大。为减少桁架变形对生产的影响，单位员工经过悉心研究、不断摸索、改进制定了一套浓缩池桁架结构优化和改造工艺，解决了这些浓缩池桁架由于过载、锈蚀等问题造成的浓缩机无法运转。

主支撑梁示意图和结构图如图 5-8、图 5-9 所示。

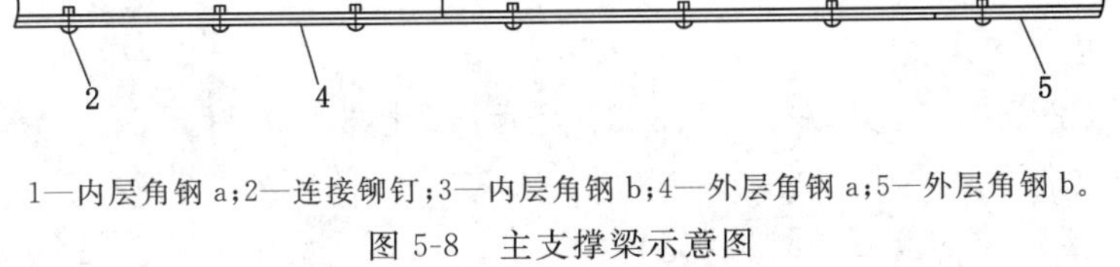

1—内层角钢 a；2—连接铆钉；3—内层角钢 b；4—外层角钢 a；5—外层角钢 b。

图 5-8　主支撑梁示意图

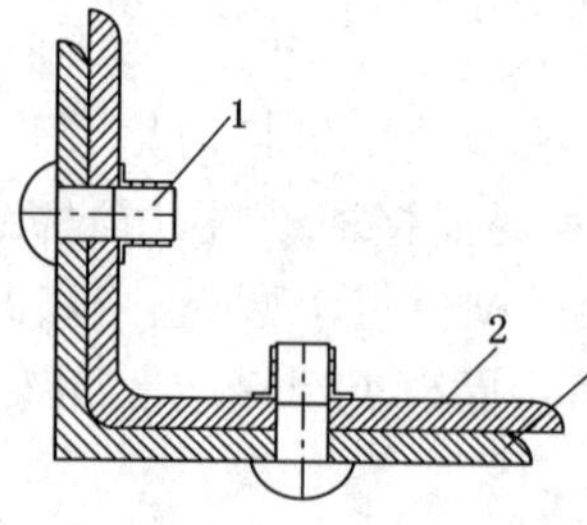

1—连接铆钉；2—内层角钢；3—外层角钢。

图 5-9　主支撑梁结构图

二、技术实施

(1) 主支撑角钢由单层变为双层，提升强度；

(2) 双层角钢结构可以分层分段进行更换，利用每天检修时间即可完成作业任务，不影响生产；

(3) 使用铆接代替螺栓连接，消除了由于突变载荷和振动引起的螺栓松动现象；

(4) 双层角钢结构交错分布，铆钉孔均匀分布，以防止应力集中和局部强度失效；

(5) 增加筋板和拉杆，提升了桁架整体强度和刚度。

三、应用效果

(1) 生产保障

浓缩池桁架更换需一次性耗时 12～15 d，更换期间设备停止运转，对生产影响巨大。采用此方式进行改造，将作业周期缩短为 7 d。而且改造后，浓缩池桁架可以实现短时间、多次分层分段更换，避免设备长时间停运对生产的影响。所带来的经济效益无法估量。

(2) 成本预算

① 焊条（ϕ4.0×15 包，单价 30 元/包）＝15×30＝0.045（万元）；

② 角钢（＃180×18 根，共计 3 337 kg，单价 5 000 元/t）＝3.337×5 000＝1.669（万元）；

③ 角钢（＃50×10 根，共计 226 kg，单价 5 000 元/t）
＝0.226×5 000＝0.113（万元）

④ 槽钢（＃120×6 根，共计 706 kg，单价 5 000 元/t）
＝0.706×5 000＝0.353（万元）

⑤ 铆钉（ϕ20×400 个，单价 30 元/个）
＝30×400＝1.2（万元）

合计＝0.045 0＋1.669＋0.113＋0.353＋1.2＝3.38（万元）

(3) 成本合计

① 外委修复

预算外委施工费：35 万元，材料费：3.38 万元，合计：38.38 万元。

② 优化和改造

人力成本（72 h×5 人，每工时 40 元）
＝72×5×40＝1.440（万元）

材料费 3.38 万元

车辆运输费 1 000 元

合计:4.92 万元

较外委修复节省:33.46 万元

利用此方法,对煤制油 1601 浓缩池、布尔台 3820 浓缩池、补连塔 611 浓缩池进行了改造,共计节约资金 100 余万元。

四、案例小结

浓缩机的成功改造显著提升了选煤厂煤泥水处理能力和全厂的生产能力,同时降低了材料消耗,提高了经济效益。本次技术改造为生产厂家、浓缩机制造商及同行业用户在设计和选用浓缩机时提供了借鉴,有助于避免类似事故的再次发生。

第六节 哈拉沟选煤厂 HBF-S120 型加压过滤机性能提升实践

◈ 内容导读

为解决哈拉沟选煤厂 HBF-S120 型加压过滤机处理效率低、滤饼水分高、滤液浓度高的问题,对工艺系统和工作参数进行优化,并将滤布搭配使用。通过工艺系统和工作参数优化,加压过滤机的处理效率和处理效果明显提升,平均排料时间由 200 s 缩短为 120～150 s,处理能力提升至 180 t/h,滤液浓度保持在 10 g/L 以下。

一、问题提出

哈拉沟选煤厂隶属于神华神东煤炭集团有限责任公司,是一座处理能力为 14 Mt/a 的大型矿井型选煤厂,入选原煤全部来自哈拉沟煤矿。哈拉沟煤矿原煤属低灰分、特低硫分、特低磷分、中高-特高挥发分、高热值-特高热值的低变质程度长焰煤(部分为不黏煤),具有化学活性强、热稳定性好、抗碎强度高、可磨性差、黏结差的工艺性能。分选工艺为:200～13 mm 粒级块原煤经 3 mm 脱泥筛脱泥后采用浅槽重介质主再选,<13 mm 粒级末原煤经 1.5 mm 脱泥筛脱泥后采用有压两产品重介质旋流器分选,<1.5 mm 粒级煤泥经水力分级旋流器分级后,1.5～0.2 mm 粒级粗煤泥由煤泥离心机脱水回收,<0.2 mm 粒级细煤泥由 4 台 HBF-S120 型加压过滤机脱水回收。同时预留后期增加粗煤泥螺旋分选机(用于分选 1.5～0.2 mm 粒级粗煤泥)和快开隔膜压滤机的空间和接口。主要产品包括<50 mm 粒级特低灰精煤、混煤(由再选中煤、筛下末煤、粗细煤泥混合而成)、矸石(由汽车排弃),部分特低灰精煤出口国外,其他煤种主要用于电厂发电配煤。

(1) 存在的问题

哈拉沟选煤厂的细煤泥由水力分级旋流器溢流、弧形筛筛下水、粗煤泥离心机离心液、加压过滤机滤液的浓缩池沉降物组成,通过 HBF-S120 型加压过滤机脱水回收。因此,加压过滤机的工况会影响细煤泥质量。通过运行情况分析,该厂加压过滤机主要存在如下问题。

① 处理效率低

哈拉沟选煤厂末煤系统与块煤系统联动生产时,细煤泥含量相对较高,而加压过滤机效率较低，无法满足正常生产需求。根据加压过滤机排料次数及排料时间计算，该厂原煤中细煤泥平均含量高达13%。日常生产过程中，4台加压过滤机的平均排料时间为200 s，按照每次每台排料量1.5 t计算，4台加压过滤机的排料量仅为108 t/h。当末煤入选率达60%时，煤泥水系统会出现浓缩池溢流浓度升高、耙式浓缩机扭矩及电流增大等问题，严重制约原煤入选率。同时，由于细煤泥含量较高，浓缩池持续高位运转，存在较大安全隐患。

② 滤饼水分高

细煤泥经加压过滤机处理后掺入混煤，受细煤泥高产率、高水分的双重影响，混煤发热量随末煤入选率的增加而下降。随着哈拉沟矿1-2薄煤层的开采，细煤泥中出现大量极细矸石泥，导致细煤泥沉降困难，且极细矸石泥所形成的滤饼透气性较差，严重影响加压过滤机处理效果。HBF-S120型加压过滤机滤饼水分较高，平均全水分达30%，高于设计值28%。按照混煤发热量回归公式计算，滤饼全水分升高2%，细煤泥发热量降低502.08 kJ/kg。由于细煤泥在混煤中所占的比例较大，对混煤发热量影响较大。

③ 滤液浓度高

哈拉沟选煤厂HBF-S120型加压过滤机滤液浓度高达55 g/L，出现该问题的主要原因是浓缩池底流中的极细煤泥含量较高(表5-1)。大量极细煤泥在煤泥水系统中不断循环、积累，严重影响浓缩池的处理效果，同时也导致加压过滤机的滤饼水分增加。

表5-1　加压过滤机底流中煤泥粒度组成

粒级/mm	3701加压过滤机(滤液浓度43.40 g/L)		3702加压过滤机(滤液浓度51.70 g/L)	
	产率/%	累计产率/%	产率/%	累计产率/%
>0.5	0.20	0.20	0	0
0.5～0.25	0.80	1.00	0	0
0.25～0.125	17.30	18.30	12.50	12.50
0.125～0.075	9.00	27.30	8.40	20.90
0.075～0.045	11.60	38.90	15.80	36.70
<0.045	61.10	100.00	63.30	100.00
合计	100.00		100.00	

(2) 原因分析

① 入料粒度组成不均

影响细煤泥水分的因素很多，对于哈拉沟选煤厂来说，入料粒度组成不均是导致HBF-S120型加压过滤机处理效果差、煤泥水分高的主要原因。该厂末煤系统采用两段浓缩工艺，一段浓缩底流中的粗煤泥含量相对较高，二段浓缩底流中的极细煤泥含量较高；一段浓缩底流适合采用加压过滤机处理，二段浓缩底流适合采用板框压滤机处理。但由于该厂改造过程中未安装板框压滤机，致使加压过滤机处理二段浓缩底流时效果较差，主要表现为滤饼水分较高、设备处理效率较低。

生产过程中为使浓缩池底流的粒度组成相对均匀，该厂已将三座浓缩池的底流混合，但由于不是自然沉降、混合，加压过滤机入料仍存在粒度组成不均的问题。因此，需要通过合理的工艺改造，使加压过滤机入料粒度组成相对均匀。

② 工作参数不合理

加压过滤机的工作参数是影响处理能力和处理效果的重要因素，也是可通过人工调控来提升设备效率的环节。HBF-S120 型加压过滤机的主要工作参数包括主轴转速、上下滤液阀开度、罐压等。通常情况下，滤饼水分较高时，可通过提升罐压、降低主轴转速、调整上滤液阀开度来降低水分；反之，需要降低罐压、提高主轴转速、调整下滤液阀开度。但实际操作过程中必须结合煤泥性质，通过各环节的综合调控来实现，而需要调控的因素较多，操作难度较大。

③ 极细煤泥含量高

HBF-S120 型加压过滤机正常运行时，滤液浓度小于 10 g/L。对于哈拉沟选煤厂来说，影响加压过滤机滤液浓度的因素主要为入料中极细煤泥含量和压滤机滤布。通过有压两产品重介质旋流器分选后原煤粉碎程度增大，次生煤泥量增加，极细煤泥含量更高。采用加压过滤机处理极细煤泥效果相对较差，加之加压过滤机原机装配的滤布孔径为 0.074 mm，而入料中−0.074 mm 极细煤泥含量高达 52.70%，该部分煤泥无法有效排出，致使滤液浓度较高。

二、技术实施

(1) 工艺系统改造

哈拉沟选煤厂末煤系统共有 3 座浓缩池，利用浓缩池标高差可实现 3 座浓缩池串联使用。采用串联方式处理细煤泥时，不但滤饼水分较高，设备处理效率较低，而且药剂消耗量较大。因此考虑将串联使用的浓缩池改造成并联，以均衡粗、细煤泥在浓缩池中的比例。

1# 与 2#、3# 浓缩池之间存在标高差，通过调整阀门可实现 2 座浓缩池并联使用，但不能使 3 座浓缩池的液位处于同一高度，即 1# 浓缩池不会出现溢流。为此设计一个液位槽，在槽内增设挡板，挡板高度与 1# 浓缩池的溢流高度相同，以此改变现有 1# 浓缩池与 2#、3# 浓缩池间的连通关系。具体连接方式如图 5-10 所示。

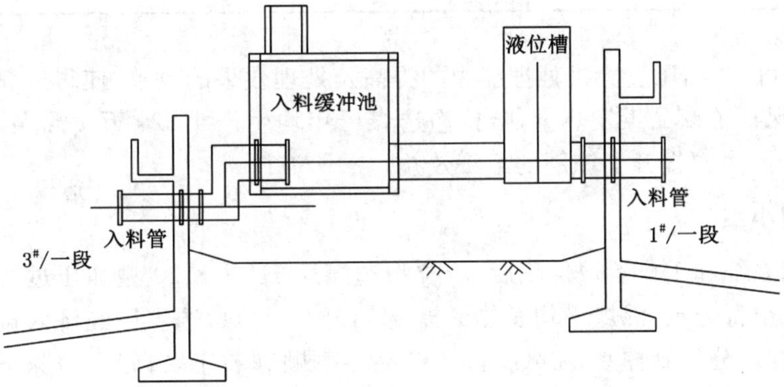

图 5-10　浓缩池并联改造示意图

液位槽的主要结构是内部挡板，挡板高度必须与 1# 浓缩池的溢流高度保持一致，这样才能改变 2 座浓缩池的连通状态。

(2) 工作参数调整

针对 HBF-S120 型加压过滤机的现场运行情况和原煤煤质变化情况，对其工作参数进行实时调控，具体调控范围如下：

主轴转速　　0.6～1.0 r/min

加压仓压力　　250～280 kPa

反吹风压差　　40～70 kPa

料位　　30%

液位　　85%

上滤液阀开度　　80%～100%

下滤液阀开度　　70%～100%

(3) 滤布的搭配使用

将 HBF-S120 型加压过滤机原机装配的 0.074 mm 滤布更换为 0.045 mm 滤布，此次只针对 3707 加压过滤机滤布进行更换，从而保证系统内的极细煤泥被排出，减小其对洗水系统的恶化。上述措施必须结合现场实际情况及煤泥性质进行操作，当加压过滤机的滤布更换为 0.045 mm 时，必须降低主轴转速，调大上滤液阀开度，适当降低下滤液阀开度，从而保证滤饼厚度适当，干燥时间较长，煤泥水分较低。

三、应用效果

经过工艺系统和工作参数优化后，哈拉沟选煤厂 HBF-S120 型加压过滤机处理效果和处理能力得到很大提升(表 5-2)。

表 5-2　改造前后 HBF-S120 型加压过滤机处理效果和处理能力对比

时间	平均排料时间/s	处理能力/(t/h)	滤液浓度/(g/L)	末煤入选率/%	滤饼水分/%	混煤发热量/(kJ/kg)
改造前	200	108	>50	60	30	22 342.56
改造后	120～150	180	<10	80	28.8	22 384.4

由表 5-2 可知：加压过滤机处理能力的提高及处理效果的改善，使得末煤入选率得到显著提高，最终保证了商品煤发热量，哈拉沟选煤厂年均生产 1 220 万 t 混煤，平均发热量提升 41.84 kJ/kg，大幅提升了该厂的经济效益。

四、案例小结

经过工艺系统和工作参数优化后，哈拉沟选煤厂 HBF-S120 型加压过滤机滤饼平均水分降低了 1.2 个百分点，混煤平均发热量提高 41.84 kJ/kg，选煤厂经济效益提升。滤饼水分降低后，混煤水分得到控制，有效保障了产品冬季顺利装车，减轻了防冻车工作压力。同时，由于循环水系统恶化而影响正常生产的情况得到有效缓解，为选煤厂的持续正常运行打下坚实基础。

第七节　SK 型管道静态混合器

◈ 内容导读

分析了哈拉沟选煤厂目前煤泥水与药剂混合存在的主要问题，提出了在浓缩池入料管道内添加管道静态混合器，从而减少了煤泥水沉降时间、降低了聚合氯化铝和聚丙烯酰胺药剂的使用量，提高了浓缩池的处理效率。

一、问题提出

管道静态混合器是 20 世纪 70 年代初开始发展的先进混合器，主要用于两相或多相黏度不同、流量不同的多种流体混合，混合所需时间短，目前已在化学工业、食品工业、纺织轻工、给排水、环保工程等行业应用，并取得良好效果。选煤厂中量少、黏度高的药剂与量多、黏度小的煤泥水常采用普通管道、单一多点加药或在管道内增设搅拌叶轮等方式提高药剂和煤泥水混合度，但效果不佳，主要表现在混合速度慢、不稳定、磨损和故障率高、维修困难。探索管道静态混合器用于药剂与煤泥水混合，开辟了选煤厂煤泥水处理新思路。

哈拉沟选煤厂在末煤入选率 30％的情况下，循环水浓度保持在 14～37 g/L，满足选煤厂洗水闭路循环要求。原设计聚丙烯酰胺絮凝剂浓度为 1.5‰，聚合氯化铝凝聚剂浓度为 6.0‰。然而，在实际生产中，絮凝剂的添加量偏高，有时絮凝剂和凝聚剂的添加比例甚至达到 1∶2，为维持循环水浓度，需要过量的药耗，但存在一个主要问题，即药剂和煤泥水混合不充分。图 5-11 为絮凝剂添加管道设置图。

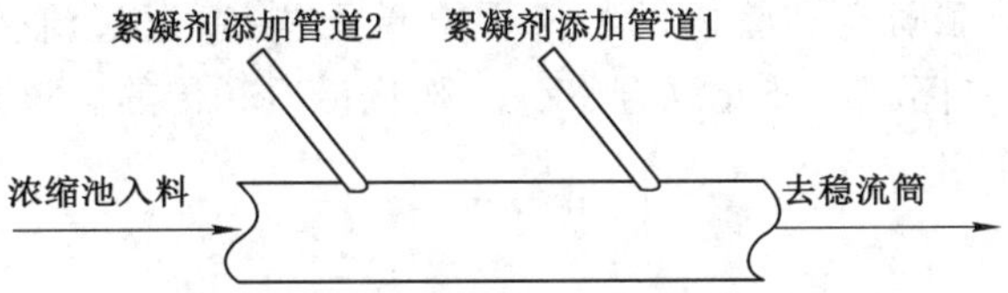

图 5-11　浓缩池絮凝剂添加管道

如图 5-11 所示，浓缩池入料管道上有两个斜向插入的絮凝剂添加管道，入料管管径为 450 mm，药剂添加管道管径为 50 mm，药剂添加管道与入料管道仅为表面焊接。假定浓缩池入料状态稳定，且是满管状态，则絮凝剂通过药剂添加管道 1 和 2 直接流入入料管内壁，也就是煤泥水流体的边壁层，该区域属于层流亚层状态。浓缩池入料管道有效加药距离仅为 10 m，煤泥水通过这段管道的时间仅为 10 s 左右，在这极短的时间内药剂根本来不及从边壁层向中心扩散，所以药剂与煤泥水的混合效果很差，这是导致选煤厂加药量超标的主要原因。

综上所述，在不增加现有煤泥水处理设备的条件下，采用管道静态混合器，降低了药剂使用量，减少了煤泥水沉降时间，进而提高了浓缩池的处理能力，为提高选煤厂末煤入选率提供了有利条件。

二、技术实施

（1）管道静态混合器的分类与选择

静态混合器一般分为SV型、SX型、SL型、SH型、SK型五种。由于煤泥水黏度低(1.05 mPa·s)、流量大，其絮凝沉降关键在于絮凝药剂与煤泥颗粒充分接触，SK型混合器结构简单、效果良好、适应性宽，其他管道混合器则会出现以下问题：处理量小，不能满足煤泥水流量大的特性；管道复杂，易磨损，成本高；管内组件分布密集，造成流体压头损失大，导致浆料堵塞而影响生产；复杂结构管道混合器难以布置。

管道内按要求安装若干固定混合单元(图5-12)，整个混合器由若干个单元结构分别以左旋和右旋、角度为90°交叉方式安装在管道中。对于不同性质的流体，随着其对分散要求度的不同，结构单元扭转角α和单元长度与直径比L/D也有所不同。一般流体混合，180°的扭转角比较适宜，而粉体混合时以90°为最佳。长度与直径比的取值范围是1.4～2，一般取值1.5。

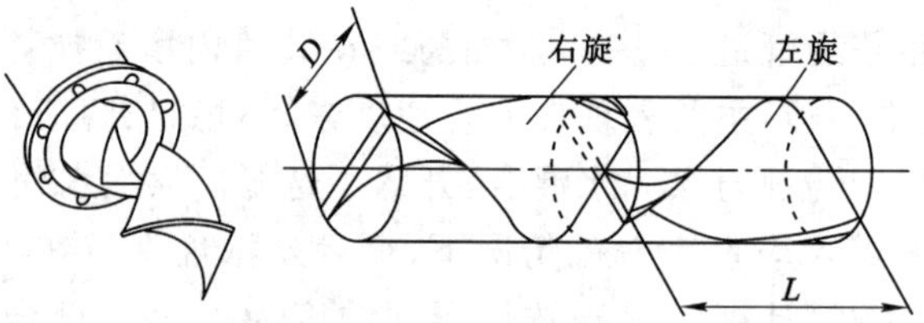

图5-12　SK型静态混合器

（2）SK型管道静态混合器的选择与混合机理分析

管道静态混合器依靠固定在管内的特殊混合单元构件，通过流体流动产生的剪切、切割、旋转作用，将它们各自分散、彼此混合、反应、强化传质和传热。该过程包括两个作用，即分流作用和径向混合作用。

① 分流作用

流体流经扭旋叶片时，被分割成两部分，分别从叶片的两侧流入；当流经下一个叶片时，再次被切割。显然，流体流经n个扭旋叶片，被切割n次，切割的层数$S=2n$(n为螺旋元件的个数)。一般来说前三个叶片的分流作用最强，之后作用逐渐减弱。因此现场布置扭旋叶片时，要考虑管道长度和流体黏度进行适当选择。研究表明，流体黏度越低，分流作用效果越明显，需要的扭旋叶片个数越少。

② 径向混合作用

流体在静态混合管壁向前移动的同时，被迫沿扭旋叶片产生旋转运动，其旋转轴心为管中心。除此之外，流体还有自身旋转运动，即绕半圆形截面的水力学中心做环形旋转。研究发现，流体的自旋转方向与扭转方向相反，使管内流体向前移动的同时，沿半径方向向管壁移动，实现径向混合。由于相连叶片之间夹角为90°，扭旋方向发生改变，使流体在流入下个螺旋叶片时被迫发生翻动，湍动程度增加，加强了混合管的径向混合作用。煤泥水与药剂混合效果如图5-13所示。

图 5-13　SK 型静态混合器混合效果图

三、应用效果

根据《管径选择》(HG/T 20570.6—1995)规定，自流液体管道每百米的压力降不高于 5.0 kPa。针对选煤厂块煤浓缩池实际入料情况，块煤车间二楼缓冲箱到 402 浓缩池中心入料桶管道长度接近 25 m，为了设计方便并考虑工程余量，此处设计考核标准取 5.0 kPa。SK 型静态混合器压力降计算公式如下：

$$\Delta p = f\frac{\rho_c}{2}u^2 \cdot L/D \tag{5-1}$$

$$Re_D = D\rho_c u/\mu \tag{5-2}$$

$$s = 0.001736/D^{5.3} \tag{5-3}$$

$$Q = (H/sL_0)^{1/2} \tag{5-4}$$

$$u = 4Q/(3.1416D^2) \tag{5-5}$$

式中，Δp 为静态混合器压力降，Pa；f 为摩擦系数；u 为混合流体流速(以空管内径计)，m/s；Re_D为雷诺数；μ 为工作条件下连续相黏度，Pa·s；L 为静态混合器长度，m；D 为静态混合器直径，m；ρ_c为煤泥水密度，kg/L；s 为管道比阻(舍维列夫公式)；Q 为流量，m^3/s；H 为管道起端与末端的水头差，m；L_0为管道起端至末端的长度，m。

注：由于药剂添加量相对于煤泥水流量可以忽略不计，故工作条件下连续相流体密度以煤泥水密度代替，混合流体流速以煤泥水流速代替，选煤厂煤泥水黏度一般为 1.05 mPa·s(室温 25 ℃)。

将已知各参数代入上述公式中，计算可得煤泥水密度 $\rho_c = 1\ 027\ kg/m^3$，流量 $Q = 1\ 317\ m^3/h$，流速 $u = 93$ m/s，雷诺数 $Re_D = 409\ 612$，通过表 5-3，可查摩擦系数 f 值。

表 5-3　SK 型静态混合器 f 与 Re_D 关系式

混合器类型		SK 型
层流区	范　围	$Re_D \leqslant 23$
	关系式	$f = 430/Re_D$
过渡流区	范　围	$23 < Re_D \leqslant 300$
	关系式	$f = 87.2Re_D - 0.491$
湍流区	范　围	$300 < Re_D \leqslant 11\ 000$
	关系式	$f = 17.0Re_D - 0.205$
完全湍流区	范　围	$Re_D > 11\ 000$
	关系式	$f \approx 2.53$

摩擦系数 f 选取2.0(因为雷诺数值较高,属于完全湍流状态,故极限值应该比2.53小,故取2),将求得数据代入式(5-1)中,得混合器压力降 $\Delta p=3\ 954$ Pa,小于HG/T 20570.6—1995中规定的5.0 kPa,故该SK型管道静态混合器设计满足要求。

通过表5-4选型情况可知,管径DN450情况下,参考流量范围354～738 m^3/h,计算管道流量 $Q=1\ 317\ m^3/h$,将401和402两个块煤浓缩池同时投入使用能够满足相应的流量条件。SK型管道静态混合器技术参数如表5-5所示,经济效益如表5-6所示。

表5-4 SK型管道静态混合器选型表

规 格	SK-200/400	SK-225/450	SK-250/500	SK-300/600	SK-350/700
公称直径/mm	400	450	500	600	700
参考流量/(m^3/h)	280～520	354～738	438～813	630～1 170	858～1 590

表5-5 SK型管道静态混合器技术参数表

公称直径/mm	管外径(D_1)/mm	法兰盘外径(D_2)/mm	总长度 L/mm	加药口直径/mm
DN450	466	615	2 000	DN50
流速/(m/s)	流量/(m^3/h)	总压头损失(Δh)/m	材料	药剂种类
0.93	1 317	0.404	不锈钢	聚丙烯酰胺

表5-6 经济效益表

项 目	聚丙烯酰胺	聚合氯化铝
规定指标/(g/t)	3	15
改造前实际消耗/(g/t)	2.8	13.6
改造后实际消耗/(g/t)	2.2	10.5
节约用药量/t	7.2	37.2
节约成本/(元/年)	78 379.2	66 216
总计/(万元/年)	14.46	

按照年处理量12.0 Mt、聚丙烯酰胺市场价10 886元/t、聚合氯化铝市场价1 780元/t进行计算,每年可节约经济成本14.46万元。煤泥水与药剂混合效果良好,优化和提升煤泥水处理效果,能够保证选煤厂持续稳定生产。

四、案例小结

SK型管道静态混合器具有结构紧凑、流程简单、能耗省、投资少、易于实现连续操作等优点。选煤厂浓缩池入料管径大,静态混合器投资小、易于布置,采用管道静态混合器处理煤泥水是较优选择。哈拉沟选煤厂管道静态混合器的应用不仅节约了药剂使用成本,同时也降低了循环水中药剂残留量,提高了浓缩池处理效率,从而保证了循环水黏度,对维持重介悬浮液系统稳定起到重要作用,在一定程度上提高了选煤厂末煤入选率。

第八节　乌兰木伦选煤厂块煤系统粗煤泥处理工艺改造

◈ 内容导读

为解决乌兰木伦选煤厂末精煤离心机故障率高、脱水效率低、影响系统生产效率的问题，对块煤系统整体工艺进行了优化改造。工艺系统优化后，末精煤脱水效果明显改善，块煤发热量提高，解决了块煤系统离心机不匹配的问题。

一、问题提出

乌兰木伦选煤厂隶属于神华神东煤炭集团有限责任公司，是一座处理能力为 5 Mt/a 的大型矿井型选煤厂。该厂分选工艺为：200～25 mm 粒级块原煤经 3 mm 脱泥筛脱泥后，采用浅槽重介质分选；<13 mm 粒级末原煤经 2 mm 脱泥筛脱泥后，采用有压两产品重介质旋流器分选；<2 mm 粒级煤泥由水力分级旋流器分级，2～0.2 mm 粒级粗煤泥由螺旋分选机分选后由卧式刮刀离心机脱水回收，<0.2 mm 粒级细煤泥由两台加压过滤机和两台板框压滤机脱水回收。

乌兰木伦选煤厂在块煤水洗系统设计中采用简易粗煤泥处理工艺(图 5-14)，而在新建的末煤水洗系统设计中采用较为先进的粗煤泥处理工艺(图 5-15)，块煤系统粗煤泥处理工艺导致末精煤离心机故障率高、脱水效率低、影响系统生产效率。同时，块煤系统厂房内设备布置较为紧凑，因此块煤系统粗煤泥脱水改造困难。

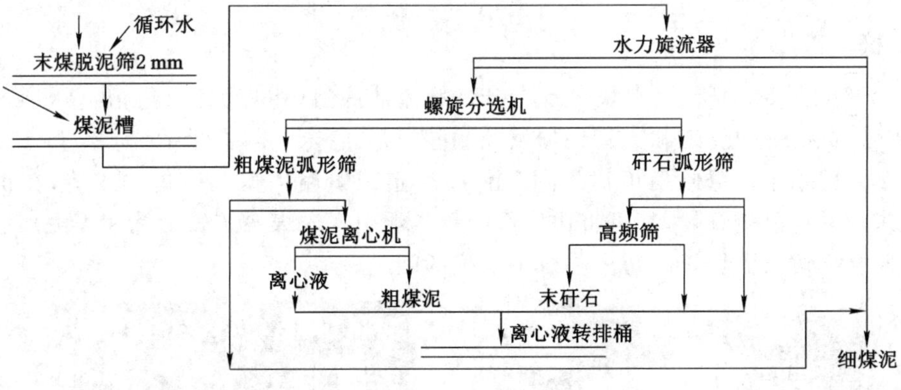

图 5-14　简易的块煤粗煤泥处理工艺

乌兰木伦选煤厂块煤系统粗煤泥处理工艺存在的问题如下：

(1) 块煤系统入选量较大时，会出现 308 离心机摆动剧烈，且电流值偏高等现象。

(2) 308 离心机出料和末煤相应产品水分对比，块煤系统 308 离心机出料水分明显偏高，造成块煤系统末精煤和粗煤泥的水分整体偏高，影响块煤系统商品煤的发热量(表 5-7)。

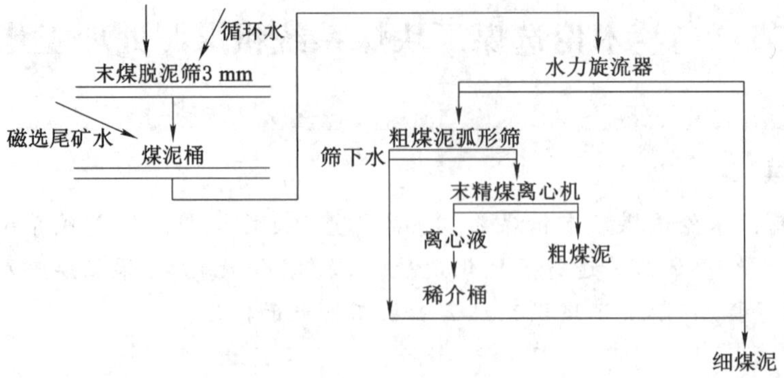

图 5-15　较为先进的末煤粗煤泥处理工艺

表 5-7　块、末煤系统离心机产品水分对比

	块煤系统	末煤系统	
	308 末精煤离心机	413 末精煤离心机	433 煤泥离心机
入料产品	粗煤泥、末精煤	末精煤	粗煤泥
出料水分	26%左右	18.5%左右	23%左右

(3) 粗煤泥堵塞筛篮筛孔会导致 308 离心机经常会出现失振现象，须停止块煤入选，用水冲洗筛篮上堵塞的粗煤泥。这会影响块煤入选量。同时，在块煤入选量较大或者矿井原煤水分较高、原煤分级筛筛分效率降低时，也会出现 308 离心机电流值增大等现象，须停煤冲洗筛篮。

二、技术实施

如图 5-16、图 5-17 所示，在块煤水力分级旋流器底流（粗煤泥）收集槽下弧形筛的管道处加设支管，同时在原管道和支管上加设控制阀门，支管末端与末煤系统 429 弧形筛入料管道相连，其管路水平部分倾角可达 70°以上，不会造成管路堵塞。通过此改造，在正常情况下，无论末煤系统是否开启，都可将块煤系统粗煤泥引入末煤系统弧形筛和煤泥离心机进行脱水处理，从而解决了块煤系统离心机不匹配的问题。

块煤粗煤泥收集槽管路改造连接处

末煤弧形筛入料管路连接处

图 5-16　块煤系统粗煤泥处理工艺改造

图 5-17　管路走向图

三、应用效果

(1) 改造后，块煤系统的弧形筛可不再使用，因此可产生经济效益 15.597 4 万元。

(2) 块煤粗煤泥发热量提高了。根据块煤系统粗煤泥量为 15 t/h，改造前经 308 离心机处理后其水分为 26%，发热量为 4 637 kcal/kg(19.4 MJ/kg)；改造后经末煤 433 煤泥离心机脱水后粗煤泥的水分降为 21%(表 5-8)，其发热量提高到 4 950 kcal/kg(20.7 MJ/kg)。

(3) 块煤末精煤发热量提高了。根据块煤系统末精煤产量为 110 t/h，改造前经 308 离心机处理后其水分为 21%(与粗煤泥混合后水分 26% 相比末精煤水分较低)，发热量为 4 900 kcal/kg(20.5 MJ/kg)；改造后经 308 离心机脱水后粗煤泥的水分降为 14%，其发热量提高到 5 400 kcal/kg(22.6 MJ/kg)。

(4) 改造后可使商品煤发热量总体提高约 12 kcal/kg(50.2 kJ/kg)、混精煤价格提高 0.6 元，每年带来经济效益：680 万 t×0.6＝408 万元。

表 5-8　改造后块、末煤离心机产品水分对比

	块煤系统	末煤系统	
	308 末精煤离心机	413 末精煤离心机	433 煤泥离心机
入料产品	末精煤	末精煤	块、末煤粗煤泥
出料水分	14%左右	15%左右	21%左右

四、案例小结

乌兰木伦选煤厂通过对块煤系统进行优化改造，精煤脱水效果明显改善，块煤发热量提高，解决了块煤系统离心机不匹配的问题。

第九节　选煤厂浓缩机底流直接制备水煤浆工艺

◈ 内容导读

现有煤泥水煤浆生产工艺是煤泥先经压滤脱水，然后在后续制浆过程再加入大量水进行分散。这种生产工艺存在工艺复杂、能耗高以及压滤后煤泥滤饼容易团聚成块造成分散困难、浓缩机中絮凝剂没有充分利用等问题。针对这些问题，提出选煤厂浓缩机底流不经过压滤脱水而直接用来制备水煤浆的工艺。该工艺不仅可以简化现有选煤厂浮选尾煤处理流程，降低煤泥水煤浆的生产成本，而且能够缓解选煤厂因煤泥堆放带来的占地和环境污染等问题，实现煤泥的高附加值利用，增加企业的经济效益。

一、问题提出

煤炭分选不仅是当前提高煤炭质量行之有效的重要方法，而且是减少燃煤污染、改善生态环境经济有效的技术途径。作为选煤厂的主要副产品，浮选尾煤水分含量高、粒度细、灰分高、黏度大等，给综合利用带来了诸多不便。据统计，目前全国煤泥年排放量超过 2 亿 t，但因其水分含量高，无法直接利用，且遇水流失，风干即飞扬，运输困难，导致选煤厂绝大部分煤泥就地堆放。煤泥大量堆积不仅浪费资源，污染环境，还会严重影响选煤厂的正常生产。因此，煤泥的处理与综合利用问题亟待解决。

目前，煤泥的利用途径主要包括煤泥燃烧发电、煤泥水煤浆技术、煤泥型煤技术等方面，其中煤泥水煤浆技术被广泛采用，并且取得了较好效果。然而，目前煤泥水煤浆技术普遍采用图 5-18 所示的工艺流程：浮选尾煤先经浓缩机处理，浓缩机底流经压滤机进一步脱水后得到煤泥滤饼，再以煤泥滤饼为原料，采用调浆搅拌等工序制备水煤浆。在此工艺过程中，因煤泥颗粒间内聚力大，煤泥原料经压滤后形成的滤饼容易板结成块，故在后续的水煤浆制备过程常需要采用搅拌机等设备强力搅拌(有时甚至还需要破碎和粉磨工序)来分散煤泥滤饼，以便制备出粒度分布均匀、成浆性能稳定、能够满足输送和使用要求的水煤浆产品。

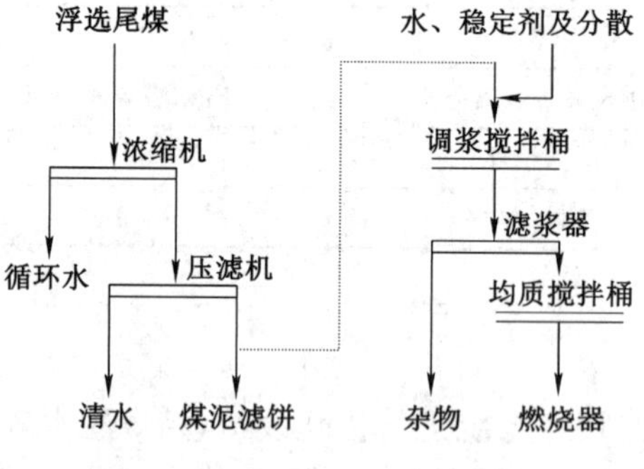

图 5-18　现有煤泥水煤浆制备工艺流程

根据水煤浆流动性和稳定性的要求，水煤浆的浓度一般为 65％左右，而经过压滤后的煤泥含水率为 20％～30％，直接用作水煤浆流动困难，容易堵塞输送管道，故后期煤泥水煤浆制备过程中需要加入大量的水和少量的(约 1％)分散剂与稳定剂(图 5-18)，以便形成料浆均匀、具有较好流动性和稳定性的水煤浆。而在浮选尾煤处理过程中，浓缩机底流经压滤操作正好是为了脱除煤泥中的绝大部分水分，因此若直接采用浓缩机底流制备煤泥水煤浆，不仅可以减少浮选尾煤处理过程中的压滤工序，简化尾煤处理工艺，降低生产成本，而且可以降低采用压滤后煤泥制备水煤浆过程中因滤饼团聚结块所带来的分散难度，减少搅拌(甚至破碎、粉磨)设备的磨损，进而简化煤泥水煤浆的制备工艺。

此外，为便于浮选尾煤的快速沉降，选煤厂常在浓缩机中加入一定量絮凝剂加快煤泥沉降以提高浓缩效率，并在后续的压滤脱水过程将其与水一起排除，但该部分药剂在水煤浆制备过程中对提高水煤浆的稳定性具有良好的促进作用。因此，采用浓缩机底流制备水煤浆还可以有效利用煤泥浓缩沉降过程中添加的絮凝剂来改善水煤浆产品的稳定性，从而降低生产成本。

二、技术实施

该工艺流程如图 5-19 所示，主要包括原料准备、水煤浆调制和成品输送三步工序，具体步骤如下：

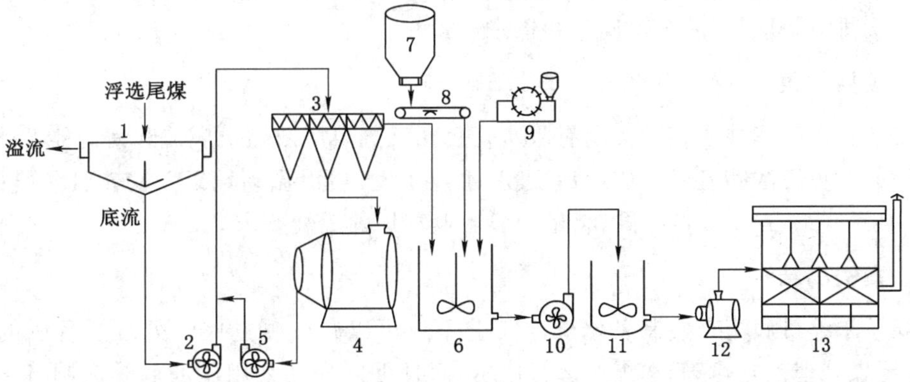

1—浓缩机；2—渣浆泵Ⅰ；3—水力旋流器组；4—湿式球磨机；5—渣浆泵Ⅱ；6—煤浆搅拌桶；7—精煤粉仓；8—电子胶带秤；9—自动加药装置；10—渣浆泵Ⅲ；11—储浆罐；12—高速剪切泵；13—工业窑炉。

图 5-19　工艺流程图

(1) 原料准备：将浮选尾煤经浓缩机浓缩后，溢流进入选煤厂循环水系统利用，底流通过渣浆泵Ⅰ直接送入水力旋流器组进行高效分级；经分级处理后，粒度小于 75 μm 的合格物料由溢流口直接进入煤浆搅拌桶，大于 75 μm 粗物料经由水力旋流器组底流排砂口送入湿式球磨机进行细磨；细磨后的料浆通过渣浆泵Ⅱ返回水力旋流器组与渣浆泵Ⅰ输送的原料混合进行再次分级处理，从而使得进入煤浆搅拌桶中的物料能满足水煤浆粒度要求，有利于提高后续水煤浆成品的稳定性，以保证进入煤浆搅拌桶的物料满足水煤浆粒度要求，有效避免“跑粗”现象。

(2) 水煤浆调制：在煤浆搅拌桶中，根据单位时间内合格物料的进料量和水煤浆的质量要求，采用自动加药装置加入水煤浆总量 0.6%～1.0% 的分散剂与稳定剂，分散剂为聚羧酸系复合分散剂，稳定剂为聚丙烯酰胺系稳定剂，分散剂与稳定剂的质量比为(1～4)∶1，并配入精煤粉，其中，精煤粉的配入比例 X 按照公式：$X=(M_1C_1-M_2C_2)/M_1$ 计算，其中 M_1 为水煤浆产品的总量，C_1 为水煤浆产品的浓度要求，M_2 为合格物料的进料量，C_2 为合格物料的固体浓度。水煤浆调制过程中，通过调控精煤粉的掺入量可有效调节水煤浆浓度和最终水煤浆产品的发热量；当上述物料和添加剂混合均匀后，通过渣浆泵Ⅲ将料浆送入装有机械搅拌装置的储浆罐中备用。

(3) 成品输送：利用高速剪切泵将储浆罐中的水煤浆成品输送至工业窑炉中高效燃烧，剪切泵的高速剪切乳化作用能够进一步改善水煤浆的均匀性和稳定性，从而有利于后续的输送和燃烧。

该工艺的优势如下：

(1) 浓缩机底流不经压滤脱水直接用作制备水煤浆，不仅可以消除煤泥因压滤而产生的团聚结块现象，减少后续煤泥水煤浆制备过程中的能量消耗和设备（如搅拌机或破碎、粉磨机械）磨损，而且可以简化浮选尾煤处理工艺，降低选煤厂运行成本。

(2) 充分利用浓缩机底流中含有的浮选药剂和尾煤浓缩过程添加的絮凝剂，适当调整水煤浆的分散性和稳定性，便可生产出具有良好成浆性的煤泥水煤浆，大大减少水煤浆添加剂用量，有效降低煤泥水煤浆生产成本。

(3) 水煤浆调制过程中通过调节精煤粉和固硫剂的掺入量，调控水煤浆产品的燃烧热值和污染物排放浓度，可满足不同用户需求。

三、应用效果

该工艺在以神华神东煤炭集团有限责任公司某选煤厂浓缩机底流和河南能源化工集团有限公司某选煤厂浓缩机底流应用后发现，水煤浆发热量、流动性以及稳定性符合《燃料水煤浆》(GB/T 18855—2014)，可以满足一般工业窑炉的燃烧要求。

四、案例小结

选煤厂浓缩机底流直接制备水煤浆工艺不仅可以减少浮选尾煤处理过程中的压滤工序，简化尾煤处理工艺，降低选煤厂运行成本，而且可以降低采用压滤后煤泥制备水煤浆过程中因滤饼团聚结块所带来的分散难度，减少设备磨损，进而降低煤泥水煤浆的生产成本，对后续的利用具有重要的现实意义。

第十节　选煤厂煤泥直接成型利用工艺

◇ 内容导读

选煤厂煤泥直接成型利用工艺将从选煤厂压滤车间出来的煤泥直接运送至配料机，配入一定量的原煤与黏结剂，经搅拌、混合均匀后，采用对辊成型机或螺旋挤压机成型。该工艺简单，型煤产品机械强度好，配入原煤可调节型煤发热量，满足不同用户要求。压滤煤泥无须烘干，直接运至成型场地，可解决选煤厂煤泥滞销、占地及污染等问题。

一、问题提出

煤泥是煤炭分选过程中的副产品，具有水分含量高、粒度细、灰分高、发热量低等特点。

随着环保及煤炭质量要求的提高，煤泥往往出现滞销、堆积和污染环境等问题。煤泥水分含量高，无法直接利用，若进行烘干，能耗大。秋冬季煤泥滤饼易结块，大块煤泥堵塞仓口，影响选煤厂正常生产。因此，煤泥利用问题亟待解决。

型煤技术具有投资少、生产成本低、经济和环保效益显著等特点，且发展较为成熟，能较好地解决煤泥利用问题。选煤厂煤泥直接成型利用工艺将从选煤厂压滤出来的煤泥直接送至搅拌机与原煤、黏结剂混合成型，能够解决选煤厂煤泥堆放、滞销、占地和污染等问题，消除煤泥对环境危害的同时改变了企业产品结构，增加企业经济效益。

二、技术实施

图 5-20 为工艺流程图。该工艺所用原料煤泥和黏结剂来源广泛，黏结剂选用硅酸盐水泥或腐植酸钠与膨润土的混合物（腐植酸钠与膨润土的质量百分比分别为 67%、33%）。型煤生球初始强度高，破碎率低，经过干燥处理后型煤产品的冷压强度可达 400 N/球以上，热强度可达 200 N/球以上，跌落强度 90%以上。煤泥成型过程中配入部分原煤，可调节煤泥型煤的发热量，满足不同用户使用要求。该压滤煤泥不需要烘干，可直接成型，降低能耗，同时避免了煤泥占地及污染环境的问题。该生产工艺简单，投资少，生产成本低。

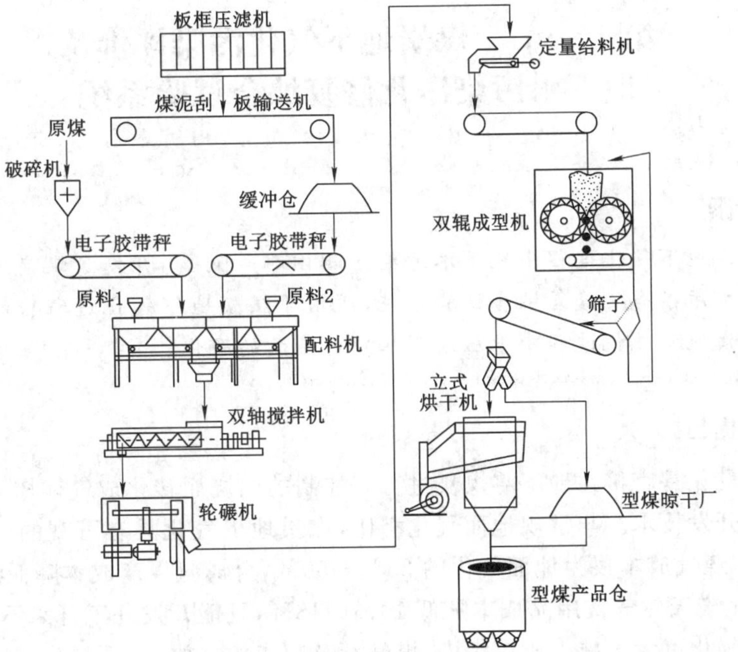

图 5-20　工艺流程图

三、应用效果

(1) 从选煤厂压滤车间出来的煤泥滤饼水分含量为 28%，原煤（已破碎至 6 mm 以下）水分含量为 10.4%，成型机入料水分以≤17%为宜，通过配比计算公式：原煤配比×10.4＋(1－原煤配比)×28%≤17%可得原煤配比需 62.5%，黏结剂掺入量较少，其水分含量可忽略。将压滤煤泥通过刮板输送机直接运至配料机，按质量百分比与 65%的原煤、5%的硅酸盐水泥进行配料，采用搅拌机和轮碾机将物料充分搅拌、混合均匀之后进行对辊成型或挤压成型，型煤产品进行自然晾干，测得其冷压强度为 482 N/球，热强度为 221 N/球，跌落强度为 93%，发热量为 17.86 MJ/kg。该工艺制得的煤泥型煤产品可以满足民用及锅炉用型煤的要求，也可根据用户要求改变黏结剂掺入量和配煤比。

（2）从选煤厂压滤车间出来的煤泥滤饼水分含量为 28%，原煤（已破碎至 6 mm 以下）水分含量为 11.3%，成型机入料水分以≤17%为宜，通过配比计算公式原煤配比×11.3+（1－原煤配比）×28%≤17%可得原煤配比需≥66%，黏结剂掺入量较少，其水分含量可忽略。将压滤煤泥通过刮板输送机直接运至配料机，按质量百分比与 65%的原煤、6%的腐植酸钠与膨润土的混合物（其中腐植酸钠、膨润土的质量百分比分别为 67%、33%）进行配料，采用搅拌机和轮碾机将物料充分搅拌、混合均匀，之后进行对辊成型或挤压成型，型煤产品进行烘干，测得其冷压强度为 418 N/球，热强度为 232 N/球，跌落强度为 91%，发热量为 13.32 MJ/kg。该工艺制得的煤泥型煤产品完全可以满足民用及锅炉用型煤的要求，也可根据用户要求改变黏结剂掺入量和配煤比。

四、案例小结

煤泥直接成型技术能够缓解选煤厂煤泥堆放、滞销、占地和污染环境等问题。

第十一节　煤炭地下气化污染评价及地下水污染净化修复综合试验系统

◈ 内容导读

针对煤炭地下气化过程中地下水污染检测困难等问题，开发了煤炭地下气化污染评价及地下水污染净化修复综合试验系统，适用于煤炭地下气化过程中的环境污染风险评估及煤炭地下气化过程中承压地下水中污染物的净化。

一、问题提出

煤炭地下气化是直接在地下将煤炭进行有控制的燃烧而转化成气体燃料或化工原料的一种煤炭资源开发技术。与常规地面气化相比，煤炭地下气化具有可观的经济效益和良好的环境效应，其煤气成本仅为地面气化的 25%～50%，合成氨生产成本降低约 43%，发电成本降低 27%，生产天然气代用品成本降低 10%～18%，且能开发井工开采不可到达的煤层。

煤炭地下气化可大大减少燃煤污染、煤矸石及灰渣的排放等，且与 CO_2 捕获与封存技术相结合将有广阔的应用前景。因此，煤炭地下气化被誉为绿色开采技术，也是煤炭安全洁净利用的重要途径。但煤炭地下气化在封闭环境下进行，气化过程中产生的各种有害气体（包括各种有毒重金属蒸气及有机气体等）会沿围岩中的孔隙和裂隙迁移，可能污染地下水；气化固体残留物（灰渣及半焦）存留于地下，当地下水进入燃空区时，固体残留物中的有毒重金属和有机物可能污染地下水。

煤炭地下气化过程中产生的有机污染物主要是酚类、苯及其衍生物、多环芳烃、杂环化合物等，无机污染物主要包括重金属、氨、氰化物、硫酸盐及放射性物质等。煤炭地下气化对地下水污染可能持续到气化结束 5 年甚至更长时间。由此可见，煤炭地下气化可能造成地下水资源污染,使其失去绿色开采的意义,制约其推广应用。

目前,国内外研究者对煤炭地下气化可能造成地下水资源的污染越来越重视,并开展了大量的相关研究,但主要集中在煤炭地下气化过程中有害微量元素(Zn、Cd、Pb、As 等)等无机污染的富集与迁移、粗煤气冷凝水中有机污染物组成与净化处理、地下气化残渣中有害微量元素的环境效应、煤炭地下气化现场试验地下水污染监测等方面,对煤炭地下气化过程中污染物带来的潜在环境风险缺乏综合的评价方法和相关的试验系统。因此,开发能够较为准确预测煤炭地下气化过程中污染物迁移规律的评价系统,对煤炭地下气化技术的推广应用、保护地下水资源具有重要意义。

此外,煤炭地下气化是在位于地下数百米深处的实体煤中进行的。气化燃空区地下水多属于承压水,且受气化过程高温影响具有一定的温度。因此,煤炭地下气化过程中污染物在承压地下水中的浸出和迁移规律等可能与常温常压条件下不尽相同。目前,虽然对地下水污染修复技术研究较多,如抽出-处理技术(P&T)、渗透反应墙技术(PRBs)、化学氧化技术、生物降解技术等,但主要集中在污染后期处理与修复,处理工艺复杂,且受污染物种类和经济成本限制,不适用于煤炭地下气化燃空区地下水污染的净化与修复。

二、技术实施

针对现有技术的不足,开发了一种操作简便、易于控制的煤炭地下气化污染评价及地下水污染净化修复综合试验系统。该系统主要由煤炭地下气化模拟气化炉系统、气化剂供给系统、煤气处理与分析系统和污染承压水净化修复试验系统等组成。其中,煤炭地下气化模拟气化炉系统由立式电阻炉、不锈钢反应管(承压、耐高温)、温控仪、热电偶、压力表及安全阀等构成,用于模拟实体煤地下气化和气化后承压水对气化残留物的浸泡;气化剂供给系统由二氧化碳钢瓶、氧气钢瓶、氮气钢瓶、水槽、水蒸气发生器和空气压缩机等构成,用于提供各种气化剂(水蒸气、富氧空气或二氧化碳),以便满足不同气化工艺的需要;煤气处理与分析系统由粗煤气的冷凝、洗涤及干燥装置、湿式气体流量计和气体分析仪等组成,主要用于煤炭地下气化过程中粗煤气的净化、气体组分分析和焦油、洗涤水中有害物质的检测;污染承压水净化修复试验系统主要由三套不锈钢净化管串联组成,用于煤炭地下气化过程中承压污染地下水的净化与修复。由上述四部分构建成的煤炭地下气化污染评价及地下水污染净化修复综合试验系统不仅可以检测煤炭地下气化过程中污染物的主要成分及分布,而且可以对煤炭地下气化带来的地下水污染进行净化与修复。

该技术的目的可以通过下述措施来实现:

(1) 煤炭地下气化模拟气化炉系统:将实体煤装入不锈钢反应管中,用温控仪和热电偶控制立式电阻炉加热,通过外加热方式建立煤炭地下气化所需的高温温度场,并向不锈钢反应管中提供不同气化剂来实施各种气化工艺。不锈钢反应管采用合金钢材质,能够承压和耐高温。反应管出气口端管盖上安装压力表和安全阀,用于在线监测反应管中的压力和安全防护。

(2)气化剂供给系统:在实体煤模拟地下气化过程中主要由气化剂供给系统为反应体系提供各种气化剂,以满足不同的气化工艺。其中二氧化碳、氧气及氮气由相应的气体钢瓶提供;空气通过空气压缩机提供;水蒸气则由水蒸气发生器提供,各气路之间通过金属软管连接,并采用阀门控制开关和气体流量。

(3) 煤气处理与分析系统:煤炭地下气化过程中产生的粗煤气由出气管道导出后,经冷凝、洗涤及干燥装置和湿式气体流量计，最终由气体分析仪分析有效煤气组分，确定气体中污染物成分及含量；使用水质分析仪、气相色谱-质谱联用等检测设备分析洗涤水和经冷凝后焦油中的有害成分及含量。

(4) 污染承压水净化修复试验系统：实体煤地下气化模拟试验结束后，残留的半焦及灰渣将留在不锈钢反应管中，在高温状态下，采用外加水泵向反应管中注入地下水对残渣进行浸泡，并通过外加氮气向反应管中提供一定压力，模拟承压地下水对高温气化残渣的浸泡。当残渣浸泡试验结束后，用气相色谱-质谱联用、原子吸收光谱和等离子体质谱等检测浸出液的成分及浓度，考察气化残渣中有害成分在承压地下水中浸出与迁移，评价煤炭地下气化对地下水的污染；利用阶梯式串联三级净化管对浸出液进行不同工艺的净化处理，达到煤炭气化地下水污染净化与修复的目的。

这样，由上述四部分组建成的煤炭地下气化污染评价及地下水污染净化修复综合试验系统不仅可以模拟实体煤地下气化实际过程，而且能够检测气化过程中污染物等有害成分在粗煤气中的分布，同时还能够考察气化残留物在承压地下水中的浸出和迁移规律，并实现承压地下污水的净化与修复，最终达到煤炭地下气化污染评价及地下水污染净化与修复的目的。

图 5-21 为该系统的结构示意图。

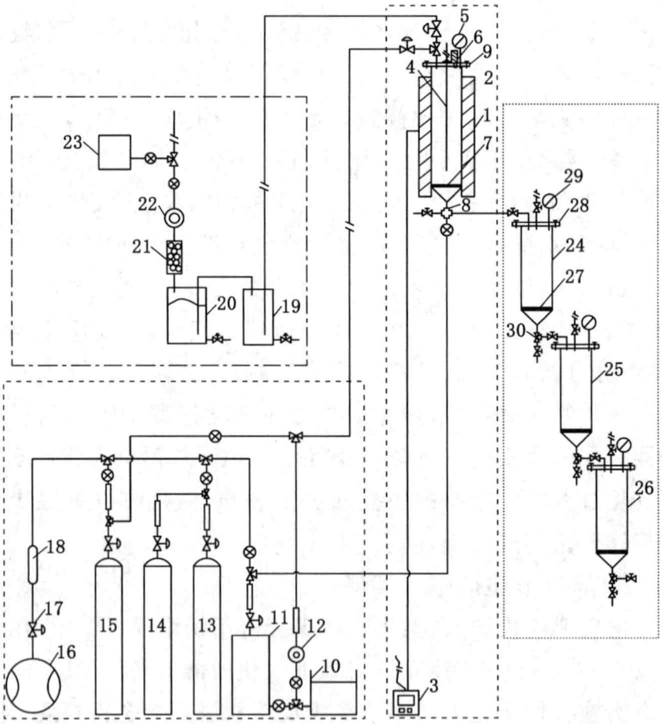

1—立式电阻炉；2—反应管；3—温控仪；4—热电偶；5—压力表；6—安全阀；7—第一不锈钢筛网；8—四通阀；9—反应管盖；10—水槽；11—水蒸气发生器；12—水泵；13—氧气钢瓶；14—二氧化碳钢瓶；15—氮气钢瓶；16—空气压缩机；17—减压阀；18—流量计；19—冷凝装置；20—洗涤装置；21—干燥装置；22—湿式气体流量计；23—气体分析仪；24—第一级净化修复装置(净化管)；25—第二级净化修复装置(净化管)；26—第三级净化修复装置(净化管)；27—第二不锈钢筛网；28—净化管管盖；29—压力表；30—三通阀。

图 5-21　煤炭地下气化系统结构示意图

三、应用效果

该系统对煤炭地下气化的应用实践具有重要的指导和现实意义，可取得良好的经济、社会和环保效益。

四、案例小结

该技术提供的煤炭地下气化污染评价及地下水污染净化修复综合试验系统，不仅可以检测煤炭地下气化过程中污染物的主要成分及分布，而且可以对煤炭地下气化带来的地下水污染进行净化与修复，整个过程操作简便、易于控制。

第十二节　煤炭地下气化水污染原位净化与修复工艺

内容导读

针对地下水污染现有技术的缺陷和煤炭地下气化的特殊性，在充分利用煤炭地下气化残留半焦的前提下，提出了工艺简单、易于实施、成本低廉、效率高的煤炭地下气化水污染原位净化与修复工艺。

一、问题提出

煤炭地下气化是直接在地下将煤炭进行有控制的燃烧而转化成气体燃料或化工原料的一种煤炭资源开发技术。该技术集建井、煤炭开采、煤炭转化三大工艺于一体，变传统的物理采煤为化学采煤，不仅能够开发井工开采不可到达的煤层，而且可以实现井下无人生产，具有安全、环保、高效、经济效益好等优势，深受世界各国重视，被誉为绿色开采技术。

如图 5-22 所示，煤炭地下气化是在位于地下数百米深处的实体煤中进行的，所气化的煤层 4 一般位于地表土壤层 1、顶板围岩层 2 与底板围岩层 5 之间，且在地表土壤层 1 与顶板围岩层 2 之间局部区域可能分布着地下含水层 3。煤炭地下气化点火成功后，利用气体压缩机从注气口 6 经由预先布置好的气化剂输送管道 7 向煤层 4 中不断注入水蒸气、二氧化碳或富氧空气等气化剂，通过热化学作用使埋藏在地下的煤炭逐渐转化为 H_2、CO、CH_4 和 CO_2 等气体燃料（或化工原料），并经由粗煤气输出管道 10 从出气口 11 导出后综合利用。随着气化过程的进行，煤层 4 中的煤炭不断消耗后逐渐形成气化燃空区 8，并将未完全气化的煤焦以残留气化半焦（含灰渣）9 的形式留存在燃空区 8 底部。由于煤炭地下气化是在地下封闭环境条件下进行的，气化过程中产生的粗煤气（包含各种有害气体）将会沿顶板围岩层 2 中的孔隙和裂隙迁移，进入地下含水层 3，将会污染地下水。另一方面，气化燃空区 8 增大到一定程度，煤层顶板围岩层 2 将会垮落，含水层 3 中的地下水可能涌入气化燃空区 8，此时留存于地下的残留气化半焦（含灰渣）9 中的有毒重金属和部分有机物也会溶解于地下水中，造成地下水污染。气化结束后，最终在气化燃空区 8 附近形成煤炭气化地下水污染区域 12。

因此，地下水污染被认为是最为严重的与煤炭地下气化有关的潜在环境风险。已有研究证实，煤炭地下气化过程中产生的酚类、苯及其衍生物、多环芳烃、杂环化合物等有机污染

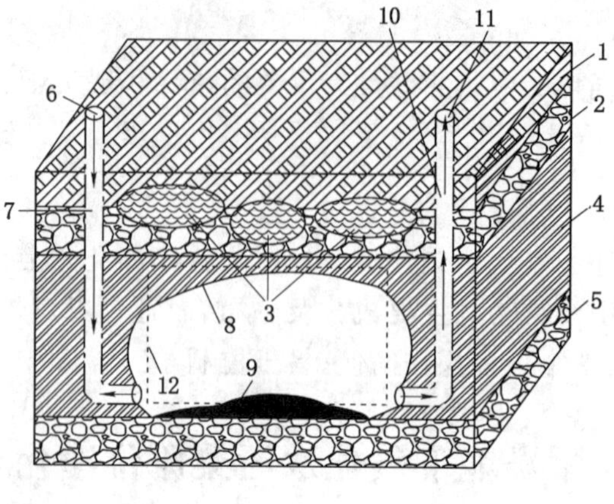

1—地表土壤层；2—顶板围岩层；3—地下含水层；4—煤层；5—底板围岩层；6—注气口；7—气化剂输送管道；8—燃空区；9—残留气化半焦；10—粗煤气输出管道；11—出气口；12—煤炭气化地下水污染区域。

图 5-22 煤炭地下气化模拟煤层示意图

物和重金属、氨、氰化物、硫酸盐及放射性物质等无机污染物均可能溶解于地下水中，并对地下水造成潜在污染，且这种地下水污染带来的潜在危害可能持续到气化结束 5 年甚至更长时间。由此可见，煤炭地下气化可能造成地下水资源污染，使其失去绿色开采的意义，甚至制约其推广应用。

近年来，随着气化技术的发展，煤炭地下气化对地下水资源的污染和毒化问题受到国内外学者高度关注，并开展了大量的相关研究。但这部分研究主要集中在煤炭地下气化过程中污染物的生成特性及环境效应、有害微量元素(Zn、Cd、Pb、As 等)等无机污染物的析出与迁移规律、煤炭地下气化过程中有机污染物的形成机制与排放规律、粗煤气冷凝水和洗涤水中污染物组成与污染程度分析、煤炭地下气化残焦中污染物的浸出特性、煤炭地下气化现场试验地下水污染监测及风险评价等方面，而对煤炭地下气化带来的潜在水污染缺乏切实可行的防控措施和治理方法。因此，开发有效的煤炭地下气化水污染净化修复方法对煤炭地下气化技术的推广应用、保护地下水资源具有重要意义。

另一方面，受煤种、煤层赋存条件、地下水及气化工艺等因素影响，煤炭地下气化过程中会将部分气化半焦(占原煤储量的 25%～40%)残留在地下燃空区而无法回收。研究表明，这部分残留气化半焦具有发达的孔隙和较高的比表面积，其结构和性质与活性炭相似，是一种良好的污水处理剂。

二、技术实施

该煤炭地下气化水污染原位净化与修复工艺包括微生物筛选与驯化、菌剂制备与输送、菌种地下培养、气化半焦-微生物联合净化与修复四部分。具体步骤如下：

(1) 微生物筛选与驯化：根据煤炭地下气化地下水中污染物的组成特点，从矿井坑道、尾矿坝及焦化厂排污口等场所的污泥中采集并分别筛选出对重金属、氨、氰化物及硫酸盐类无机污染物具有良好吸收或固定功能的微生物菌种和对酚类、苯及其衍生物、多环芳烃、杂环化合物类有机污染物具有良好降解或吸收功能微生物菌种，对这些菌种进行选择性培养和分离，优选出具有特定降解性能的菌株并采用适宜条件进行驯化。

(2) 菌剂制备与输送：选取不易被微生物分解、无毒性、耐酸碱且与气化半焦结构性质类似的颗粒煤基活性焦为载体,通过物理吸附作用和电荷效应将步骤(1)优选出来的微生物菌株溶液固定在活性焦载体上,制备出高效微生物菌剂,使微生物高度密集并保持生物活性,为其在适宜的条件下能够大量快速繁殖奠定基础;利用煤炭地下气化过程中原有的气化剂输送管道,以空气为输送介质将固定好的微生物菌剂送入地下燃空区中。

(3) 菌种地下培养:利用燃空区中的水、无机盐、碳源、氮源及微量元素作为营养物质对微生物菌剂进行培养,并通过微生物菌剂输送管道向燃空区补充微生物生存所必需的营养物和氧气,采用适宜的条件对输送的菌种进行地下培养,使其快速繁殖;另一方面,对残留在燃空区的相当于载体的气化半焦通过物理吸附作用及电荷效应与微生物菌种有机结合,形成一种具有良好活性的气化半焦-微生物菌剂结合体。

(4) 气化半焦-微生物联合净化修复:当地下水大量涌入地下燃空区时,煤炭地下气化过程产生的部分有机污染物和无机污染物将会溶于地下水中,造成地下水污染;此时,分散在燃空区地下水中的气化半焦-微生物菌剂结合体将通过气化半焦的物理吸附作用对地下水中污染物进行吸附富集,并通过不同微生物的高效降解或吸收作用将污染物转化或固定,两个过程相互同时进行,充分利用气化半焦吸附与微生物降解或吸收之间的协同作用,实现煤炭气化地下水污染的高效净化与修复;此外,在地下水污染净化与修复过程中,可借助气化剂输送管道向燃空区不定期补充微生物生存所必需的营养物质和氧气,以维持微生物菌种的生存与继续繁殖,实现燃空区地下水污染的长时间持续净化与修复。

该工艺中对无机污染具有良好吸收或固定功能的菌种可选为黑根霉、藤黄微球菌、金霉素链霉菌、假单胞菌属、芽孢杆菌属、根瘤菌属、大肠杆菌、铜绿假单胞菌、恶臭假单胞菌、柠檬酸杆菌属或硫酸盐还原菌;对有机污染物具有良好降解或吸收功能的菌种可选为黄杆菌、产碱杆菌、棒状杆菌属、解酚假单胞菌、苯酚氧化菌群、灵杆菌、硫螺旋菌属或白霉菌。

三、应用效果

煤炭地下气化水污染原位净化与修复方法可实现燃空区地下水污染的高效净化与修复。煤炭地下气化残留的气化半焦既作为载体为菌种的快速繁殖提供生存空间,又作为吸附剂富集或吸附燃空区地下水中的污染物,实现残留气化半焦的高附加值利用;而在污染物净化与修复过程中,充分利用气化半焦吸附与微生物降解(或吸收)之间的协同作用,同时实现地下水中无机污染物的吸收(或固定)和有机污染物的降解转化(或吸收),效率高,且不产生二次污染,最终达到煤炭地下气化水污染高效净化与修复的目的。具体如下:

(1) 该工艺充分利用煤炭地下气化过程中的残留气化半焦,通过微生物筛选与驯化、菌剂制备与输送、菌种地下培养等工序,制备出气化半焦-微生物菌剂结合体,实现煤炭地下气化过程中地下水污染的高效净化与修复。残留气化半焦既可作为载体为菌种的快速繁殖提供生存空间,又可作为吸附剂富集或吸附燃空区地下水中的污染物,为微生物的降解转化(或吸收固定)奠定基础。

(2) 该工艺借助煤炭地下气化过程中原有的气化剂输送管道和气化燃空区进行微生物菌剂的输送和菌种的地下培养与繁殖,无须在地下水污染区域进行地下施工,操作过程简单,易于实现,成本低廉。

(3) 该工艺有效利用气化半焦吸附与微生物降解(或吸收)之间的协同作用,实现地下水中无机污染物和有机污染物的同时降解转化(或吸收固定),效率高,不产生二次污染,使用周期长，运行成本低。

四、案例小结

煤炭地下气化水污染原位净化与修复方法充分利用煤炭地下气化过程中的残留气化半焦，通过系列工序制备出气化半焦-微生物菌剂结合体，可实现燃空区地下水污染的高效净化与修复。煤炭地下气化残留的气化半焦既作为载体为菌种的快速繁殖提供生存空间，又作为吸附剂富集或吸附燃空区地下水中的污染物，实现残留气化半焦的高附加值利用；而在污染物净化与修复过程中，充分利用气化半焦吸附与微生物降解（或吸收）之间的协同作用，同时实现地下水中无机污染物的吸收（或固定）和有机污染物的降解转化（或吸收），全过程无须进行地下施工，实施简单，运行成本低，易于控制，效率高，且不产生二次污染，最终达到煤炭地下气化水污染高效净化与修复的目的。

课后思考题

1. 简述矿井水处理和井下水仓清淤联合工艺的主要特点。
2. 简述水仓清理技术的发展趋势。
3. 简述煤泥水处理工艺智能化的发展趋势。
4. 提高浓缩池沉降效果的主要措施有哪些？
5. 造成加压过滤机处理效果差的因素有哪些？
6. 简述煤泥水煤浆制备工艺流程并对具体步骤进行详细说明。
7. 简述地下气化水污染原位净化与修复工艺及其特点。

第六章　煤基炭材料案例

第一节　高比电容量超级电容器用活性炭制备方法

◈ 内容导读

以低阶煤为原料，经过预处理、显微组分分离等步骤分离出低阶煤中的镜质组和惰质组，然后以两种有机显微组分为前躯体，KOH 为活化剂，采用快速升温、中低温活化及反应快速终止相结合的方式制备超级电容器用活性炭，大大缩短了活性炭活化历程，在保证活性炭较高比表面积与合理孔径分布的同时，保留前躯体富含的部分表面官能团，可改善活性炭的表面润湿性，并引入赝电容效应，进而提高超级电容器的比电容量。该方法制备的活性炭比表面积可达 2 523 m^2/g，中孔率达 58.5%，用作超级电容器电极时比电容量高达 421 F/g，能量密度高达 11.8 Wh/kg。

一、问题提出

超级电容器是一类介于普通电容器与电池之间的新型储能器件，兼有普通电容器功率密度大和二次电池能量密度高的优点，而且充电速度快、循环寿命长、对环境无污染，在电动汽车、信息技术、航天航空及国防科技等领域具有广阔的应用前景。近年来，随着超级电容器应用领域的不断拓展，人们对具有高比容量、良好稳定性的超级电容器提出了迫切需求。超级电容器主要由集电流体、电解液、电极材料、隔膜等部件组成，其中电极材料是核心部件，对超级电容器的性能起着关键性作用。尽管新材料层出不穷，但活性炭以其良好的导电性、高比表面积、稳定的化学性质、可控的孔结构及低廉的价格等优势，一直是超级电容器电极材料的首选。

煤炭不仅是优质的燃料，而且是宝贵的炭材料，是生产活性炭的优质原料。以煤为原料制备活性炭的技术已相当成熟。超级电容器主要依靠静电荷在电极和电解液界面之间形成双电层储存能量，因此要求电极材料应具有较高的比表面积。理论上讲，活性炭电极材料的比表面积越大，超级电容器的比电容量越大，但实际情况却很复杂。除了比表面积之外，活性炭的孔径分布、表面润湿性、表面官能团及导电性等都对超级电容器的电化学性能有着重要影响。只有综合考虑各种因素，选择合理的原料及活化工艺，才能制备出具有高比电容量的超级电容器用活性炭。煤炭种类多、变质程度各异、矿物质含量大等特点决定了以煤为原料制备性能稳定的超级电容器用活性炭的难度很大。煤是一种结构复杂的有机混合物，在显微镜下可分为性质不同的镜质组、壳质组和惰质组等煤岩显微组分，因此打破以往研究者把煤作为一个整体来制备活性炭的常规思维方式，而以煤炭有机显微组分为原料制备超级电容器用活性炭。

二、技术实施

该方法提供一种原料来源广泛、活化条件温和、生产周期短、成本低、比表面积高、孔径分布合理、导电性好且具有优异电化学性能的高比电容量超级电容器用活性炭的制备方法。该方法采用快速升温(30～50 ℃/min)、中低温活化(400～600 ℃)及反应快速终止相结合的活化方式,可有效缩短活化历程。反应快速终止装置主要是利用反应快速终止装置通过循环冷水浴使高温条件下的活化产物迅速降至室温。

三、应用效果

(1) 对于高比电容量超级电容器来说,活性炭除了要求具有较高的比表面积和合理的孔径分布外,还应具有适宜并赋存稳定的表面官能团,以改善活性炭的表面润湿性,降低电解液离子在活性炭孔隙内的扩散阻力,提高活性炭的表面积利用率,同时还能产生附加的法拉第赝电容,进而提高超级电容器的比电容量。该方法在考虑煤炭各有机显微组分生成条件、元素组成、化学性质、结构及矿物含量等方面差异的基础上,充分利用低阶煤反应性好、结构疏松、官能团及侧链等活性基团丰富等特点,以低阶煤中的镜质组和惰质组为前驱体,采用快速升温、中低温活化及反应快速终止相结合的活化方式,大大缩短活化历程,在保证活性炭具有较高的比表面积和合理孔径分布的同时,保留镜质组和惰质组中所富含的部分表面官能团,以改善活性炭对电解液离子的润湿性,并引入赝电容效应,进而提高超级电容器的比电容量。

(2) 该方法采用快速升温、中低温活化及反应快速终止相结合的活化方式,活化条件温和,工艺流程简单,安全系数高,缩短了活化历程,降低了能耗,减轻了活化过程中对设备的腐蚀。

(3) 该方法采用资源丰富、价格低廉的低阶煤为原料,降低了活性炭的生产成本,有利于实现工业化生产。此外,利用煤炭显微组分制备超级电容器用活性炭,使超级电容器用活性炭的制备不受煤炭种类与产地的限制,同时也为制备性能稳定的高性能活性炭提供依据。

(4) 该方法提供的超级电容器用活性炭具有更高的比电容量和能量密度。试验证明,经优化工艺参数后制得的超级电容器用活性炭在 3 mol/L KOH 电解液中的质量比电容量高达 421 F/g,能量密度高达 11.8 Wh/kg,电化学性能优势明显,具有广阔的应用前景。

四、案例小结

高比电容量超级电容器用活性炭的制备方法可提高超级电容器的比电容量。

第二节　富氧超级电容器炭质电极材料的制备方法

◈ 内容导读

制备富氧超级电容器炭质电极材料的方法适用于高比电容、高比功率超级电容器。该方法适用比表面积为 1 000～2 600 m^2/g 的体相炭质电极材料的制备。

一、问题提出

超级电容器以其充放电速度快、循环寿命长、能量密度高和无污染等优异特性而成为新能源领域的研究热点，其在混合动力汽车、太阳能、风能等方面的应用预期将会对节约能源、城市环境控制产生根本性影响。电极材料是超级电容器的核心。目前研究较多的电极材料是基于双电层理论的超级活性炭、炭气凝胶、碳纳米管等炭质多孔材料。虽然理论上双电层电容正比于材料的有效比表面积，但有效比表面积的提高必须综合考虑材料的孔结构、电阻率及密度等对电极性能的制约，因而双电层比电容 C 存在极限值。近期，研究者通过对炭质多孔电极材料的比表面积、孔径分布及导电网络进行定向控制，但提升空间已非常有限，致使所制电容器的能量密度 $E(E \propto C \cdot U^2)$ 最高仅为 10 Wh/kg。因此，更高能量密度、比功率炭质电极材料的制备极为重要。

二、技术实施

该富氧超级电容器炭质电极材料的制备方法包括下述步骤：

(1) 将碳含量＞60％、氧含量＞10％的粒径为 100～200 μm 的富氧炭质前驱体(可选用烟煤、沥青、纤维素或椰壳)与纯度 90％以上的颗粒 KOH 按质量比 1∶1～1∶5 进行混合、浸渍；

(2) 将步骤(1)所得混合物置于 KOH 活化釜中，以 20～50 ℃/min 的升温速率升温至 600～900 ℃，之后直接自然冷却至室温；

(3) 将步骤(2)所得物质先后用 5 mol/L HCl、去离子水洗去残留的金属 K 及其化合物，在 110 ℃条件下烘干。

三、应用效果

该方法选用富氧的炭质材料作为前驱体，通过高升温速率、零保温时间，使前驱体中的氧原子保留到炭基体骨架中，实现氧原子在活性炭中的稳定赋存。该制备工艺简单，原材料来源广泛，价格低廉。所制材料兼具体相含氧量高、赋存稳定、比表面积大、孔径分布宽、导电性好、对无机电解液的浸润性好等性能。在超级电容器的电极材料应用中，由于氧的赋存稳定，电容器的循环性能得以保持稳定。

四、案例小结

富氧超级电容器炭质电极材料的制备方法工艺简单，所制炭质电极材料兼具体相含氧量高、赋存稳定、比表面积大、孔径分布宽、导电性好、对无机电解液的浸润性好等性能。

第三节　层次孔结构多孔炭的简易制备方法

内容导读

选择腐植酸为原料，经破碎、筛分后与 KOH 混合，活化制备层次多孔炭，可实现孔结构的调控。该制备工艺简单、价格低廉、无污染、成本低。

一、问题提出

多孔炭具有高比表面积、良好导电性、耐酸耐碱的化学稳定性，而且价格低廉、来源广泛。炭质前驱体如煤、石油焦、树脂、生物质等通过物理活化或者化学活化就可以制备得到活性炭。活化过程中形成的孔结构往往难以控制，有微孔（<2 nm）、中孔（2～50 nm）以及大孔（>50 nm），当多孔炭的孔径分布具有很强的规律性时被称为层次孔炭。因其具有独特的孔结构特征，层次孔炭被广泛应用于吸附、催化、电极材料等领域。

目前，合成层次孔炭的方法主要有模板法、模板-活化联合法、直接合成法。模板法将炭前驱体填充到模板材料的孔道内，使炭源在模板孔道内聚合，然后炭化、去除模板，得到具有有序孔结构的多孔炭。根据模板和模板与碳源的作用特点，模板法可分为软模板法和硬模板法。硬模板主要是指具有相对刚性结构的模板，如沸石分子筛、氧化铝、介孔材料和胶态晶体等；软模板是指两亲分子或嵌段共聚物形成的聚集体，如胶束、囊泡、液晶等。模板法适于制备具有中、大孔结构的多孔炭，而活化法更适于微孔，采用模板-活化联合法可合成具有大、中、微孔三级孔结构的层次孔炭。直接合成法即无模板法，选用具有层次架构的含碳物，如动物骨骼、生物质等作为前驱体，经炭化或活化后得到层次孔炭。尽管上述制备层次孔炭的方法各具优势，发展潜力巨大，但也存在各自的缺陷。如硬模板法多采用硅氧化合物作为模板，须使用氢氟酸、氢氧化钠溶液等强酸、强碱才能去除模板，且工艺烦琐，难以商业化；软模板法虽无须去除模板，但模板价格昂贵，且模板在炭化过程中易解聚，孔结构控制困难。模板-活化联合法虽然成功解决了孔结构控制的问题，但工艺更为复杂，成本更高，直接合成多孔炭的结构高度依赖于前驱体的结构和组成，无法进行人为设计和调控。因此，炭质层次孔炭材料制备要在确保层次孔炭高比表面积、合理孔径分布、优良导电性的基础上，尽可能地减少工艺环节，降低制备成本，需要选择新的、易于设计的前驱体，探索新的制备合成方法。

二、技术实施

该层次孔结构多孔炭的简易制备方法选择腐植酸为原料，经过破碎、筛分后，与 KOH 混合后活化制备层次多孔炭材料，并实现对孔结构的调控，其制备方法步骤如下：

(1) 原料准备。将腐植酸通过破碎、筛分后，收集粒度小于 2 mm 的物料，然后以腐植酸：KOH＝1：0.5～1：1.0 的质量比进行混合，加入去离子水浸渍 12 h。

(2) 活化。将浸渍后的物料置于反应釜中，在氮气保护下，以 5 ℃/min 的升温速率升温至 100 ℃，恒温脱水 0.5 h，然后继续升温至 800 ℃，恒温活化 1 h，活化结束后，在氮气保护下自然冷却至室温。

(3) 产品后处理。将活化产物依次经过酸浸、水洗至中性、过滤干燥，即得层次孔炭。

三、应用效果

应用 1：

(1) 将腐植酸通过破碎、筛分后，收集粒度小于 2 mm 的物料，然后将腐植酸与 KOH 按质量比 1：0.3 进行混合，加入去离子水并浸渍 12 h；

(2) 将混合物置于镍制反应釜中，在氮气保护下，以 5 ℃/min 的升温速率升温至 100 ℃，恒温脱水 0.5 h，然后继续升温至 800 ℃，恒温活化 1 h，活化结束后，在氮气保护下自然冷却至室温；

(3) 所得产物先后用 5 mol/L HCl 浸渍、去离子水洗至中性，在 110 ℃条件下烘干后，制得层次孔炭。

其比表面积为 603 m^2/g，孔径集中分布在：0.5～1.5 nm 微孔，3.0～5.0 nm 中孔以及微米级别大孔，中孔含量为 27%。

应用 2：

(1) 将腐植酸通过破碎、筛分后，收集粒度小于 2 mm 的物料，然后将腐植酸与 KOH 按质量比 1∶0.5 进行混合，加入去离子水并浸渍 12 h；

(2) 将混合物置于镍制反应釜中，在氮气保护下，以 5 ℃/min 的升温速率升温至 100 ℃，恒温脱水 0.5 h，然后继续升温至 800 ℃，恒温活化 1 h，活化结束后，在氮气保护下自然冷却至室温；

(3) 所得产物先后用浸渍、去离子水洗至中性，在 110 ℃条件下烘干后，制得层次孔炭；

其比表面积为 754 m^2/g，孔径集中分布在：0.5～1.5 nm 微孔，3.0～5.0 nm 中孔以及微米级别大孔，中孔含量为 49%。

应用 3：

(1) 将腐植酸通过破碎、筛分后，收集粒度小于 2 mm 的物料，然后将腐植酸与 KOH 按质量比 1∶1.0 进行混合，加入去离子水并浸渍 12 h；

(2) 将混合物置于镍制反应釜中，在氮气保护下，以 5 ℃/min 的升温速率升温至 100 ℃，恒温脱水 0.5 h，然后继续升温至 800 ℃，恒温活化 1 h，活化结束后，在氮气保护下自然冷却至室温；

(3) 所得产物先后用浸渍、去离子水洗至中性，在 110 ℃条件下烘干后，制得层次孔炭；

其比表面积为 1 137 m^2/g，孔径集中分布在：0.5～1.5 nm 微孔，3.0～5.0 nm 中孔以及微米级别大孔，中孔含量为 35%。

四、案例小结

层次孔结构多孔炭的制备方选用腐植酸作为前驱体，通过一步活化，制得孔结构可调控的层次孔炭。该法制备工艺简单，原材料来源广泛，不需要使用大量的腐蚀性活化剂，无污染，成本低，可以进行大规模生产。

第四节　煤基燃料炭的制备方法

◈ 内容导读

该煤基燃料炭的制备原料廉价易得、生产工艺简单，有效利用生物质能，理化性能优异。

一、问题提出

近年来，国内外对用作取暖和餐饮燃料的各种燃料炭的需求量越来越大，随着国家对森林资源的保护力度加大，以天然林木为原料的原木炭产量不断下降。机制木炭是木炭的替代产品，具有密度大、热值高、无烟、无味、无污染、不爆炸、易燃等优点，是国际上公认的绿色环保产品。机制炭以锯末、秸秆等农林剩余物为原料，经过干燥、塑化成型、炭化、冷却、包装等工序加工而成。塑化成型是利用生物质自身所含木质素在受热时（140～280 ℃）产生的黏结性，采用螺杆挤压成型技术，在一定压力下使木屑等颗粒成型；炭化是成型的木屑棒在窑中的热解过程，最终得到机制炭，同时可回收可燃气体和木醋液。目前机制炭行业存在螺杆挤压成型技术产量低、能耗高、易损件寿命短、原料要求苛刻的问题；另外，机制炭的生产难以获得连续和充足的原料供应。

二、技术实施

该煤基燃料炭的制备方法包括下述步骤：

(1) 按质量比取烟煤（粒度小于 3 mm）80～95 份、农作物秸秆（经自然风干后用粉碎机粉碎至粒径小于 3 mm）0～10 份和有机黏结剂（可选腐植酸钠）4～10 份，混拌均匀后，加入适量的水分再次拌匀；

(2) 将步骤(1)所得到的物料在成型机（可选对辊成型机）上压制成球形体，之后将所得生球在空气中自然晾干；

(3) 将经自然晾干的生球放入炭化炉中，在温度为 400～700 ℃、炭化时间为 90～120 min（含升温时间）的条件下进行炭化，再冷却得煤基燃料炭。

三、应用效果

(1) 取粒度小于 3 mm 烟煤、经自然风干并粉碎后与粒度小于 3 mm 农作物秸秆和腐植酸钠按照 85∶10∶5 的质量比混合拌匀，总质量为 5 kg，加水再次拌匀，物料总水分控制在 14%～16%；将上述物料在对辊成型机上成型，所得生球在空气中自然晾干；经晾干的生球在炭化炉中炭化，炭化温度为 600 ℃，炭化时间为 100 min（含升温时间），再经冷却得煤基燃料炭。所得煤基燃料炭产品机械强度高，抗压强度为 35 kg/个、水分为 1.8%、固定碳为 83.5%、挥发分为 7%、灰分为 7.7 %、热值为 7 180 kcal/kg(30 MJ/kg)、硫含量为 0.31%。

(2) 取粒度小于 3 mm 烟煤、经自然风干并粉碎后与粒度小于 3 mm 农作物秸秆和腐植酸钠按照 82∶10∶8 的质量比混合拌匀，总质量为 5 kg，加水再次拌匀，物料总水分控制在 14%～16%；将上述物料在对辊成型机上成型，所得生球在空气中自然晾干。经晾干的生球在炭化炉中炭化，炭化温度为 700 ℃，炭化时间为 120 min（含升温时间），再经冷却得煤基燃料炭。所得煤基燃料炭产品机械强度高，抗压强度为 30 kg/个、水分为 2.0%、固定碳为 82.1%、挥发分为 8.3%、灰分为 6.8%、热值为 7 088 kcal/kg(29.66 MJ/kg)、硫含量为 0.35%。

(3) 取粒度小于 3 mm 烟煤和腐植酸钠按照 94∶6 的质量比混合拌匀，总质量为 5 kg，加水再次拌匀，物料总水分控制在 14%～16%；将上述物料在对辊成型机上成型，所得生球在空气中自然晾干；经晾干的生球在炭化炉中炭化，炭化温度为 500 ℃，炭化时间为 90 min（含升温时间），再经冷却得煤基燃料炭。所得煤基燃料炭产品机械强度高，抗压强度为 28 kg/个、水分为 1.9%、固定碳为 84%、挥发分为 6.5%、灰分为 7.6%、热值为 7 178 kcal/kg(30 MJ/kg)、硫含量为 0.33%。

四、案例小结

该煤基燃料炭制备方法以烟煤和农作物秸秆为主要原料，廉价易得，添加农作物秸秆可以有效利用生物质能、改善燃料炭产品的燃烧特性。物料成型选用对辊成型机，产量高、能耗低、设备磨损小。碳化温度低、时间短、能耗小。所得煤基燃料炭产品机械强度高，固定碳＞75％；挥发分＞10％；灰分＜10％；热值＞7 000 kcal/kg(29.3 MJ/kg)；易点火、耐烧、燃烧完全、无烟味、无火星烟尘、炉表温度高。

第五节　中孔炭的简易制备方法

◈ 内容导读

该中孔炭的简易制备方法以腐植酸钾为碳前驱体，将其与模板前驱体(乙酸镁)分别溶于水后再混合，实现两种前驱体的分子级混合。

一、问题提出

中孔炭不仅具有耐酸碱、耐高温、高导热、高导电和高化学稳定性等炭材料的基本特性，而且孔径较大(2～50 nm)、比表面积较高、吸附性能优良，广泛应用于气体吸附分离、污水处理、催化剂载体和电化学等领域。目前，中孔炭的制备方法主要有催化活化法、有机凝胶炭化法和模板法。其中，模板法利用模板剂的结构导向作用，可有效控制中孔炭的孔结构，成为制备中孔炭的首选方法。

软模板法以嵌段共聚物等表面活性剂为结构导向剂，利用其对碳前驱体聚合物的结构导向产生的自组装现象，达到有效控制中孔炭孔结构的目的，合成过程相对简单。但是，嵌段共聚物价格较高，且制备出的中孔炭孔容较低，限制了该方法的推广应用。硬模板法采用具有特定孔隙结构的材料(二氧化硅、沸石等)作为模板，在模板孔隙中填充碳前驱物，经炭化、去除模板而获得中孔炭。制得的中孔炭高度有序，孔径分布相对集中。但是，该方法过程烦琐，成本很高，去除氧化硅模板的氢氟酸具强腐蚀性及挥发性，易污染环境，难以实现规模生产。如何在简化模板制备工艺、降低成本的同时，实现中孔炭孔结构的精确调控，是该领域研究的重点。

氧化镁模板法将氧化镁前驱体(氧化镁颗粒、乙酸镁、柠檬酸镁等)和碳前驱体的混合物在高温下焙烧，得到碳包覆的氧化镁微粒，再用稀酸使模板氧化镁溶解得到中孔炭材料。通常选用的碳前驱体有聚乙烯醇、煤沥青、羟基丙基纤维素、聚对苯二甲酸乙二醇酯等。与二氧化硅等硬模板法相比，氧化镁模板法具有如下优点：模板氧化镁易被稀释的非腐蚀性酸除去且易回收；中孔的尺寸和体积可以通过改变氧化镁的尺寸(依赖于氧化镁前驱体)调节；微孔的尺寸和体积可以通过碳前驱体部分控制。与软模板法相比，氧化镁模板法的优势为：在高温下制备中孔炭时可能会发生石墨化，导电性和导热性得以提高；中孔碳内部包含一定量的微孔。需要注意的是，氧化镁前驱体和碳前驱体的混合效果对所制中孔炭的孔结构有重要影响。如采用粉末混合时，应使两种前驱体尽量混合均匀(保证乙酸镁前驱体在混合物中均匀分散)。但是，通常采用的机械混合在效果上有一定局限性，从而影响中孔炭的孔结构，也会增加工艺的复杂性。所以，需要选择新的碳前驱体，基于其与乙酸镁之间新的混合机理，通过简单工艺制备具有合理孔结构的中孔炭。

二、技术实施

该中孔炭的简易制备方法包括下述步骤：

(1) 原料准备：称取一定量的腐植酸钾和乙酸镁固体(质量比为1∶1～5，乙酸镁按照氧化镁的质量计，下同)，分别溶于适量的去离子水中制成溶液。将两种溶液混合，在磁力搅拌器下搅拌30 min后，置于干燥箱中(110 ℃)烘干得到固体混合物。

(2) 炭化：将(1)中所得固体混合物移至管式炉中，在高纯N_2保护下，以5 ℃/min的升温速率升温至180 ℃并恒温脱水30 min，继续升温至800 ℃并保温1 h。炭化结束后，在氮气保护下自然冷却至室温；

(3) 产品后处理：将炭化产物依次经过酸浸、水洗至中性、过滤干燥，即得中孔炭。

三、应用效果

应用1：

(1) 称取腐植酸钾和乙酸镁固体(质量比为1∶1)，分别溶于适量的去离子水中。将两种溶液混合，在磁力搅拌器下搅拌30 min后，置于干燥箱中(110 ℃)烘干得到固体混合物。

(2) 将上述固体混合物移至管式炉中，在高纯N_2保护下，以5 ℃/min的升温速率升温至180 ℃并恒温脱水30 min，继续升温至800 ℃并保温1 h。炭化结束后，在氮气保护下自然冷却至室温。

(3) 炭化产物经过5 mol/L盐酸浸渍、去离子水洗(过滤)至中性，最后在110 ℃下烘干即得中孔炭。

该中孔炭的比表面积为771 m^2/g、总孔容为1.001 cm^3/g、中孔率为77.5%。

应用2：

(1) 称取腐植酸钾和乙酸镁固体(质量比为1∶3)，分别溶于适量的去离子水中。将两种溶液混合，在磁力搅拌器下搅拌30 min后，置于干燥箱中(110 ℃)烘干得到固体混合物。

(2) 将上述固体混合物移至管式炉中，在高纯N_2保护下，以5 ℃/min的升温速率升温至180 ℃并恒温脱水30 min，继续升温至800 ℃并保温1 h。炭化结束后，在氮气保护下自然冷却至室温。

(3) 炭化产物经过5 mol/L盐酸浸渍、去离子水洗(过滤)至中性，最后在110 ℃下烘干即得中孔炭。

该中孔炭的比表面积为879 m^2/g、总孔容为1.591 cm^3/g、中孔率为93.0%。

应用3：

(1) 称取腐植酸钾和乙酸镁固体(质量比为1∶5)，分别溶于适量的去离子水中。将两种溶液混合，在磁力搅拌器下搅拌30 min后，置于干燥箱中(110 ℃)烘干得到固体混合物。

(2) 将上述固体混合物移至管式炉中，在高纯N_2保护下，以5 ℃/min的升温速率升温至180 ℃并恒温脱水30 min，继续升温至800 ℃并保温1 h。炭化结束后，在氮气保护下自然冷却至室温。

(3) 炭化产物经过5 mol/L盐酸浸渍、去离子水洗(过滤)至中性，最后在110 ℃下烘干即得中孔炭。

该中孔炭的比表面积为1 020 m^2/g、总孔容为2.088 cm^3/g、中孔率为95.2%。

四、案例小结

该中孔炭制备方法简单，成本低廉，容易实现大规模生产。所得中孔炭的比表面积大，孔容大，中孔率高。

第六节 氧化石墨烯的制备方法

◈ **内容导读**

以腐植酸为原料的氧化石墨烯制备方法，不需要浓酸、强氧化剂等高危险、腐蚀性化学试剂，只需进行水热处理即可完成制备。这种方法具有简单易行、环保高效的特点，容易实现大规模生产。所得氧化石墨烯片层剥离彻底，横向尺寸较大。

一、问题提出

石墨烯是由蜂窝状的六角形 sp^2 杂化碳原子晶格紧密堆积而成的二维结构，只有单原子厚度(0.34 nm)。具有出色的导电性，室温下的电子迁移率超过 15 000 $cm^2/(V \cdot S)$；超高的热导率，室温下的导热系数高达 3 000～5 000 W/(m・K)；很高的力学强度，杨氏模量达 1.0 TPa；极高的透光率，可见光区的吸光度仅有 2.3%，反射率小于 0.1%；巨大的比表面积，理论值为 2 630 m^2/g。石墨烯的上述优异性能，使其在复合材料、电池、透明电导设备、传感器和生物方面具有广阔的应用前景。

石墨烯的制备方法主要有机械剥离法、碳化硅外延生长法、化学气相沉积法(CVD)和氧化石墨还原法等，其中氧化石墨还原法是目前应用最为广泛的石墨烯制备方法。氧化石墨还原法的工艺流程主要包括液相氧化、超声剥离和还原三个阶段。石墨经液相氧化合成氧化石墨，即在强酸、强氧化剂环境下，通过较复杂的工艺，克服石墨片层间的范德瓦耳斯力，增大层间距(由 0.335 nm 至 0.7～1.2 nm)并引入含氧官能团；氧化石墨经超声剥离、分散得到氧化石墨烯；氧化石墨烯通过化学还原(或热还原、水热还原)转化为石墨烯。可以看出，氧化石墨烯是制备石墨烯的重要中间体，同时，氧化石墨烯也是制备其他功能复合材料的重要原料。

然而，上述氧化石墨烯的制备方法(主要是氧化石墨的制备过程)工艺复杂、成本较高、污染环境，迫切需要提出简单经济、环保高效的氧化石墨烯制备工艺。

二、技术实施

该氧化石墨烯的制备方法包括下述步骤：

(1) 原料准备：称取一定量的腐植酸固体(粒径<1 mm)，置于盛有去离子水的水热反应罐中，腐植酸与水的质量比为(1～5)：1 000。

(2) 水热处理：将水热反应罐移至高温干燥箱中，在 180～200 ℃下恒温 6～8 h。水热反应结束后自然冷却至室温，即得氧化石墨烯溶液。

(3) 干燥处理：氧化石墨烯溶液经冷冻干燥可得氧化石墨烯粉末。

三、应用效果

应用1：

(1) 原料准备：称取一定量的腐植酸固体（粒径<1 mm），置于盛有去离子水的水热反应罐中，腐植酸与水的质量比为1∶1 000。

(2) 水热处理：将水热反应罐移至高温干燥箱中，在190 ℃下恒温7 h。水热反应结束后自然冷却至室温，即得氧化石墨烯溶液。

(3) 干燥处理：氧化石墨烯溶液经冷冻干燥可得氧化石墨烯粉末。

该氧化石墨烯粉末的比表面积为240 m^2/g，含氧量为42.3%，片层厚度为3.5 nm。

应用2：

(1) 原料准备：称取一定量的腐植酸固体（粒径<1 mm），置于盛有去离子水的水热反应罐中，腐植酸与水的质量比为3∶1 000。

(2) 水热处理：将水热反应罐移至高温干燥箱中，在180 ℃下恒温8 h。水热反应结束后自然冷却至室温，即得氧化石墨烯溶液。

(3) 干燥处理：氧化石墨烯溶液经冷冻干燥可得氧化石墨烯粉末。

该氧化石墨烯粉末的比表面积为302 m^2/g，含氧量为43.1%，片层厚度为4.3 nm。

应用3：

(1) 原料准备：称取一定量的腐植酸固体（粒径<1 mm），置于盛有去离子水的水热反应罐中，腐植酸与水的质量比为5∶1 000。

(2) 水热处理：将水热反应罐移至高温干燥箱中，在200 ℃下恒温6 h。水热反应结束后自然冷却至室温，即得氧化石墨烯溶液。

(3) 干燥处理：氧化石墨烯溶液经冷冻干燥可得氧化石墨烯粉末。

该氧化石墨烯粉末的比表面积为251 m^2/g，含氧量为40.6%，片层厚度为4.6 nm。

四、案例小结

该氧化石墨烯制备方法不需要浓酸、强氧化剂等高危险、腐蚀性化学试剂，具有简单易行、环保高效的特点，容易实现大规模生产。所得氧化石墨烯片层剥离彻底，横向尺寸较大。

第七节　褐煤腐植酸的制备及在烟气脱硫中的应用

◇ 内容导读

针对燃煤烟气脱硫及其产物资源化问题，结合环境保护、资源利用等领域相关知识，采用褐煤腐植酸钾净化烟气中SO_2。采用KOH-水热法制备了褐煤基腐植酸钾，研究优化了碱碳比、水热温度、反应时间、水煤比、煤样粒度等主要工艺参数，制取了性能良好的腐植酸钾吸收剂，拓展了褐煤资源的开发利用途径。探讨了腐植酸钾溶液湿法吸收SO_2的机理，研究揭示了腐植酸钾浓度、溶液温度、溶液pH值、SO_2入口浓度、含氧量等影响SO_2吸收效果的规律，为腐植酸盐烟气净化技术的开发提供了试验和理论依据。

一、问题提出

我国能源结构以煤为主，燃煤产生的大气污染物在污染物排放总量中占比较大，其中 SO_2 占 87%，NO_x 占 67%，CO 占 67%，烟尘占 60%。SO_2 是形成酸雨的主要污染物。2017 年 6 月环境保护部发布《2016 中国环境状况公报》中提到全国开展空气质量监测的 338 个地级及以上城市中，有 84 个城市环境空气质量达标，占全部城市的 24.9%；254 个城市环境空气质量超标，占 75.1%。474 个城市（区、县）开展了降水监测，酸雨城市比例为 19.8%，酸雨频率平均为 12.7%，酸雨类型总体仍为硫酸型。煤炭燃烧废气的不洁净排放是 SO_2 的主要来源。烟气脱硫被认为是减少 SO_2 排放的有效方法，在工业生产中得到广泛应用。

随着我国对环境保护的要求愈发严格，政府相继出台了一系列措施、条例、标准来规范燃煤污染物排放。环境保护部和国家质量监督检验检疫总局于 2011 年联合发布了《火电厂大气污染物排放标准》(GB 13223—2011)，规定新建燃煤锅炉 SO_2 排放浓度限值为 100 mg/m^3。《煤电节能减排升级与改造行动计划(2014—2020 年)》(发改能源〔2014〕2093 号)中要求改造后燃煤发电机组的大气污染物排放浓度在基准氧含量 6%条件下，烟尘、二氧化硫、氮氧化物排放浓度分别不高于 10 mg/m^3、35 mg/m^3、50 mg/m^3。目前，国内外开发了多种脱硫工艺，但工业应用中存在投资大、设备复杂、容易造成二次污染等问题。《国家中长期科学和技术发展规划纲要(2006—2020 年)》将“重污染行业清洁生产集成技术”作为优先主题，《中华人民共和国国民经济和社会发展第十三个五年规划纲要》中提出要“大力推进污染物达标排放和总量减排”。科技部将“大气污染防治”列为国家重点研发计划重点专项。因此，开发经济、高效、可资源化的烟气脱硫技术对解决我国的大气污染问题不仅十分必要，而且迫在眉睫。

腐植酸分子结构中含有羧基、酚羟基、酮基等活性基团，同时又具有疏松的“海绵状”结构与巨大的表面积和表面能。腐植酸盐较腐植酸本身有较高的膨润性。随着腐植酸膨润性能的加强，可使腐植酸的活性基团更充分地裸露于水溶液中，增加了腐植酸与被吸附离子接触概率，进而提高了吸附效果。腐植酸/腐植酸盐良好的吸附性能使其用于吸收净化废气(如 SO_2)理论上获得了依据。褐煤、风化煤、泥炭中腐植酸含量相对较高，是腐植酸/腐植酸盐的主要来源，且易于开发。我国褐煤资源非常丰富，已探明保有储量 1 300 亿 t，约占全国煤炭总储量的 13%，主要分布在内蒙古、云南和黑龙江等地，其中内蒙古储量超过总储量的 3/4。但由于其水分含量高、挥发分含量高、发热量低、化学反应性强、灰熔点低和可磨性指数(HGI)低、易风化变质、热稳定性差、不利于长距离运输和储存、利用能效较低等特点，应用范围受到限制。但褐煤中含有 10%～80%的腐植酸，是工业腐植酸的主要来源。因此，褐煤腐植酸/腐植酸盐净化 SO_2 是提高褐煤利用价值、拓宽应用范围、降低脱硫成本的重要途径。

腐植酸是土壤的物质基础。国际标准化组织(ISO)将土壤定义为具有矿物质、有机质、水分、空气和生命有机体的地球表面物质。腐植质是土壤有机质中最主要的一种形态，占土壤有机质的 60%～80%；腐植酸是土壤腐植质中最活跃的组分，一般占土壤有机质的 60%以上。目前，我国土壤环境急剧恶化，工业排放、汽车尾气等大量有毒、有害气体排放到大气中，导致土壤酸化和严重污染；化肥、农药的过量和不合理施用导致土壤内部团粒结构受到破坏并减少，土壤孔隙率变小，蓄水保肥能力下降，从而使土地板结，并盐碱化，土壤微生物的呼吸作用降低。总之，土壤环境的恶化直接影响农作物的质量和产量，影响正常的农业生产。煤炭腐植酸与土壤腐植酸性质相似。利用煤炭腐植酸反哺土壤，遏制土壤退化和污染，改善土壤环境质量，保障农产品安全和人体健康。在植物需要的各种营养元素（碳氢氧氮磷钾钙镁）中，氮、磷、钾三种是植物需要量和收获时带走量较多的营养元素，而它们通过残茬和根的形式归还给土壤的数量却不多。因此往往需要以施用肥料的方式补充这些养分。硫是所有植物生长发育不可缺少的营养元素之一，在植物生长发育及代谢过程中具有重要的生理功能，是生命物质的结构组分，并且参与生物体内许多重要的生化反应，缺硫条件下植物的正常生长会严重受阻，甚至枯萎、死亡。因此，硫又被称为是继氮、磷、钾之后第四位植物生长必需的营养元素。

综上所述，大气污染防治和褐煤提质利用都是目前研究的热点。将环保、资源利用、农业生产等领域相关学科交叉融合，具有重要的科学意义和应用价值。

二、技术实施

(1) 褐煤基腐植酸的制备

水热试验在不锈钢反应器中进行，反应过程如图 6-1 所示。研究了碱碳质量比（氢氧化钾与煤样的质量比）、水煤比（水与煤样品的质量比）、反应时间和反应温度对腐植酸产率的影响。

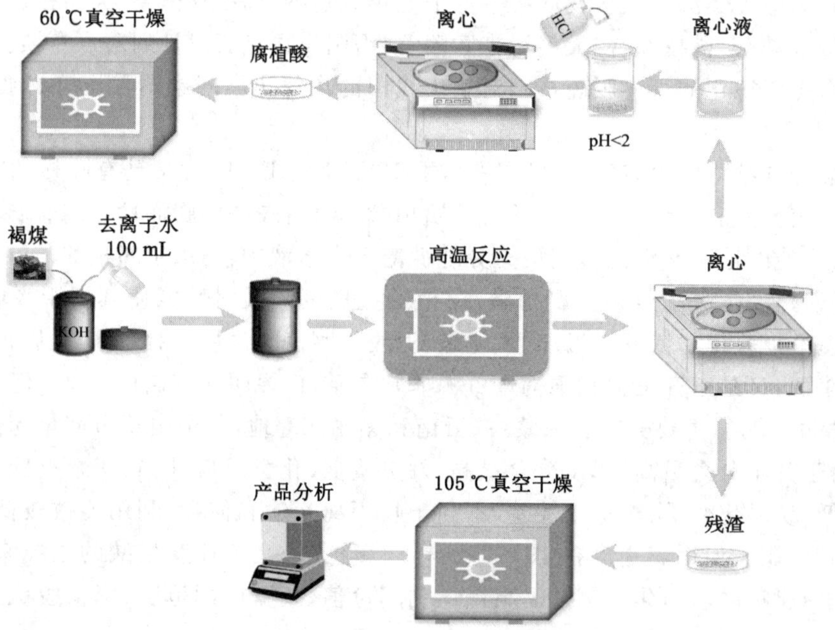

图 6-1　水热法提取腐植酸的流程

步骤 1：将煤样在 105 ℃的真空烘箱中干燥至恒重。在反应器中用氢氧化钾（KOH）和去离子水处理干燥样品（20 g）。然后，将反应器放入烘箱（130～190 ℃）中。反应完成后，将釜自然冷却至室温。

步骤 2：通过离心将上清液与残余物分离。离心后，将残余物用蒸馏水洗涤直至 pH 值接近中性。最后，将残余物过滤并在 105 ℃的真空烘箱中干燥。

步骤 3：将上清液和洗涤溶液用 HCl 酸化至 pH<2，进一步离心分离，并在 60 ℃的真空烘箱中干燥即得腐植酸。105 ℃条件下，根据式(6-1)在空气干燥的基础上计算腐植酸产率：

$$\varepsilon=\frac{M_{YM}(1-M_{ad})-M_{CY}}{M_{YM}(1-M_{ad})} \tag{6-1}$$

式中，ε 为腐植酸产率，%；M_{YM}为褐煤质量，g；M_{CY}为残煤质量，g；M_{ad}为原煤中含水量，%。

(2) 腐植酸钾液相脱硫试验系统

腐植酸钾液相脱硫试验装置如图 6-2 所示。

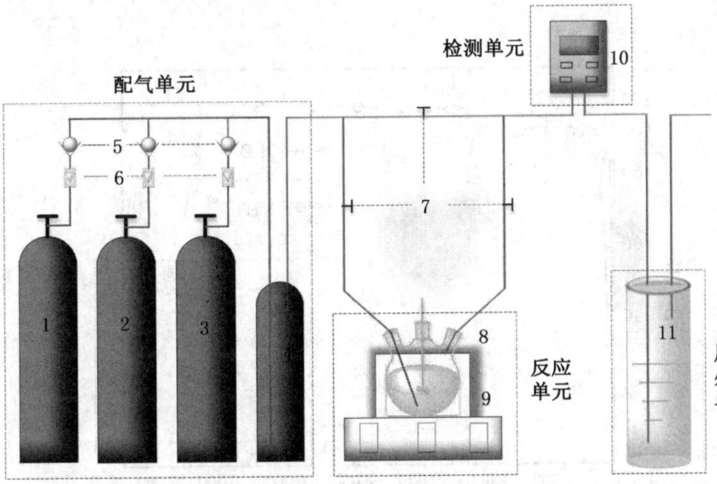

1—SO_2；2—N_2；3—O_2；4—混气装置；5—单向阀；6—气体质量流量控制器；
7—开关；8—反应器；9—磁搅拌恒温水浴锅；10—多功能复合气体分析仪；11—KOH 溶液。

图 6-2　腐植酸钾液相脱硫试验装置示意图

由图 6-2 可知，该装置主要由配气单元、反应单元、气体检测单元及尾气处理单元四部分构成。① 配气单元：模拟烟气由一定比例的 SO_2、N_2与 O_2组成并储存在钢瓶中，保证烟气流速持续稳定。② 反应单元：由 250 mL 的磨口三口烧瓶充当鼓泡反应器，磁力恒温水浴锅用于混合溶液并控制反应温度。③ 测试单元：主要由多功能复合气体分析仪组成，可实时检测 SO_2进出口浓度。每隔 30 s 记录一个数据，计算脱硫效率。④ 尾气处理单元：尾气经洗气瓶装 KOH 碱液处理后排空。试验过程中所用的 SO_2、N_2与 O_2的纯度为 99.99%。

三、应用效果

应用 1：腐植酸钾、KOH 与去离子水的脱硫效果对比。

试验条件如下：100 mL 腐植酸钾溶液(pH=12.6、浓度 0.120 g/L)，100 mL 去离子水，100 mL KOH 溶液(pH=12.6)，SO_2浓度 2 000×10^{-6}，氧含量 5%，试验在 298 K、常压下进行。腐植酸钾、KOH 和去离子水的比较如图 6-3 所示。脱硫效率大于 70%的时间定义为高效脱硫时间(HEDT)。图 6-3 表明，在相同的 pH 值下，腐植酸钾的脱硫效率和高效脱硫时间远远好于同体积的水或 KOH 溶液。

应用 2：腐植酸钾脱硫效果。

当 SO_2 浓度在(2 000～3 000)×10^{-6} 范围内时，随着 SO_2 浓度的提高，脱硫效率略有下降，高效脱硫时间和 SO_2 吸收量减小，高效脱硫时间从 6 540 s 下降到 3 390 s，SO_2 吸收量从 1 188 mg 下降到 904 mg(图 6-4)。当反应温度在 298～358 K 之间时，随着反应温度的升高，脱硫率基本不变，但持续高效脱硫时间和 SO_2 吸收量减小，高效脱硫时间从 6 540 s 下降到 4 560 s，SO_2 吸收量从 1 188 mg 下降到 837 mg(图 6-5)。当腐植酸钾浓度在 0.024～0.120 mg/L 时，随着腐植酸钾浓度的提高，高效脱硫时间和 SO_2 吸收量增加，高效脱硫时间从 1 710 s 提高到 6 540 s，SO_2 吸收量从 290 mg 提高到 1 188 mg(图 6-6)。氧的存在略微增加了腐植酸钾的脱硫效率，但持续高效脱硫时间及脱硫量较无氧条件件减少(图 6-7)；腐植酸钾溶液的 pH 值对脱硫效率影响显著，脱硫效率、SO_2 吸收量和高效脱硫时间随着 pH 值的增加而增加(图 6-8)。

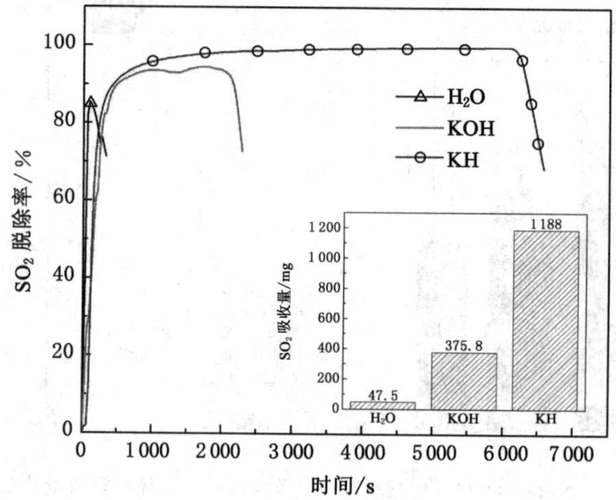

图 6-3　腐植酸钾溶液、KOH 溶液与去离子水脱硫效果对比

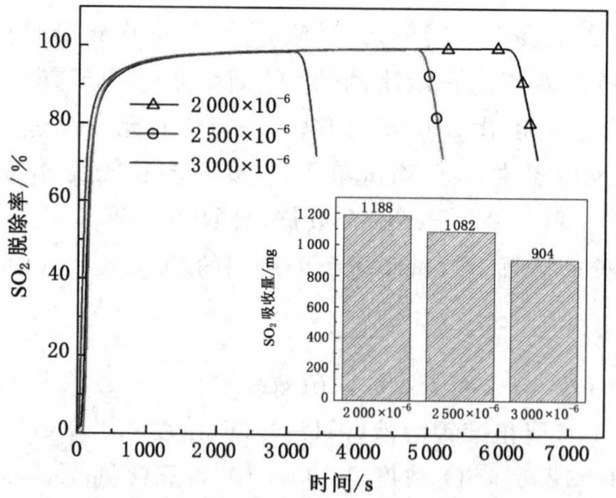

图 6-4　SO_2 浓度对吸收效果的影响

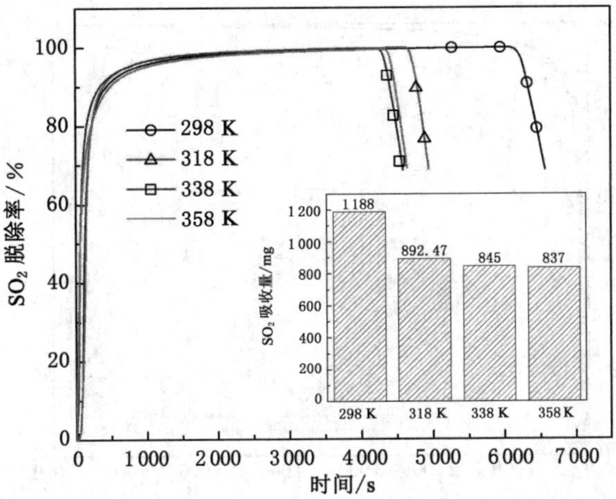

图 6-5　反应温度对 SO_2 吸收效果的影响

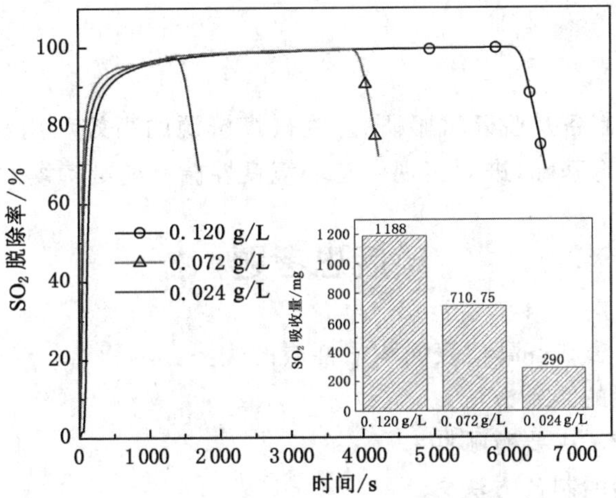

图 6-6　腐植酸钾浓度对脱硫效果的影响

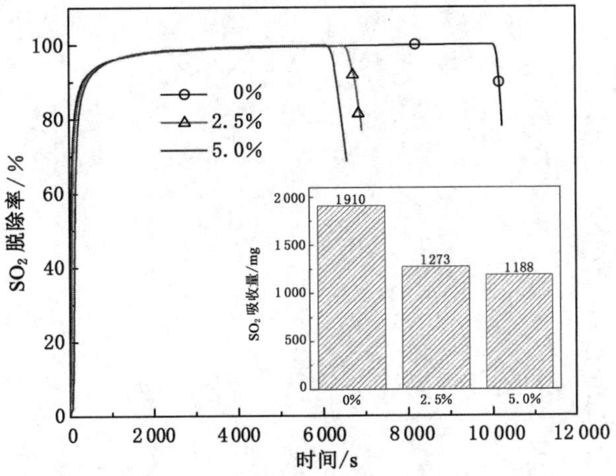

图 6-7　氧含量对脱硫效果的影响

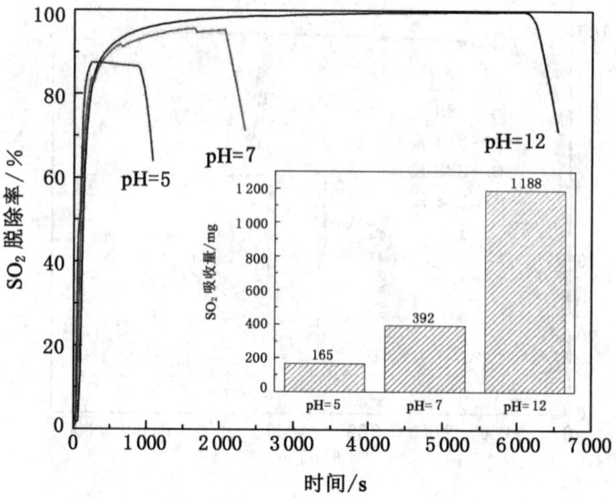

图 6-8　pH 值对脱硫效率的影响

四、案例小结

褐煤基腐植酸钾的制备及脱硫试验研究，为褐煤资源的高效利用和环境污染的有效治理提供了新的思路和理论基础，进而实现生态环境良性循环和可持续发展。

课后思考题

1. 简述 KOH 活化法制备高比表面积活性炭的优势。
2. 简述煤基燃料炭的制备方法。
3. 中孔炭的制备方法主要有哪些？
4. 简述氧化石墨烯的制备方法。

第七章　选煤厂机电案例

第一节　设备维修拆装机研发

◈ 内容导读

随着选煤工艺的快速发展，机电设备逐渐增多，维修量逐渐增大，给检修带来了较大压力。神东煤炭洗选中心研发了激振器维修拆装机，降低了工人劳动强度，提高了检修效率。

一、问题提出

神东煤炭洗选中心各类轴类设备及零部件自主维修，各类激振器、减速器、轴承组件每年维修量300余项。目前，现有的立式压力机不能安全、快速退卸轴类零件，卧式压力机在退卸时需要3人以上配合操作，而且对设备的箱体损坏大。尤其是振动筛激振器，在用激振器560余台，每年解体维修70余台，这些设备解体检修的主要难点及耗时点在设备的退卸和组装上。

二、技术实施

设计、加工一台立式拆装机，主要做法为以下几点：

(1) 该压力机上方横梁可以打开，便于吊运，设备可以直接使用天车吊运到工作台上进行拆装。而现有1 600 kN立式压力机上方为封闭横梁，不能实现此功能。

(2) 该压力机操作平台为可变平台，利用变换不同的工装板实现专板专用，即每类型设备配备一块专用工装板，使用时只需更换工装板即可，更加高效安全。而现有1 600 kN立式压力机不能实现此功能。

(3) 该压力机200 T千斤顶可以在上方横梁上左右移动，工作时可以根据需要实现对下方工件不同位置的顶压。而现有1 600 kN立式压力机为千斤顶定点固定式，不能实现此功能。

(4) 设计加工激振器专用检修装置。此装置设计加工完成后，可以实现激振器在检修平台处上下升降、前后移动、径向360°翻转的功能。激振器检修时只需用螺栓把激振器固定在此装置上，检修全过程可在此套装置上完成。

设备维修拆装机如图7-1所示。

三、应用效果

(1) 用原来的设备拆装，在拆装激振器时，要多次进行吊运翻转，给拆卸作业带来隐患，使用此设备排除了其隐患，通过旋转可以实现目的。

图 7-1　设备维修拆装机

(2) 在拆装激振器作业中，要进行多次吊运，在退卸轴和轴承时，需要天车吊运，压力机顶压，而且因为激振器箱体基础座高，在退卸时需要加支撑垫，保证千斤顶和轴的同轴度，因此在退卸作业中存在很大的隐患；而且在退卸作业中至少要 3 个人配合作业，劳动强度大、效率低，使用此设备后，不用加入支垫，2 个人就可以实现目的，排除隐患，降低劳动强度，提高效率。

(3) 通过使用此拆装机，单位能够自主修复康威德激振器、SEW 一体式减速器，从而降低外委维修费用。每年神东煤炭洗选中心委托康威德厂家修复 G-1000、G-2000、4.1S 激振器 30 余台，外委费用达 500 万元。自主维修康威德激振器后，每年至少可节约 150 余万元。例如：检修激振器，以每年维修 100 台计算，每维修 1 台需要 3 人 20 h 完成，每年检修激振器所需时间为 100 台×3 人×20 h＝6 000 h；应用此拆装机后，每维修 1 台激振器需 2 人 16 h 完成，每年检修激振器所需时间为 100 台×2 人×16 h＝3 200 h，这样每年检修 100 台激振器可结余工时为 6 000 h－3 200 h＝2 800 h。若利用此结余工时再修复激振器，可修复 87 台[2 800 h/32 (h·台)]，可创造价值 200 余万元。

四、案例小结

随着选煤厂不断向大型化、扩张化、现代化方向发展，设备检修工作量也逐渐增大。企业要结合现场实际情况，开发新型设备维修工具，提高检修效率，为选煤厂生产任务的顺利完成提供重要保障。

第二节　冲击式水浴除尘器

◇ 内容导读

选煤厂在生产过程中产生大量粉尘，严重污染生产现场和厂区自然环境，危害操作工人的身体健康。选煤厂现用除尘器存在用水量大、设备腐蚀严重、维护保养费用高、除尘效率低、产品水分高等问题。针对此情况，上湾选煤厂自行设计了冲击式水浴除尘器，现场应用后，减少了环境治理费用、节约了药剂成本以及设备防腐费用和风机维修费用，保证了商品煤煤质。

一、问题提出

选煤厂筛分车间、主选车间等工艺环节存在大量扬尘源，其中破碎环节扬尘最为严重，其次为筛分环节，另外还有胶带运输转载点等环节都会不同程度地产生粉尘，包括煤、岩石和其他物质的细微颗粒。煤尘本身具有爆炸性，还能造成尘肺病、煤肺病等职业病，给安全生产及职工的劳动卫生健康造成极大危害，成为长期以来困扰选煤厂的重要难题。目前，选煤厂最常用的除尘风机主要有旋风式除尘风机、湿式振动弦除尘风机、袋式除尘器及自制水幕降尘装置等。存在主要问题如下：

(1) 除尘效率低。筛分车间内工作场所平均粉尘浓度为 12.6 mg/m^3，破碎机周围更是超过了 15 mg/m^3，难以达到国家职业卫生标准，同时未除尽的煤尘排入大气，对环境会造成污染。

(2) 用水量大。平均每日降尘使用的循环水量超过 200 m^3，增大了煤泥水系统压力及药剂用量。

(3) 对设备腐蚀严重。水幕降尘装置安装在筛机周围，喷雾水落到设备上，造成设备锈蚀。

(4) 维护保养费用高。因外排空气中含粉尘浓度大，风机叶轮极易黏煤泥，造成风机失去动平衡，电机负荷增大，易烧毁。

(5) 湿式振动弦除尘风机内部安装有喷头，使用时需连续喷水，因管道有倾角，部分水会流入设备中，造成产品水分升高。

二、技术实施

湿法除尘是使废气与液体(一般为水)密切接触，将污染物从废气中分离出来的过程。选矿厂自行设计了冲击式水浴除尘器。

(1) 冲击式水浴除尘器的组成

冲击式水浴除尘器如图 7-2 所示。

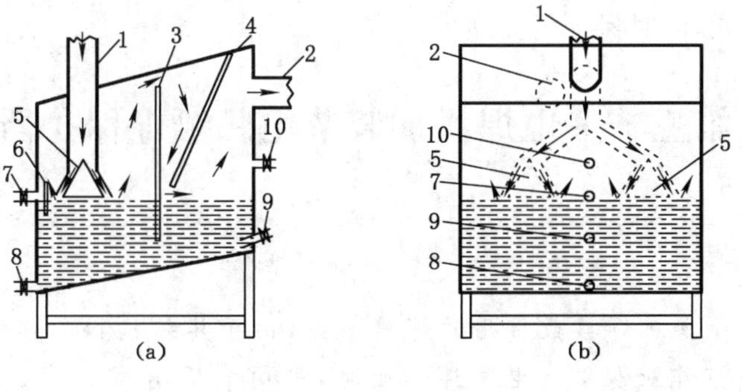

1—进风口；2—出风口；3—竖挡板；4—斜挡板；5—倒漏斗；
6—水位计；7—溢流阀；8—排污阀；9—冲洗阀；10—补水阀。

图 7-2　冲击式水浴除尘器

(2) 工作原理：含尘气体由进风口进入箱体，经过进风管后，以较高的速度从喷口处喷出，以此来强化气体和液体、粉尘与液体之间的相对运动，部分粒度较大的煤尘直接沉入水中，其余小颗粒与冲击液面撞击起大量的泡沫和水滴混合、接触而被捕集，这样可以最大程度地增大气体和流体的接触面积，以此达到净化空气的目的。净化后的空气在负压的作用下，通过两道挡板由出风管排出，气体中所含的水滴由挡板除掉。

(3) 含尘气体的整个过程是在负压状态下进行的，除尘风机安装在出风管上。

(4) 箱体内的液位高度由溢流阀控制，操作人员通过观察水位计，将液位调整至距喷嘴口 0～5 mm 处。

(5) 箱体内的水使用一定时间后，由于水中含有大量的粉尘，需要定期更换(一般为 8 h)。开启排污阀和冲洗阀，通过箱体底部的喷头冲洗沉积的煤泥，然后关闭排污阀和冲洗阀，开启补水阀和溢流阀，将液位补至最佳，即可重新进入工作状态。

三、应用效果

(1) 除尘效率提高，筛分车间内工作场所平均粉尘浓度降至 5.6 mg/m^3，破碎机周围降至 8.7 mg/m^3，达到了国家职业卫生标准，消除了职业病患者增加的隐患，每年节约职业病预防费用 5 万元。同时净化空气排入大气，对环境无污染，每年可减少环境治理费用 5 万元。

(2) 除尘用水量降至 3 m^3/d，减少了入浓缩池内的循环水流量，药剂消耗同比降低约 0.78%，每年节约阳离子药剂 2.34 t、阴离子药剂 0.39 t，节约药剂成本约 0.58 万元。

(3) 杜绝了降尘用水对设备腐蚀的现象。每年可节约设备防腐费用约 10 万元。

(4) 风机寿命大幅延长，减少了风机的维护保养费用。每年可节约更换和维修风机费用约 5 万元。

(5) 切断了除尘水进入煤流的途径，保证了商品煤煤质。

四、案例小结

上湾选煤厂针对现有除尘器用水量大、设备腐蚀严重、维护保养费用高、除尘效率低、产品水分高等问题，自行设计了冲击式水浴除尘器。该除尘器现场应用之后，每年可减少环境治理费用 5 万元、节约药剂成本约 0.58 万元、节约设备防腐费用约 10 万元、节约更换和维修风机费用约 5 万元，同时保证了商品煤煤质。

第三节　电焊机加装节电防触电保护器

◇ 内容导读

电焊机是用于金属焊接最常用的焊接设备，由于其结构和工作的特殊性，成为一种高危用电设备。作业人员在电气焊作业时，平均电压均为 70～80 V 之间，在较为潮湿的环境中作业时存在很大的安全隐患。针对此隐患，上湾选煤厂给电焊机加装了弧焊机节电防触电保护器，从而保证了电气焊作业人员的安全，为选煤厂安全生产奠定了基础。

一、问题提出

电焊机是一种特殊用途的降压变压器，其工作原理基于电磁感应。当一次侧线圈和电源接通时，线圈内的交流电产生交变磁场，该交变磁场切割二次侧线圈会在二次侧线圈内感应出电动势，即焊接电源。在成品电焊机中，电源电压、电源频率和绕组匝数均为定值，只有磁通量可以通过改变一次侧、二次侧绕组的不同接线方法和相互距离、调节铁芯位置，或串联一个电抗器来改变漏磁的大小。电焊机的陡降外特性和焊接电流大小调节正是据此特点来实现的。

当电焊机接入交流电源时，由于二次侧线圈匝数少且导线很粗，因此空载时可获得较低的电压，为 70～80 V，但电流则很大(几十到几百安培)。当电焊条与工件接触时，电焊机的焊钳、工件和起电抗作用的组件共同构成一个闭合电路，由于焊条和工件接触电阻很小，所以电流很大，在接触处能产生高温以焊接金属。起弧以后，由于电抗器组件的作用，电弧两端的电压下降到 25 V 左右，满足了电焊的要求。在电气焊作业中，作业人员通常面临 70～80 V 的电压，而在较为潮湿的环境下作业时存在很大的安全隐患。

二、技术实施

上湾选煤厂给电焊机加装了弧焊机节电防触电保护器(图 7-3)。经多次测试，加装保护器能够使电焊机从 79 V 的电压降低到 22.9 V 电压，此值在安全电压(36 V)范围内，从而避免了作业人员在电焊作业中被电击的风险，进一步保证了电气焊作业人员的安全，为上湾选煤厂安全生产奠定了基础。

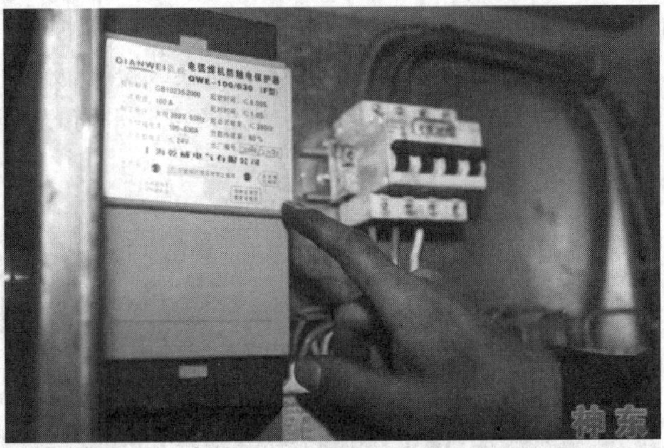

图 7-3　节电防触电保护器

三、应用效果

通过加装弧焊机节电防触电保护器，极大地保护了特种作业人员的安全，降低了特种作业的危险性及风险指数，避免了发生人身伤害安全生产事故。

四、案例小结

电焊机加装节电防触电保护器，降低电焊机触电事故，给企业、个人及社会带来明显的效益，为正常工作创造一个良好的环境。

第四节　离心泵背板拆装专用工具

◈ 内容导读

离心式水泵是选煤厂中常见的流体机械，它的正常运转直接关系到整个选煤厂安全生产和作业人员的生命安全。机械维修中心设计加工出离心泵后背板拆卸安装专用工具，缩短了检修时间，提高了工作效率，消除了安全隐患，降低了检修工的劳动强度。

一、问题提出

目前，选煤厂泵类设备内部各配件随着设备的高位运转而出现磨损速度加快，进而造成设备检修频率增高，拆装只能是现做专用工具或是现想办法来解决。这样检修效率低，操作烦琐，操作人员容易产生急躁心理，存在安全隐患。

二、技术实施

机械维修中心经过悉心研究，不断摸索，改进加工出离心泵背板拆装专用工具。利用此工具下方圆圈套入泵背板轴孔内，圆圈前方的顶丝顶住挡板避免背板从工具前方掉下（图 7-4），圆圈后方的弧形挡板把泵背板卡紧，防止背板从另一侧掉落下来。经过顶丝和弧形挡板的作用，泵背板被牢牢固定，可以更快速、安全更换泵类背板配件。上方三个圆孔用来挂吊链，选择其中一个孔挂吊链，使泵背板达到适当角度及平衡，从而方便泵背板的装配。

图 7-4　离心泵背板拆装专用工具

三、应用效果

（1）安全效益

该工具设有顶丝和弧形板，消除了背板在安装过程中掉落的可能，吊运过程平稳，大大提高了检修工的安全系数，确保了人身安全。

（2）经济效益

离心泵背板拆装工具加工完成后，较以前节约 1 个人的人工成本；一次检修可以节约 1.5 h。

四、案例小结

离心水泵是选煤厂广泛应用的供水流体机械，担负着运输清水、循环水、煤泥水、悬浮液、污水、渣浆等流态物质，是选煤厂重要的设备。离心泵由于设备的高位运转导致磨损速度快，使得设备检修频率高。加强对离心式水泵的日常维护，及时发现故障并进行维修，有利于离心式水泵工作效率的提升，有利于生产成本及维护费用的降低，同时有利于工作人员的安全。

第五节　梁北选煤厂生产工艺冷却水系统优化

◈ 内容导读

随着选煤技术的发展，选煤厂采用了先进机电设备，明显提高了作业安全性和稳定性。然而，由于机电设备管理与维护不足，给正常生产带来了不利影响。如何切实加强机电设备日常管理与维护已成为当前摆在各大选煤厂的问题。梁北选煤厂通过对生产工艺冷却水系统的优化，保证了设备正常运转，延长了设备使用寿命，节省了材料费用。

一、问题提出

选煤设备的保养对选煤厂的正常生产至关重要。设备在运行过程中会出现发热的情况，需要冷却水降温，冷却水的质量影响冷却效果及设备的使用寿命。梁北选煤厂一期建设时设计安装了一台冷却塔，厂房内所有的设备冷却用水均由该冷却塔处理供应，同时泵类盘根用水与冷却水在同一系统中循环，经冷却塔处理再重复使用。此设计存在三个问题：

(1) 盘根用水与设备冷却水相互混合。盘根用水带有盘根浸出的油，与冷却水混合在一起影响设备冷却水，容易滋生微生物使循环水变黑。另外，选煤厂水质偏碱性，冷却水循环使用易结垢，若带到盘根里将会对轴表面造成伤害。

(2) 夏天环境温度高，二期扩建设备增多，一台冷却塔满足不了使用要求，若这台冷却塔故障，没有备用设备，则会对全厂设备运转造成影响，甚至造成停产。

(3) 循环冷却水没有经过软化，容易结垢并附着在转动部位影响设备性能，还可能堵塞管道。

二、技术实施

鉴于以上问题，该厂对循环冷却水系统进行了如下改造：

(1) 改造冷却水循环路线

将所有设备的盘根用水从冷却水循环系统中截断，盘根水由梁北矿来水供应，使用后直接外排，不参与循环，同时在盘根水管上安装有逆止阀，避免回水污染水源。

(2) 加大冷却容量

由于一台冷却塔满足不了使用要求，为此在原塔位置旁边增加一台冷却塔，两塔共用冷却水池，使得两塔既能联合使用又能单独使用，这样增大容量的同时，又有备用设备，保证生产不会因此中断。

(3) 增加软化水设备

在冷却池旁增加软化水设备,对冷却水加工业盐软化处理,避免结垢。

三、应用效果

经过改造冷却水池,黑水问题得到控制,只在突发事故影响水质的情况下才换水,节约了人力物力;增加软化水设备后,水质改善,保证了设备正常运转,冷却水量供应充足,满足设备降温需求,良好的运转条件,使得设备效率高,延缓零部件磨损老化速度,延长更换周期,节省材料费用。

四、案例小结

随着选煤自动化程度不断提升,机械设备已成为选煤厂生产经营、创造效益、提高市场竞争力的重要资产。选煤设备是选煤厂进行生产活动的物质基础,其性能直接关系到分选效果、生产能力和经济效益。因此,设备维修管理工作十分重要。梁北选煤厂通过对生产工艺冷却水系统的优化,保证了设备正常运转,延长了设备使用寿命,节省材料费用。

第六节　神东煤炭洗选中心优化启停车降低选煤厂电耗

◇ 内容导读

神东煤炭洗选中心优化了启停车方案,缩短了启车时间,降低了设备之间运行所产生的等待时间,起到节能降耗的作用。启停车优化以后先停大功率设备、小功率设备同时启停、压缩不必要等待时间,起到了较好的效果。保德选煤厂根据神东煤炭洗选中心安排,对启停车优化进行了落实,收效显著,达到了预期目的。

一、问题提出

选煤厂工艺复杂、设备多,需要各主要设备及辅助设备共同作业才能完成生产任务。生产系统启、停时间越短越好,否则容易出现已经带电运行的设备等未运行的设备,或已经停止运行的设备等未停的设备等情况,造成不必要的等待浪费。

二、技术实施

(1) 优化原则

① 用时最短原则

启车:在供电设备允许负荷的前提下,将设备在最短的时间内启动;不同变压器下的大功率设备也可以同时启动;优先开启主选循环系统及重介泵,在启动后续设备的过程中,循环系统可达到平衡,如此全系统设备开启后可直接加煤;根据厂房结构综合考虑,避免启车不均衡造成的厂房共振。

停车:从停给煤机开始计时,准确掌握每台设备上无煤的时间节点;顺煤流方向,以无煤的节点为准,依次逐台停止设备,直至停至仓上设备;为杜绝设备压煤,可将停设备的时间在无煤节点的基础上适当延迟 3~5 s;因每次停车时拉空浅槽所需的时间不同,故在入选原煤胶带停止后,将所有循环设备及主选、上仓的混煤胶带全部打就地,由调度员手动停止,根据厂房结构综合考虑，避免停车不均衡造成的厂房共振。

② 能耗最低原则

启车时，在允许的情况下，尽量晚启大功率设备；停车时，在设备上无煤时，及时将设备停止，优先停大功率设备，减少无用功。

在生产工艺不变、不影响系统正常运转的情况下，保德选煤厂厂部定出了“先主厂房后产品原煤，主厂房及原煤逆煤流，产品设备顺煤流，小功率设备先启车，大功率设备延后启车，能同时启设备同时启”的总体原则。

(2) 优化方案

保德选煤厂南部区于2004年建成并投产，设计年处理能力为1 000万t，采用全重介主、再分选煤工艺，原煤分级入选，+13 mm重介浅槽分选、13～2 mm两产品重介质旋流器分选，块矸石经过分级破碎后与末矸石混合采用重介质旋流器再选回收中煤、粗煤泥螺旋分选机分选、煤泥水加压过滤机处理，循环水实现一级洗水闭路循环，产品主要为洗精煤和混煤。块煤、末煤、矸石、粗煤泥系统均为双系统(A、B系统)，系统较为灵活，主要工艺设备共计137台。根据神东煤炭洗选中心对南部产品煤及矸石灰分的考核指标，南部区需要同时启块煤A/B系统、末煤A/B系统、矸石系统，设备总功率6 954.86 kW。优化前南部区集控启车顺序为先产品，再主厂房设备，最后原煤设备，按照“逆煤流”的原则，启车时间约为13分50秒。

停车时由于设备上有煤，故只能采取顺煤流停车，否则会发生设备上积煤，甚至造成设备的压死，故对于停车，在本次方案优化中不进行改变。

具体优化方案如下：

① 按逆煤流顺序将主厂房中小功率设备最先启动，由于功率比较小，采用多台设备同时启动，减少时间间隔。

② 将部分设备的启车时间间隔由原来的10 s改为8 s。

③ 待主厂房设备启动后，原煤设备按逆煤流设备启动，将大功率的矸石和产品仓上设备按顺煤流顺序启动。

④ 待给煤机启动带煤后将产品仓上大功率设备按顺煤流顺序再启动，尽量减少大功率设备无效运行时间。

(3) 工艺环节优化举例

① 启车预警期启车顺序优化

为保证安全生产，选煤厂启车时均设有启车预警，以使员工能够及时意识到系统启车，从而停止在系统内作业。启车预警期内可以先开启一些小功率的油泵电机，这些电机不会对员工产生伤害，但需要预先开启。原预警期内启车顺序见图7-5。

启车预警期180 s固定不变，但是原启车顺序中存在如下问题：

a. 大功率设备先启，910矸石带式输送机为南部区主运设备，带煤生产后所有矸石均由910矸石带式输送机运至矸石山，该带式输送机长700 m，功率高达450 kW，根据原则，大功率设备能晚启尽量晚启，因此将910矸石带式输送机启车顺序放至最后。

b. 油泵电机须先于离心机转动电机30 s启动，因功率较小，不需要分开启动，可集中开启，因此预警后启动三台、延时5 s启动三台、再延时5 s启动两台油泵电机，而后延时170 s启动离心机转动电机，存在不合理之处，可将七台油泵电机同时于预警150 s后开启。

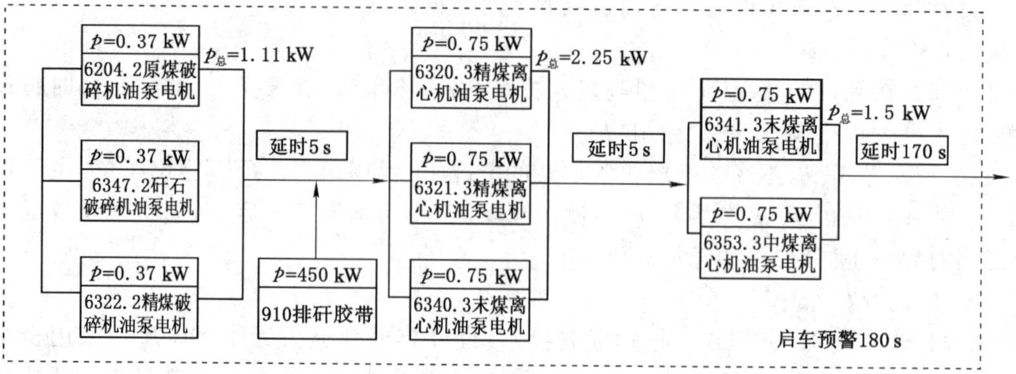

图 7-5　保德选煤厂南部区原预警期内启车顺序

根据以上分析所进行的预警期内启车顺序见图 7-6。

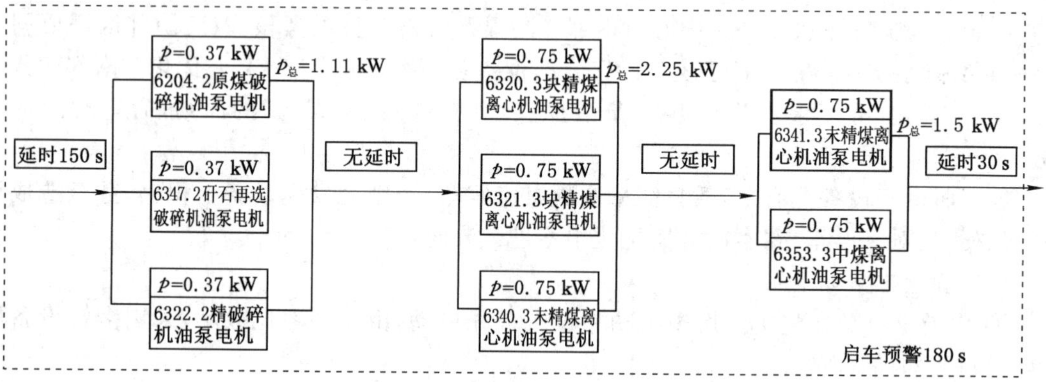

图 7-6　保德选煤厂南部区优化后预警期内启车顺序

② 启车过程中启车顺序优化

图 7-7 所示的这些设备功率均不高，供电设备负荷也允许，因此没有必要单台设备依次启动，可以同时开启，据此进行了启车顺序优化，见图 7-8。优化后，五台设备功率总计 302.5 kW，可以一次性启动，减少了先启设备的等待时间，缩短了总体启车时间，从 6 320.1 开启到 6 353.3 开启合计节约时间 80 s。

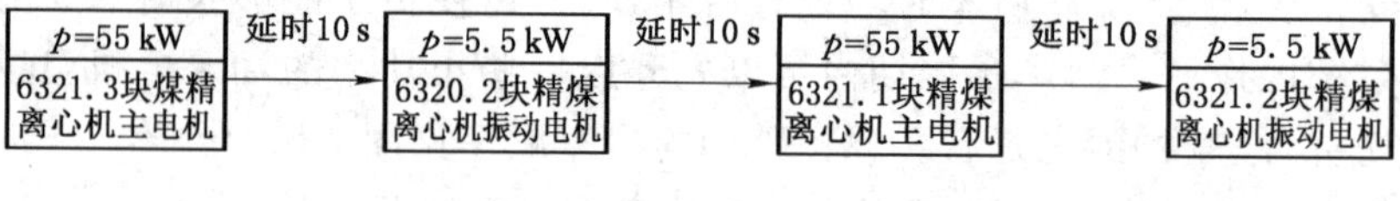

图 7-7　优化前部分启车顺序

③ 同时启动不在同一供电设备上的大功率设备

同时启动不在同一供电设备上的大功率设备如图 7-9 所示。

三、应用效果

系统优化后，保德选煤厂南部区正常启车状态下系统运行平稳正常，启车时间缩短。

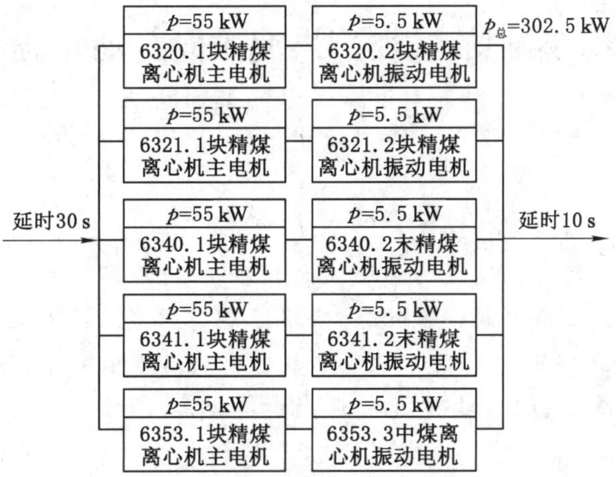

图 7-8　优化后的部分启车顺序

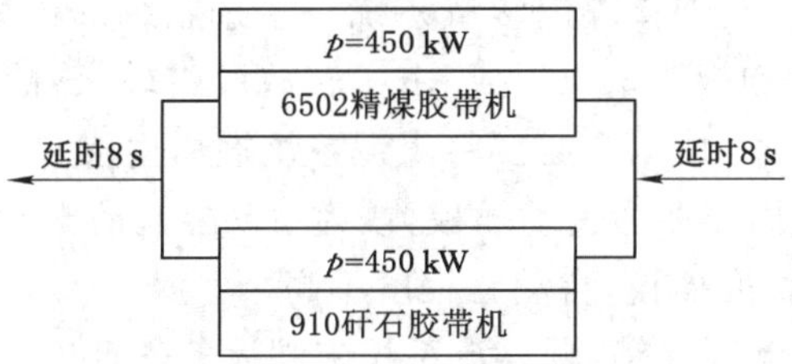

图 7-9　同时启动不在同一供电设备上的大功率设备

(1) 优化前每次启车设备消耗电量为 673.16 kW・h,优化后每次启车设备消耗电量为 206.37 kW・h,优化后每次启车可节约电能:

$$673.16\ \text{kW}\cdot\text{h}-206.37\ \text{kW}\cdot\text{h}=466.79\ \text{kW}\cdot\text{h}$$

按照每天启车一次,每年 365 天计算,启车时每年共节约电能:

$$466.79\ \text{kW}\cdot\text{h}\times 365=170\ 378.4\ \text{kW}\cdot\text{h}$$

(2) 优化后每次启车节省时间 6 分 17 秒。由于带煤时间缩短,所以每次停车时间缩短 6 分 17 秒,则每年可节省电能:

$$365\times 6\ 954.86\ \text{kW}\times 377/3\ 600\ \text{h}=265\ 839.9\ \text{kW}\cdot\text{h}$$

以上两项合计后,本次系统优化共节省电能:

$$170\ 378.4\ \text{kW}\cdot\text{h}+265\ 839.9\ \text{kW}\cdot\text{h}=436\ 218.3\ \text{kW}\cdot\text{h}$$

启停车工作优化后,保德选煤厂吨煤电耗减少 0.45 kW・h。

四、案例小结

为切实达到节支降耗的目的,神东煤炭洗选中心组织各厂开展了启停车优化工作,启停车优化以时间最短化、能耗最低化为原则,将大功率设备后启,小功率设备同时启,改变原有启车顺序,效果显著。该优化思路,可供其他选煤厂参考。

第七节　煤制油选煤厂煤泥走向自动化调节改造

◈ 内容导读

神东煤炭洗选中心煤制油选煤厂煤泥转载系统与主选系统互锁，煤泥转载系统故障后，全部需要停车，对生产造成的影响较大。为此，选煤厂将刮板输送机改为可以同时向混煤、电煤、煤泥三条转载胶带配煤，实现了煤泥转载系统与主选系统的分离。通过此次改造，减少主选系统故障停车次数和设备重载启车频率，提高了设备及部件使用寿命，介耗、电耗下降，生产时间延长，精煤产量增加。

一、问题提出

生产系统的稳定事关整个矿井的正常生产，直接影响选煤厂的经济效益。煤制油选煤厂1329粗煤泥刮板输送机是连接煤泥转载系统与主选系统的中枢设备。煤泥转载系统由两条转载胶带与两条转载刮板输送机组成，由于转载胶带较长，故障停车较为频繁，一旦故障则要闭锁全主选系统停车，所以有必要将煤泥系统撤离主选。

(1) 目前刮板输送机插板多为手动插板，或为手动控制的电动插板，需要改变煤流走向时，必须由岗位人员现场切换插板，自动化程度不高。

(2) 分选系统实现全流程互锁，顺煤流系统末端设备一旦出现故障将闭锁全系统停车，系统重载启车造成设备过载，易发生堵、卡、冒且启车过程跑介严重。

二、技术实施

选煤厂煤泥走向自动化调节改造如下：

(1) 将煤泥转载系统独立出主分选系统，使得煤泥系统故障停车后不闭锁主选系统停车，这样能够大大减少主系统停车次数，提高生产效率，减少设备故障率。

(2) 1329刮板输送机可以同时向混煤、电煤、煤泥三条转载胶带配煤，正常生产情况下仅向煤泥胶带配煤，煤泥转载系统故障后主选系统的粗煤泥可以改向混煤或电煤胶带配煤，将煤泥转载系统独立。

(3) 1329刮板输送机原有三个落料点，从机尾到机头依次通过手动插板分别向混煤转载胶带、电煤转载胶带和煤泥转载胶带配煤。研究发现，粗煤泥短时配入混煤不会对混煤质量产生影响，因此将控制混煤落料点的手动插板改造为自动控制电液动插板。

(4) 正常生产过程中，电液动插板处于关闭状态，此时主选系统粗煤泥进入煤泥转载胶带，转运至电厂煤泥晾干场。当煤泥转载系统故障停车后，闭锁控制电液动插板快速打开，全过程仅需3 s，此时主选系统粗煤泥全部进入混煤转载胶带，煤泥系统撤出主选闭锁控制系统，主选全系统可正常运行。煤泥转载系统故障排除后，将其就地开启加入集控后，1329电液动插板自动关闭，系统恢复(图7-10)。

三、应用效果

(1) 减少主选系统故障停车次数和设备重载启车频率，提高设备及部件使用寿命。

图 7-10 煤制油选煤厂煤泥走向自动化调节改造

(2) 按每次故障启车各台脱介筛跑介 2 t 计算，年节约介质 2 600 t，合计节约介质购置费 176.7 万元。

(3) 故障停车后，重载启车耗电量增加，按煤制油选煤厂每次重载启车额外耗电 500 度计算，年耗电 66 万度，年节约电耗 37.1 万元。

(4) 减少主选系统停车次数，提高生产率。按每次故障停车到正常启车加煤需 15 min 计算，年节约生产 330 h，提高精煤产量 19.8 万 t。

四、案例小结

神东煤炭洗选中心煤制油选煤厂通过调节煤泥走向，实现了煤泥转载系统与主选系统的分离，提高了系统稳定性，创造了良好的经济效益，确保了生产的稳定运行。选煤厂要针对影响生产能力的各环节采取优化措施，消除生产能力的“瓶颈”环节，确保正常稳定生产。

第八节 石圪台选煤厂快速装车液压系统双回路优化改造

内容导读

石圪台选煤厂在应用快速装车系统过程中，根据生产中出现的问题，及时进行了改进，使该系统达到设计要求，保证了正常生产。

一、问题提出

石圪台选煤厂是一座大型现代化矿井型选煤厂，位于陕西省神木县大柳塔镇北部。该厂设计规模 12.0 Mt/a，入选原煤牌号为长焰煤、不黏煤。采用的分选工艺是＋13 mm 分级，块煤采用重介质浅槽分选机分选，末煤 13 mm～1.5 mm 采用两产品重介质旋流器分选，粗煤泥采用螺旋分选机分选；块、末煤均采用选前脱泥工艺，降低进入介质系统的煤泥量，控制介质消耗量。

装车系统作为选煤厂的最后一道环节，发挥着不可替代的作用，直接影响着能否顺利完成外运计划任务。快速装车系统是我国在 20 世纪 80 年代从国外引进的一种新型列车装载系统，能够快速地将固体物料连续装载到行进中的火车车厢中，特别适合大型采矿企业产品的装车外运。神东煤炭洗选中心各选煤厂现装车液压系统均为单回路，长时间运行后，易受液压油油质、各类电磁阀、控制系统等影响出现各类故障，影响正常装车，需要经常抢修。各类液压系统故障不能直接观察到故障点，又不像电路一样有合适的检测装置，查找判断不方便，通常需要分步调试处理，耗费时间较长，给装车系统的高效正常运行带来严重影响。

二、技术实施

（1）技术原理

针对现存问题，从选煤厂主系统双套设备的灵活性出发，提出了将原有单回路液压系统通过增加元器件及阀门优化为互相独立、互为备用的双回路液压系统，同时在 PLC 程序中进行更改，随后进行试运行。

（2）工艺流程

两套系统共用一个油箱、一个出油管路与一个回油管路，其余控制及动力元件单独使用。

① 优化原则

a. 切换时间最短

其中一套发生故障切换到另一套液压回路前后只需要 5 min 即可恢复正常装车。

切换过程为：停给煤机—停液压泵—电脑画面点击按钮切换系统—岗位工现场手动切换 8 个球阀—启动另一台液压泵—启动给煤机—恢复装车。其中电脑切换画面和岗位工切换阀门可以同时进行，减少故障时间。

b. 操作灵活

操作过程分为两部分，电脑操作部分只需点操作按钮即可，现场操作部分则对阀门进行了编号标示，将操作方法打印粘贴于液压站旁边，阀门为手动球阀，单手可以调节。

② 改造内容

增设一套控制定量仓闸板油缸和装车溜槽旋转油缸的液压阀组及阀门（图 7-11、图 7-12）。在油泵出口处增设一组（高压过滤器、溢流阀和安全阀阀块）与原系统并联，再与两套控制阀组串联。

图 7-11 新增卸荷溢流阀组系统

图 7-12　新增定量仓液压控制阀组系统

对以上两路双回路液压系统单独运行及相互切换编制 PLC 控制，实现液压系统 PLC 双回路控制。在工控组态画面中增加选择及切换按钮，以实现液压系统控制程序的切换。

三、应用效果

(1) 装车过程中出现液压系统故障后，可实现 5 min 切换液压系统回路，保证正常装车。

(2) 统计分析所有装车系统液压故障影响情况(如：控制定量仓闸板开关用三位四通电磁阀故障后，从故障判断、分析到更换处理至少需 30 min，如直接切换液压系统，只需 5 min，每次故障可缩短影响时间 25 min)，对装车液压系统进行双回路改造后，每套装车系统每年节约液压故障处理时间至少 36 h，每套装车系统每年至少可多装 29 列车，可多完成生产外运量 11.6 万 t。

四、案例小结

目前，快速装车系统具有高精度、高准确度、高可靠性、装车控制方式灵活等特点，得到了较为广泛的应用。石圪台选煤厂在应用快速装车系统过程中，根据生产中出现的问题，不断实践和摸索，实现物料的快速装车外运。

第九节　哈拉沟选煤厂装车系统安全防护升级改造

◈ 内容导读

选煤厂装车系统作为产品煤外运的关键部位，存在安全防护措施相对落后、防护手段单一等不足。对此，哈拉沟选煤厂进行了一系列的技术改造，从而提升了工作效率，确保了生产和人员安全。

一、问题提出

装车系统的安全防护工作关系到选煤厂的外运工作，哈拉沟选煤厂装车系统存在安全防护措施相对落后、防护手段单一等不足，具体如下：

(1) 闭锁装置需进行手动操作。哈拉沟选煤厂装车溜槽在装车工作结束后，用于上提或下降装车溜槽的液压油缸容易发生泄压，导致溜槽自动下降，这一隐患容易造成火车与溜槽相撞等事故，检修人员进行检修作业过程中容易造成人身伤害。为防止溜槽自动下降，装车结束后，检修人员需要手动将安全销插入溜槽的绳扣当中，由于高度较高，操作过程存在较大安全隐患。

(2) 平煤工作只依靠对讲机进行沟通。哈拉沟选煤厂装车车间装车塔楼与平煤队操作台距离约为 15 m，距离较短。装车过程中，装车员发现需要进行平煤操作时，需通过对讲机与平煤队相关人员进行联系，由于平煤队操作台与装车塔楼距离较近，装车过程中杂音较大，时常出现由于对讲机通信效果不好，造成平煤工作效率下降。平煤人员未能与装车人员有效沟通，导致火车停车后，平煤人员尚未做好平车准备，从而延误装车时间。

(3) 装车系统无声光报警装置。哈拉沟选煤厂生产外运量较大，外运任务相对紧张，日平均装车 10 列，因此提升装车工作效率势在必行。缩短火车进车及对位时间是提升装车外运效率的关键环节之一。目前火车进车速度由 10 km/h 提升至 40 km/h，火车的提速能够有效降低火车对位时间，但也存在一定的安全隐患。由于推进速度较快，且火车司机较难判断装车溜槽的实际高度是否能够保证火车顺利通过，因此容易发生火车与装车溜槽碰撞事故。

二、技术实施

(1) 装车溜槽自锁装置

改造前后安全销操作、自锁装置电路图分别如图 7-13、图 7-14 所示。

① 硬件设计。该装置主要由安全销、安全销驱动装置、安全销行程监测装置构成。设计安装自锁装置，由驱动装置控制安全销的运行，并由设计好的限位开关监测安全销的实际运行行程，确保插销运行到位。

② 程序设计。通过与华光技术人员沟通，在装车集控画面设计相应控制程序。当装车结束，溜槽提升到高位时，收到高位返回信号且锁紧信号无返回，此时装车员点动装车画面中的溜槽上锁按钮，当按钮显示为绿色时完成锁紧过程。反之，装车员点动装车画面溜槽解锁按钮，待按钮变为红色则解锁过程完毕，此时才能实现溜槽下降。

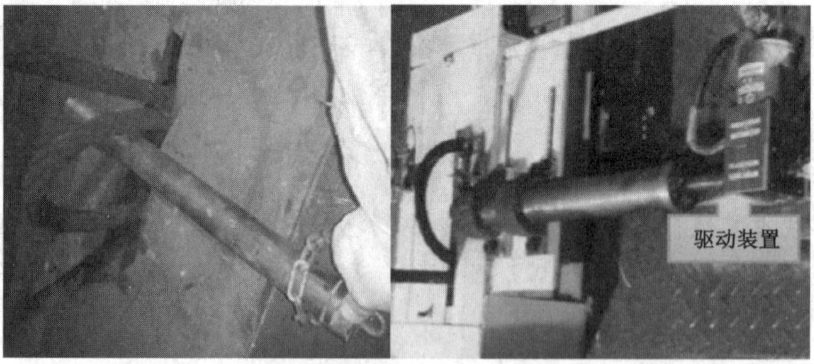

图 7-13　改造前后安全销操作示意图

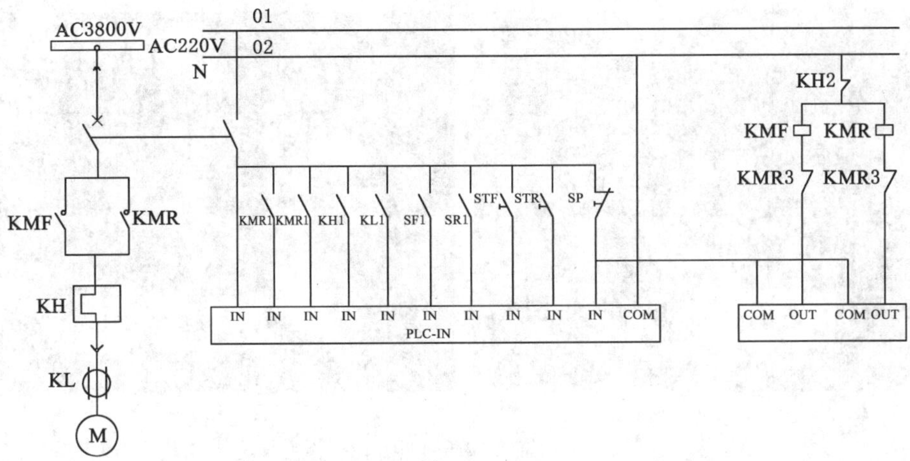

图 7-14　自锁装置电路图

(2) 平煤呼应系统

该装置(图 7-15)主要由呼叫装置及反馈装置两部分构成,呼叫装置安装于装车集控室,由呼叫按钮及蜂鸣器两部分组成。反馈装置安装于平煤工作室,主要由反馈按钮及电铃两部分组成。

图 7-15　呼应系统

可以通过以下技术措施实现:

① 当需要进行平煤工作时,装车员按动呼叫按钮,此时,安装于平煤操作室的反馈装置上的电铃响起,平煤人员收到平煤指令后,开始准备,同时装车员通知调车员停车,火车停稳后,平煤人员便可进行平煤工作。

② 待平煤工作全部结束,人员安全撤离火车后,平煤人员按动反馈装置上的反馈按钮,则装车集控室内呼叫装置上的蜂鸣器响起,装车员通知调车员开车,继续装车工作。

(3) 声光报警装置

① 该声光报警系统主要由溜槽高度监测装置、主控系统及声光报警装置构成。其中声光报警装置主要由红绿灯、报警器、红色闪灯构成(图 7-16)。

② 在装车溜槽的液压推杆两端安装限位开关,利用限位开关监测装车溜槽的实际位置。当液压推杆推出,即装车溜槽处于低位时,相应限位开关动作,并将信号传输至主控程序,声光报警系统中的红灯亮起,警报器同时报警。反之,绿灯亮起提示可以顺利进车。

图 7-16　声光报警装置

三、应用效果

(1) 装车溜槽自锁装置

① 保障人机安全。该装置的使用消除了装车溜槽自动泄压下降的安全隐患,保障人身安全的同时也避免了设备与火车的碰撞。

② 提升工作效率。原先每列车开始装车时需要操作人员攀登至定量仓手动插入安全销,装完后需要返回定量仓拆除安全销,来回需要 6～7 min,每天装 10 列车需要 60～70 min,该装置的使用大幅提升了装车及检修效率。

(2) 平煤呼应系统

① 该装置结构简单,操作方便,安装于装车集控室的呼叫装置方便装车员在装车过程中直接操作。

② 电铃及蜂鸣器声音较高,避免由于装车过程中杂音较大,导致装车员与平煤人员沟通受限,铃响即为平煤信号,蜂鸣器响即为平煤完毕信号。

(3) 声光报警装置

① 提升装车外运效率。该装置的使用缩短了火车进车与对位时间,每列车可节省约 20 min。

② 装车员及现场岗位人员可以有效掌握溜槽的实际高度,及时提醒装车员提升溜槽至高位,杜绝撞溜槽事故的发生。

③ 此外,该系统还具备装车预警功能,平煤人员收到声光预警可及时撤离现场,确保人员安全。

四、案例小结

哈拉沟选煤厂装车系统的改造大大减轻了岗位司机的劳动强度和作业安全环境,提高了装车速度,降低了成本,为选煤厂创造了较好的经济效益。

课后思考题

1. 选煤厂生产过程中粉尘的来源以及目前常用的除尘装置有哪些?

2. 简述影响湿法除尘效果的因素。

3. 简述电焊机加装节电防触电保护器的原因。

4. 简述原梁北选煤厂生产工艺中循环冷却水系统中存在的问题及解决办法。

5. 简述选煤厂的启停车方案。

第八章　智能化系统技术案例

第一节　手机远程办公及远程监控生产系统

◈ 内容导读

为解决机关人员及车间管理人员经常在生产现场和办公室两头跑、办公不便的问题，补连塔选煤厂引入了手机远程办公及远程监测生产系统。这一举措实现了通过手机或其他移动终端进行远程办公，多台电脑之间资源共享及通过手机或其他移动终端对生产系统进行监测监控。

一、问题提出

由于生产需要，选煤厂机关人员及车间管理人员需要经常在生产现场和办公室两头跑，这导致工作效率较低，并且难以及时了解和掌握生产系统的整体运行情况。此外，有时候在外出差或休假时，单位有些紧急任务需要使用单位电脑，这会导致办公上的困难。为解决上述问题，补连塔选煤厂提出了一个方案，既能让管理人员能够深入生产现场，又能及时了解生产系统运行情况并处理办公文件。

二、技术实施

针对上述问题及思路，补连塔选煤厂引入手机远程办公及远程监测生产系统，具体实施方案如下：

(1) 实现手机远程办公(图 8-1 至图 8-5)。

图 8-1　TeamViewer 远程控制软件在手机上登录

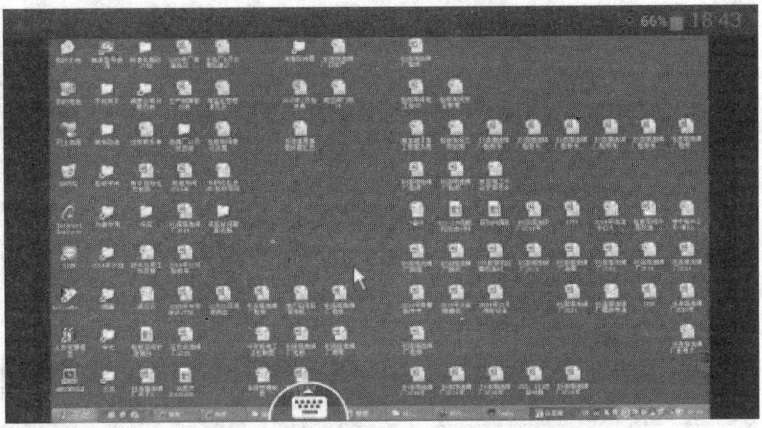

图 8-2 手机远程连接到办公电脑

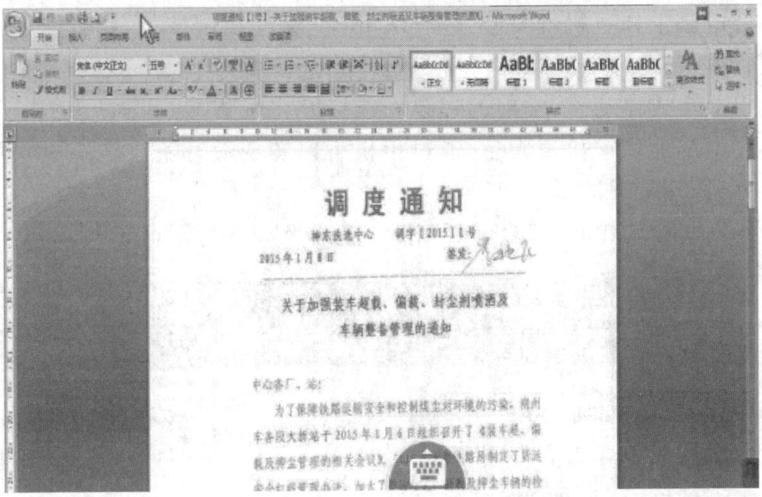

图 8-3 通过手机接收查阅上级文件

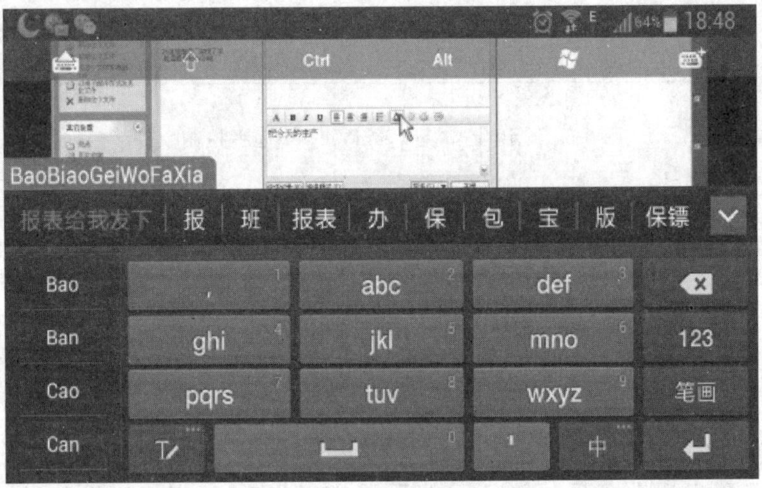

图 8-4 通过手机发送消息

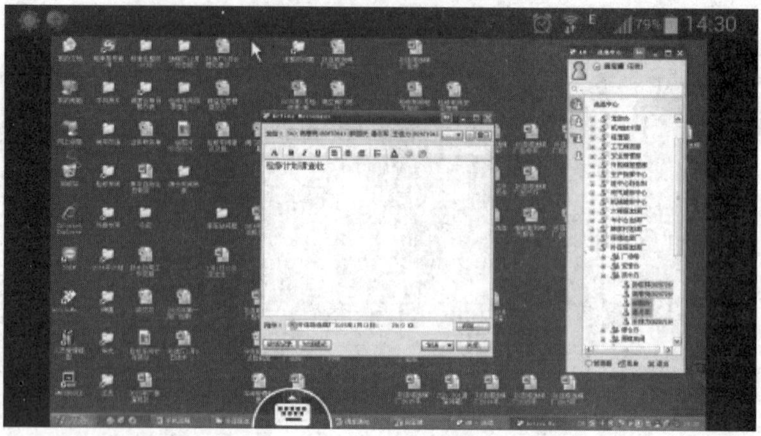

图 8-5　通过手机转发文件

分别在办公电脑上和手机上安装 TeamViewer 远程控制软件，搭建办公电脑与手机之间的远程控制；

手机通过 Wi-Fi 或移动网，实现远程自动连接办公电脑；

手机与办公电脑通信连接正常后，通过手机可以实现随时随地接收各类办公文件，并能进行简单文件办公。

(2) 实现办公电脑与其他电脑之间的相互控制(图 8-6 至图 8-7)

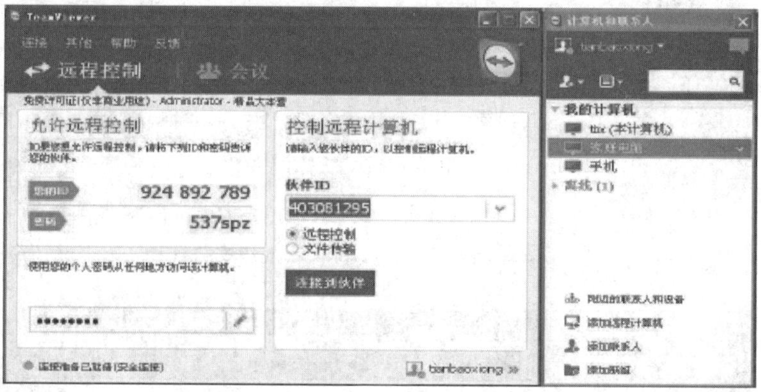

图 8-6　电脑上安装 TeamViewer 远程控制软件

通过在其他电脑上安装 TeamViewer 远程控制软件，可以实现办公电脑与其他电脑之间的远程通信。这样，在外出差等情况下，需要处理一些紧急文件时，可以随时远程连接到办公电脑进行操作。

(3) 实现手机远程监测生产系统(图 8-8 至图 8-12)

在办公电脑上安装 AB 软件 RSLINX、rsview32 和编程软件(A 权限用户安装)，通过互联网，建立办公电脑与生产系统工控网的通信。

将调度室监控上位画面程序进行修改，设置三种权限：A 权限是超级用户，可以修改程序，控制设备启停，检测设备运行情况；B 权限是中级用户，可以控制设备，检测设备运行情况；C 权限是一般用户，只能监测设备不能控制设备，不会造成设备误启动。

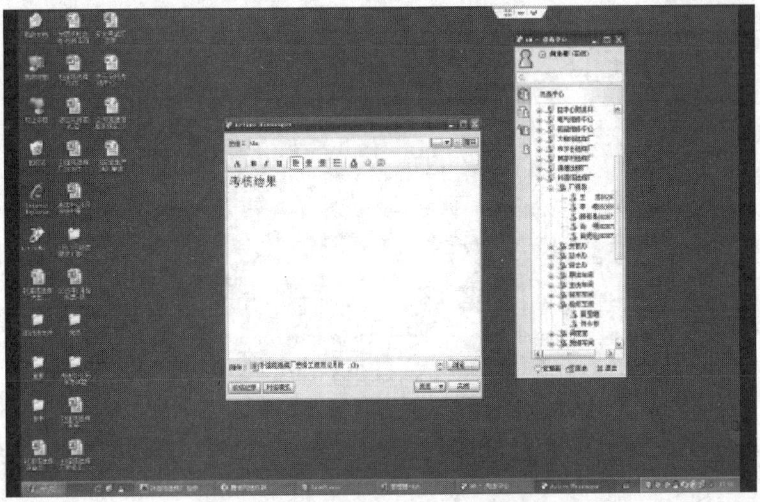

图 8-7　其他电脑控制单位电脑

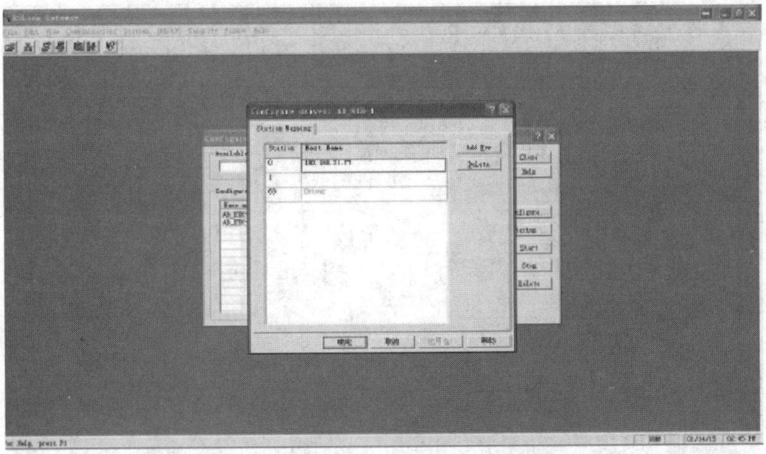

图 8-8　办公电脑与生产系统工控网间的通信

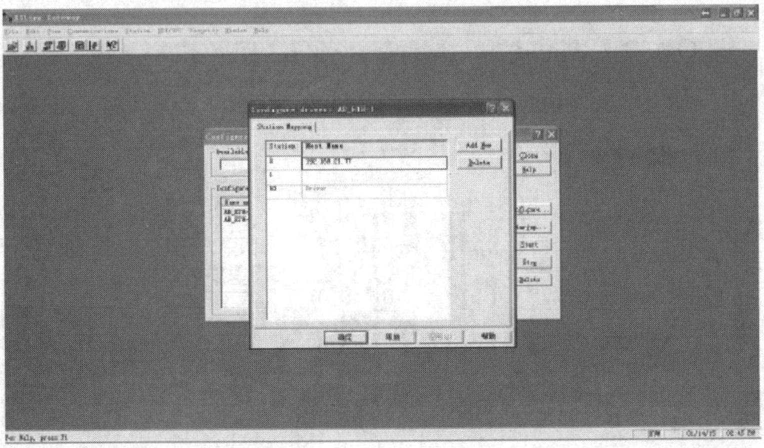

图 8-9　建立 OPC 用于连接监测画面

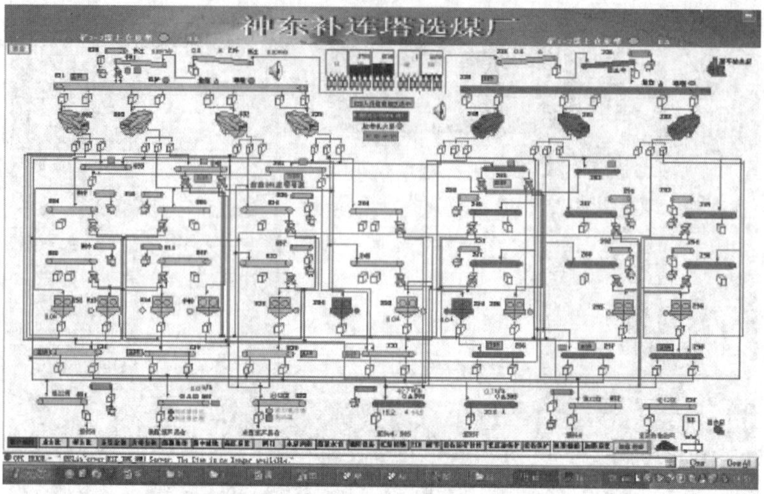

图 8-10　通过办公电脑监测生产系统

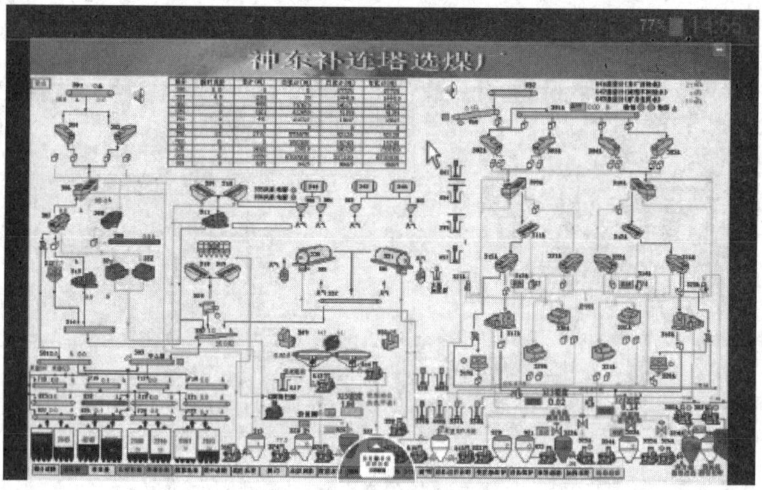

图 8-11　通过手机监测选煤厂生产系统

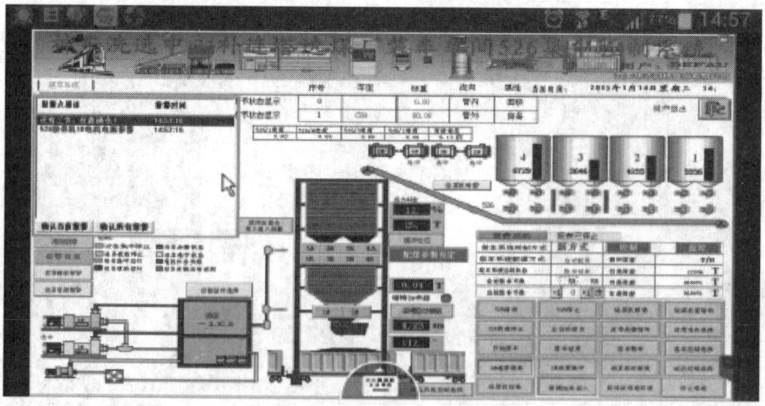

图 8-12　通过手机监测装车站生产系统

将修改后的调度画面程序在办公电脑上运行，在办公电脑上监测生产系统运行情况。

手机与办公电脑之间实现了通信，通过手机连接办公电脑，可以远程监测生产系统，随时随地了解生产运行情况。

设备故障后，通过监测调度画面，查看保护动作情况，有利于指导处理故障，降低故障影响时间。

三、应用效果

(1) 实现手机或其他移动终端远程办公。

(2) 实现多台电脑之间的资源共享。

(3) 实现手机或其他移动终端的生产系统监测监控。

四、案例小结

补连塔选煤厂手机远程办公及远程监控生产系统的建设，让机关人员及车间管理人员摆脱时间和空间的束缚，提高了工作效率，加强了远程协作，使工作更加轻松有效，整体运作更加协调，推动了企业效益增长。

第二节　新型全功能对讲机录音系统

◇ 内容导读

神东电气维修中心研发了一套全功能对讲机录音系统，为责任管理查询提供了数据依据，解决了日常管理工作中责任不确定、相互推诿扯皮问题。

一、问题提出

各选煤厂在日常生产、检修及生产协调管理工作中频繁使用对讲机进行信息沟通。为工作带来便利的同时，发现对讲机通话没有记录，在发生安全、生产、检修等管理责任时，无法判定责任人，给安全生产管理带来不利，所以急需一套录音记录系统。目前国内市场上虽然有录音功能的专用数字对讲系统，但此系统与神东集团大量在用的对讲系统不兼容，若整体升级更换为数字对讲系统，需全部升级更换现有机站及所有对讲机，投资巨大。

二、技术实施

在推行精益化管理、过程管理以及标准作业流程管理的同时，要求各生产工作环节责任明确、权责分明。为了强化管理，提高选煤厂日常管理水平，电气维修中心根据自身技术实力，自行研发了一套“全功能对讲机录音系统”(图 8-13)，此系统包括软件部分和硬件部分。这一系统的成功运用，使各厂管理人员可以非常方便快捷地查询到日常每一天对讲机讲话内容，掌握第一手对讲信息，为生产管理责任认定提供了有力依据。

系统主要构成如下：

(1) 利用电气维修中心现有的电子元器件焊接了一套对讲机语音接收模块，将对讲机语音信号放大、过滤后的信息传输到计算机进行信息处理。

(2) 利用 VB 编程语言自行开发一套对讲机录音系统软件。利用该软件将接收到的信

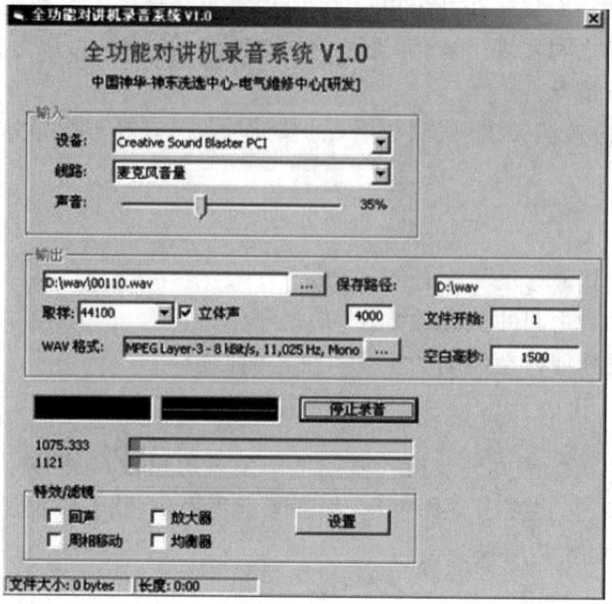

图 8-13　新型全功能对讲机录音系统

息进行处理，过滤掉多余杂乱信号，只保留对讲内容。根据对讲时间戳自动触发文件记录，并将其保存为 WAV 音频格式文件。该软件能够准确记录语音数据，自动过滤掉多余杂乱的无效信息，保留有效对讲信息，极大提高了数据信息的有效性和磁盘空间的利用率。

主要功能特点：

(1) 安装、使用方便。只需将对讲机语音接收模块的音频输出接口连接到计算机音频输入插孔。启动对讲机信息录音系统软件，即可自动进行录音。

(2) 查询方便。当有对讲信号时，进行记录；无对讲信号时，不记录。可以根据时间任意查询每一次对讲语音内容。

(3) 运行稳定，音频数据文件占用磁盘空间小。由于采用自动滤波功能，只记录有对讲语音的信息，且采用音频格式压缩方式保存。

三、应用效果

该系统为生产管理工作提供了现场生产实时对讲信息记录功能，为责任管理查询提供了数据依据，解决了日常管理工作中责任不确定、相互推诿扯皮等问题。

神东煤炭洗选中心共计 14 座选煤厂，拥有对讲机基站 30 余套、对讲机 2 000 余部，如果升级为数字对讲系统需 700 万元(30 余套数字对讲机基站约 30 套×10 万元=300 万元，2 000 余部数字对讲机约 2 000 部×2 000 元=400 万元)。该系统的开发节约了直接外部采购和研发成本 700 万元。

四、案例小结

选煤厂日常采用对讲机通话，没有相应的记录，在发生管理责任时，无法判定责任人。神东电气维修中心研发了一套全功能对讲机录音系统，解决了该难题。

第三节 新型装车称量系统

◈ 内容导读

神东煤炭洗选中心在原有进口赛摩 MT2000 系列装车称量系统基础上，自主研发了一套新型装车称量系统。该系统的硬件系统仪表只负责数据采集变送功能，软件系统则通过自主研发的称重、标校运算算法，建立了一套可靠的数学模型，用于处理隔离变送器信号。这一改进极大地提高了装车控制系统的可靠性，减少了事故影响时间，保证了装车外运及生产系统的正常运行。

一、问题提出

神东煤炭洗选中心选煤厂装车系统在神东煤炭集团产品煤装车外运中承担着重要责任，其运行正常与否直接关系到神东煤炭集团的产品煤运销工作。由于神东煤炭洗选中心各选煤厂装车系统日常装车外运任务重，停产检修时间十分有限，为了确保神东煤炭集团商品煤正常装车外运，选煤厂装车系统必须保持高效运行。在日常生产中，定量仓所使用的进口“赛摩 MT2000 系列”装置将数据采集、运算、信号变送集中在一台仪表内，仪表故障率高，维修和标校操作复杂，造成称量系统零点漂移和称量系统故障时有发生，甚至影响装车外运任务，给选煤厂、神东煤炭洗选中心、神东煤炭集团的装车外运工作造成不良影响。

二、技术实施

进口“赛摩 MT2000 系列”称重系统将数据采集、运算、信号变送集中在一台仪表内，造成仪表故障率高，维修和标校操作复杂，称量系统零点漂移和称量系统故障时有发生。为了实现精益化管理、节能降耗、提高装车系统运行可靠率，神东煤炭洗选中心电气维修中心自主研发了一套新型装车称量系统，用于替代目前故障率较高的进口装车称量系统。

系统主要构成：

(1) 硬件系统：与老式进口赛摩 MT2000 系列装车称量系统不同，神东煤炭洗选中心电气维修中心研发的装车称量系统硬件系统只安装一台数据采集变送器，简化了硬件仪表结构和数量，极大地降低了硬件故障率。

(2) 软件系统：神东煤炭洗选中心电气维修中心自主研发称重、标校运算算法，建立了一套可靠的数学模型，用于处理隔离变送器信号。

主要功能特点：

(1) 安装、使用、标校方便。

原装车系统需要安装价格昂贵的进口赛摩 MT2000 系列装车称量系统，标校工作需要由专业人员对装车称量系统仪表进行复杂的标校操作，标校时间需要十几分钟。仪表接线复杂、安装不便。

神东煤炭洗选中心电气维修中心研发的新型装车称量系统，体积小，安装方便。程序写入中央运算器，标校、称量等操作只需在生产工控画面上进行即可，界面直观、操作方便快速，其中标校操作迅速，只需 30 s。

(2) 新型装车称量系统称量精度高，满足了分选厂装车称量系统对精度的要求。

(3) 运行稳定、故障率低。由于神东煤炭洗选中心电气维修中心研发的新型装车称量系统有别于进口赛摩 MT2000 系列装车称量系统(原进口赛摩 MT2000 系列装车称量系统将数据采集、运算、信号变送等功能都集中在一台仪表上，造成故障率高)，其硬件系统仪表只负责数据采集变送功能，技术人员自行研发了称重、标校运算算法，建立了一套可靠的数学模型。运算程序将隔离变送器信号进行运算处理，实现装车称量，极大降低了故障率。

新型装车称量系统工作原理如图 8-14 所示。

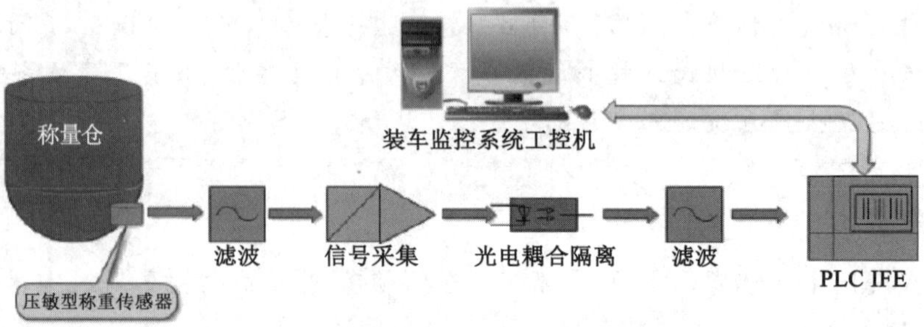

图 8-14　新型装车称量系统工作原理图

三、应用效果

该系统为分选厂装车系统提供了一套新型定量仓称量方案，极大地降低了设备采购成本、人工维护成本、故障检修成本和装车故障率。

(1) 原进口赛摩 MT2000 系列装车称量系统一台仪表约 8.1 万元，新型装车称量系统数据采集模块 500 元左右。一套装车称量仪表直接节约资金 8 万余元。全中心 14 座选煤厂约 19 套装车站，可节约资金 152 万元。

(2) 原进口赛摩 MT2000 系列装车称量系统将数据采集、运算、信号变送等功能都集中在一台硬件仪表上，造成故障率高。新研发的新型装车称量系统硬件只使用一台数据采集隔离器，运算和数据变送功能都由软件完成，极大地降低了故障率，降低了日常故障处理时间、次数和维护成本。标校工作效率提高 80%(每次节约 10 min)、故障检修效率提高 63%(每次节约 30 min)。单座选煤厂节约人力检修成本而产生的经济效益约 7.7 万元，全中心 14 座选煤厂产生经济效益合计 108 万元。

(3) 日常为了确保装车系统正常运行而需要储备赛摩 MT2000 二次仪表约 8.1 万元，而储备新型装车称量系统数据采集模块 500 元左右。按一个厂储备一台计算可节约 8 万元，14 座选煤厂储备 14 台仪表可节约 112 万元。

综上所述，共产生经济效益约 152＋108＋112＝372 万元。

改造后极大地提高了装车控制系统的可靠性，减少了事故影响时间，保证了装车外运及生产系统的正常运行。

四、案例小结

神东煤炭洗选中心在装车系统应用过程中，多次出现故障，给装车外运工作造成不良影响。根据生产中出现的问题，及时进行了改进，提高了装车控制系统的可靠性，减少了事故影响时间，保证了生产系统的正常运行。

第四节　对讲机基站信号强插方案

◇ 内容导读

神东煤炭洗选中心选煤厂在对讲机使用过程中经常遇到调度室或是生产管理者无法通过对讲机指挥现场工作的问题，出现了无法插话或是被其他对讲机打断的情况，这影响了生产效率。为了确保调度室信息指令及时传达到生产现场，针对现有对讲机系统进行了改造，实现了通话的优先级设置。这一改进极大地提高了对讲机系统的使用效率，保证了重要生产调度信息能够及时准确发出。

一、问题提出

神东煤炭洗选中心各选煤厂系统庞大，现场检修运行事务较多，对讲机使用频繁，经常遇到调度室或是生产管理者无法通过对讲机指挥现场工作的问题，出现了无法插话或是被其他对讲机打断的情况，影响生产和检修效率，也存在很大的安全隐患。

二、技术实施

针对上述问题，神东煤炭洗选中心自行研究了一套对讲机强插方案。电气维修中心对现有基站进行了改进，使得调度员和生产指挥人员对讲机优先级最高，优先级高的对讲机讲话时，可以中断其他对讲机的对话，让位于优先级高者进行通话，当对讲机优先级别高的频道不发射时，基站又恢复其他人员对讲机的正常转发功能，并且级别低的对讲机无法中断级别高的对讲机讲话，这样就不会出现领导与现场信息不畅通的情况。强插连接图如图 8-15 所示。

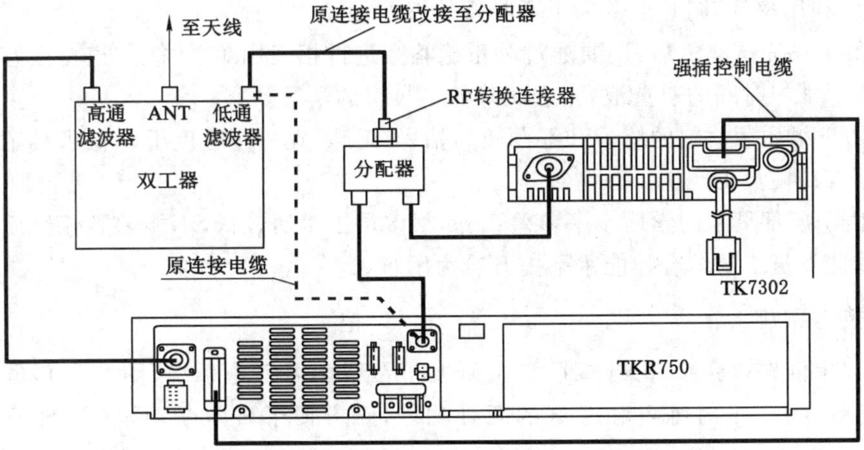

图 8-15　强插连接图

三、应用效果

调度员和生产指挥人员的对讲机优先级最高，优先级别低的对讲机无法中断级别高的对讲机讲话，这样就避免出现调度员和生产指挥人员与现场信息不畅通导致对生产和检修造成影响。改造后极大地提高了对讲机系统使用过程中存在无优先级问题，保证了重要生产调度信息及时准确发出。

四、案例小结

神东煤炭洗选中心通过对讲机系统进行改造，采用对讲机强插方案，分优先级进行通话，极大地提高了对讲机系统的使用效率，保证了重要生产调度信息及时准确发出。

第五节　考试系统开发

◇ 内容导读

随着计算机网络技术在生产、生活、科技教育中的普及，计算机学习、考试已经成为一种趋势，一方面可以节省人力、物力，另一方面也给企业员工带来方便。为此，乌兰木伦选煤厂开发了网上考试系统。该系统上线后，员工可以随时随地登录到学习系统进行学习，简化了平时打印纸张、笔试答卷、比对答案等学习流程，极大地方便了员工的日常学习。

一、问题提出

为了提高员工的综合业务技能水平，以往考试通常采取将试题资料打印出来，员工再进行练习或者答题。但由于试题资料数量巨大，此种学习方式存在以下诸多弊端：

(1) 大量打印试卷，大幅增加了选矿厂日常的办公费用；

(2) 纸质版材料中的试题有互相重复的现象，且试题答完一遍资料便会作废。这种做法导致纸张利用率低，同时也带来了不必要的浪费；

(3) 员工答完试题之后，还要通过和正确答案进行相互比对，才能知道自己答题的正确与否，造成了学习时间的双重浪费，进而降低了员工的学习效率；

(4) 由于纸质版材料的练习和答题较为枯燥、乏味，在一定程度上降低了员工平时学习的积极性，容易使员工产生抵触情绪；

(5) 由于厂部员工的学历水平参差不齐，很多员工学历较低，不能够胜任纸质版答题的形式，造成此类员工的综合技能水平提升较为困难。

二、技术实施

基于以上问题，乌兰木伦选煤厂自主研发了在线学习答题系统(图 8-16)，员工通过登录该系统就能实现平时练习和考试的两种功能，既方便了日常学习，又节约了日常办公费用。

(1) 该在线学习考试系统主要应用了 Dreamweaver＋Asp＋access 三种程序软件，设计结构比较简单。

(2) 该考试系统大体分为两个部分：一部分为网上考试系统，另一部分为后台管理系统；前者可以实现员工的上网答题，后者实现对答题系统的功能进行修改。

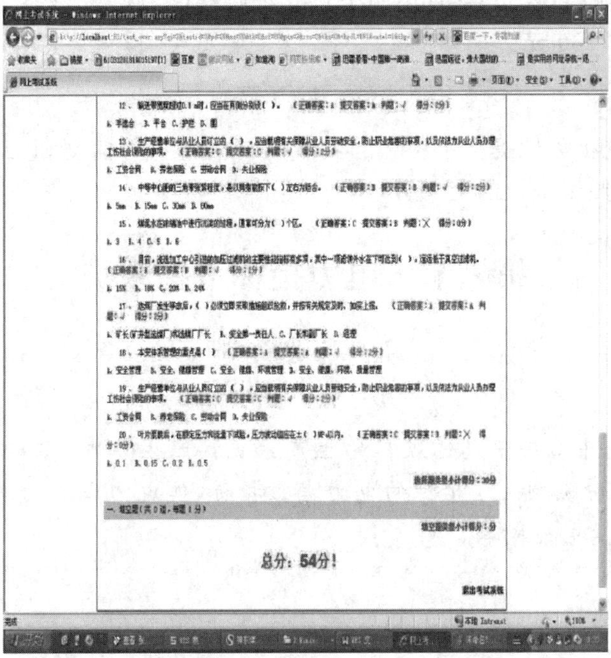

图 8-16　考试系统开发

(3) 该在线学习考试系统可以进入后台管理模式，后台管理模式分为题库管理、试卷管理、成绩管理、学生管理和系统管理五个模块。

① 题库管理可以对该系统内的试题进行增加、删减和修改；

② 试卷管理可以限时安排或者取消一次考试；

③ 成绩管理可以对参加考试的员工的成绩进行查看；

④ 学生管理可以对系统内员工进行增加、删减和修改；

⑤ 系统管理可以对后台管理员进行增减和修改。

(4) 员工只需输入用户名和密码就可以登录到在线练习答题系统。该板块主要分为两种模式：一种为练习模式，另一种为答题模式。其中，前者采取不统计打分，可以反复练习，而后者采取统计计分制，成绩自动统计到后台管理系统中。且答题次数仅 1 次，若需要重复答题，必须经过管理员后台申请补考后方可进行再次答题。

(5) 员工练习或者答题结束之后，可以进行交卷。然后系统会自动对员工提交的试卷进行打分，员工可以根据自己在答题过程中存在错误的地方进行认真总结和分析，以保证下次同样的错误不会再次出现，提高了员工的日常学习效率。

(6) 目前该在线练习答题系统内有 1 000 套试题左右，主要题型包括选择题、填空题和判断题，并且将选煤厂的安全试题、工艺试题和机电试题三者融入其中，学习兴趣低的员工也可轻松学习。

三、应用效果

该系统上线后，员工可以随时随地登录到学习系统进行学习，简化了平时打印纸张、笔试答卷、比对答案等学习流程，极大地方便了员工的日常学习。根据测算每年可节约办公费用 18 788 元:墨盒单价 900 元,每月用两个;A4 纸每箱(4 000 张)198 元,每月用半箱;该考试系统开发费用为 4 000 元。

四、案例小结

无纸化考试系统极大地提高了考试的灵活性、公正性、可信度和工作效率,具有传统考试无可比拟的优势,便于企业的统一管理。

第六节　电力指标考核系统

◈ 内容导读

神东煤炭洗选中心将下属选煤厂的生产系统按照生产煤种及工艺路线共划分为 58 个子生产系统,分别制定了单独的电力考核指标,使电力成本的考核更加精细化和准确化,有效降低了电力成本。

一、问题提出

以往神东煤炭洗选中心各选煤厂的电力指标按照吨煤进行考核,与采用的生产系统无关,如乌兰木伦选煤厂的电力指标为 1.4 元/t,不管该厂采用何种生产方式(末煤系统、块煤系统),都是按照 1.4 元/t,当采用块煤系统生产时,该厂电力指标偏高,核定起不到电力管控的目的。而且原来的统计方式是由各厂调度人员手动统计,最后汇总报中心技术部,人工统计时间不准对电费指标影响很大。

二、技术实施

为完成神东煤炭洗选中心 2014 年的经营指标和节能降耗目标,神东煤炭洗选中心通过对各选煤厂的生产系统进行前期的数据采集和分析,决定按照生产煤种及工艺路线进行划分并分解考核。

神东煤炭洗选中心通过对各选煤厂生产系统前期的数据采集和分析,将 12 座选煤厂的生产系统按照生产煤种及工艺路线共划分为 58 个子生产系统,根据每个系统的启停车逻辑关系确定监控的关键设备,通过 PLC 程序自动检测关键设备的启停,当检测到设备运行时进行自动计时(计时包括:当日计时、昨日计时、当月计时、前月计时)。该系统可对各个系统的运行时间按照周期进行统计,可准确计算各选煤厂生产系统的生产时间,时间统计后可根据产量计算该系统的生产效率。电力指标考核系统如图 8-17 所示。

该系统上线后,各选煤厂的电力消耗指标将分系统单独考核,各系统根据系统的负荷和生产能力核定了相应的电力指标,一改以往的大指标考核方式。58 个子生产系统的电力考核指标进行单独考核,使电力成本的考核更加精细化和准确化,并督促各选煤厂及车间全体员工参与节能降耗,为完成神东煤炭洗选中心 2014 年的经营指标和节能降耗目标打下坚实基础。

三、应用效果

(1) 58 个子生产系统制定了单独的电力考核指标,使电力成本的考核更加精细化和准

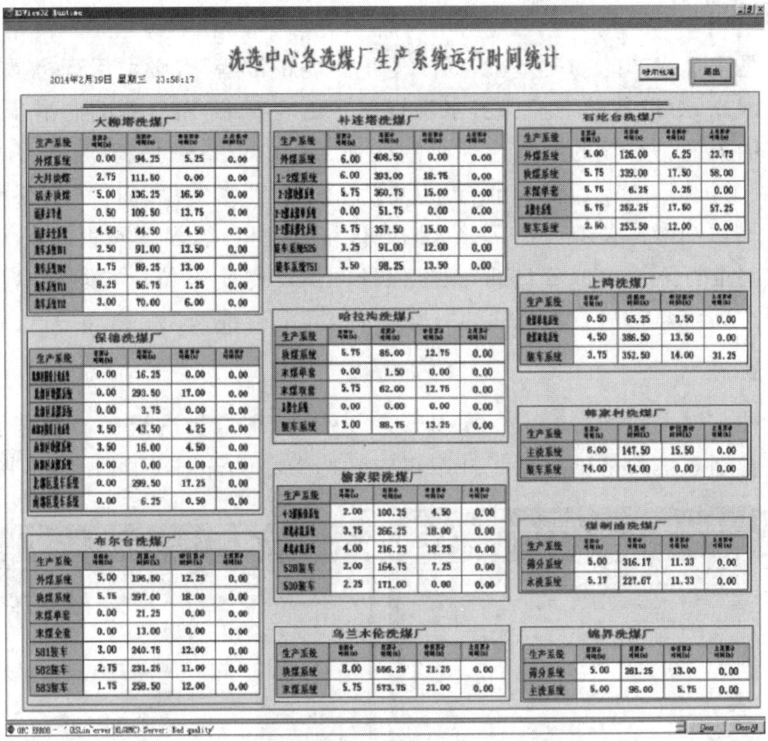

图 8-17　电力指标考核系统

确化；

(2) 科学合理地制定各选煤厂的电耗指标，有效降低电力成本；

(3) 起到了节能降耗的效果。

四、案例小结

企业利益与节能降耗息息相关，选煤厂电能消耗很大，做好各环节的节能降耗非常必要。

第七节　设备润滑管理系统

◈ 内容导读

选煤为连续过程，某一环节出现故障，对后续工艺影响很大。选煤设备的维护是保障选煤过程顺利进行的重要保证，而设备的保养方式主要是设备润滑。长期以来，设备润滑主要依据运行状态和经验判断，缺乏统一管理，导致设备损耗过大，严重影响了整个选煤工艺的正常进行。随着信息技术的迅速发展，很多选煤厂引进了信息管理系统。神东煤炭洗选中心机电技术部以石圪台选煤厂润滑管理系统为基础建立了神东煤炭洗选中心设备润滑管理系统。

一、问题提出

机械设备是企业生产的物质基础，为了使生产能正常运行，必须保证机械设备处于良好的技术状态。因此，对设备的维护保养水平提出了更高要求，而设备的润滑工作是搞好机械设备维护保养的关键。科学的润滑管理机制保证了机电设备的平稳，延长了关键零部件的使用寿命，减少了机械设备故障，降低了机械设备使用维修费用。神东煤炭洗选中心现有 2 873 台机电设备，润滑部位有 16 797 个，按照传统管理模式，靠纸质版的人为记录，通过记录上的润滑时间推算下一次保养日期，很难保证润滑工作全方位、全覆盖，并且纸质版记录操作起来烦琐，又容易忘记，查看记录也比较麻烦，润滑很难管控。

二、技术实施

为了加强神东煤炭洗选中心设备润滑管理工作，神东煤炭洗选中心机电技术部以石圪台选煤厂润滑管理系统为基础建立了神东煤炭洗选中心设备润滑管理系统（图 8-18）。

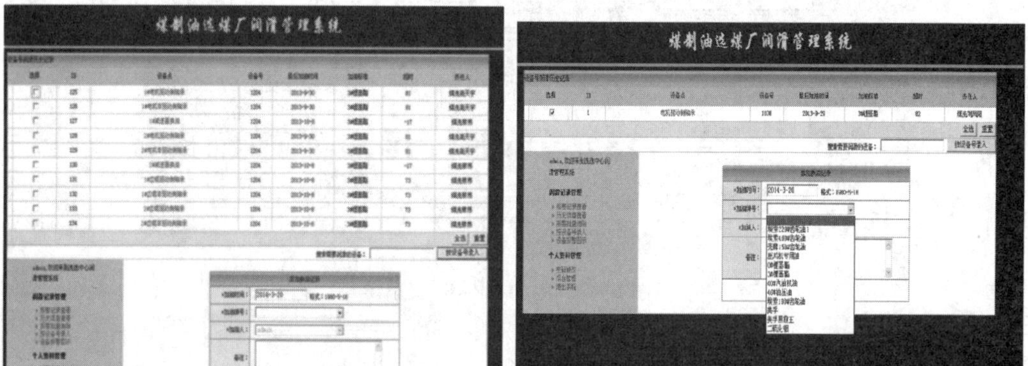

图 8-18　设备润滑管理系统

首先，通过工控机作为 web 服务器，编写润滑管理系统的相关运行程序，建立了一个神东煤炭洗选中心润滑管理系统网站；其次，神东煤炭洗选中心机电技术部组织机电技术骨干确定全中心机电设备的润滑周期及标准，并将各润滑点相应的润滑标准导入服务器的原始数据库内；最后，收集神东煤炭洗选中心各选煤厂机电设备润滑点，并将各润滑点导入服务器的数据库内，并对其编号管理。

（1）该系统设有自动提醒和报警功能，可以实时监控神东煤炭洗选中心各选煤厂设备润滑状态，提高了神东煤炭洗选中心设备的润滑管理；

（2）选煤厂管理人员可以随时查询设备润滑时间，及时通知责任人按时保养设备，减少了操作人员劳动强度，有效降低了设备故障率，保证了润滑制度的严格执行；

（3）该系统有数据库自动备份、防止记录数据丢失功能；

（4）该系统方便了润滑记录的操作、查询，减少了纸张的消耗及手工填写等烦琐工作。

三、应用效果

（1）通过建立该系统，增强了设备润滑的监管能力，提高了设备的管理水平，防止人为因素忘记按期润滑而导致的设备隐患及故障；

（2）保证设备平稳、正常运行，延长关键零部件的使用寿命，降低机械设备使用维修费用，减少机械设备故障，降低设备的故障率；

（3）强化了油脂的日常管控，节约成本，同时也起到了节能降耗的效果。

四、案例小结

机电管理系统中设备润滑管理实现了对设备润滑有效、统一的管理，加强了设备管理人员对设备润滑状况的了解，为设备的维护、保养提供了重要参考依据，保证了选煤过程的顺利进行。

第八节 员工请销假系统的研发与应用

◇ 内容导读

针对传统请销假人工管理烦琐的问题，神东煤炭洗选中心经营部根据企业组织架构，结合企业实际业务需求和管理模式，设计开发了一个界面美观、运行高效、数据展示丰富的请销假系统。该系统能够及时了解和掌握员工请假情况，缩短业务办理时间，提高员工管理工作效率，对提升企业管理水平有重要意义，可为其他企业单位提供参考。

一、问题提出

神东煤炭洗选中心员工请销假已经形成了较为完善的管理体系，但是缺乏较为便捷的员工请销假手段，员工办理请销假需要从厂部纸质版审核盖章后到中心办理后续审核手续，不仅需要大量的人力、物力，而且效率低下，出现信息传递不及时、员工请销假环节多且麻烦的现象。在此背景下，经营部通过建立员工请销假系统，实现信息数据的高效、快捷、准确地存储、调用及分析。

二、技术实施

(1) 员工基本信息数据采集并植入数据库；

(2) 请假申请页面设计；

(3) 请假审批流程及页面设计；

(4) 销假申请及审批流程和页面的设计；

(5) 请销假审批前的信息修改功能；

(6) 历史请销假记录查看功能。

该项目具有如下特点：

(1) 采用员工请销假系统快捷、高效。

(2) 实现了历史数据的记录、统计和查询等功能。

(3) 采用员工请销假系统，在神东局域网任意一台电脑或连接 Wi-Fi 无线网络下均可随时请假、查看各板块信息。

员工请销假系统如图 8-19 所示。

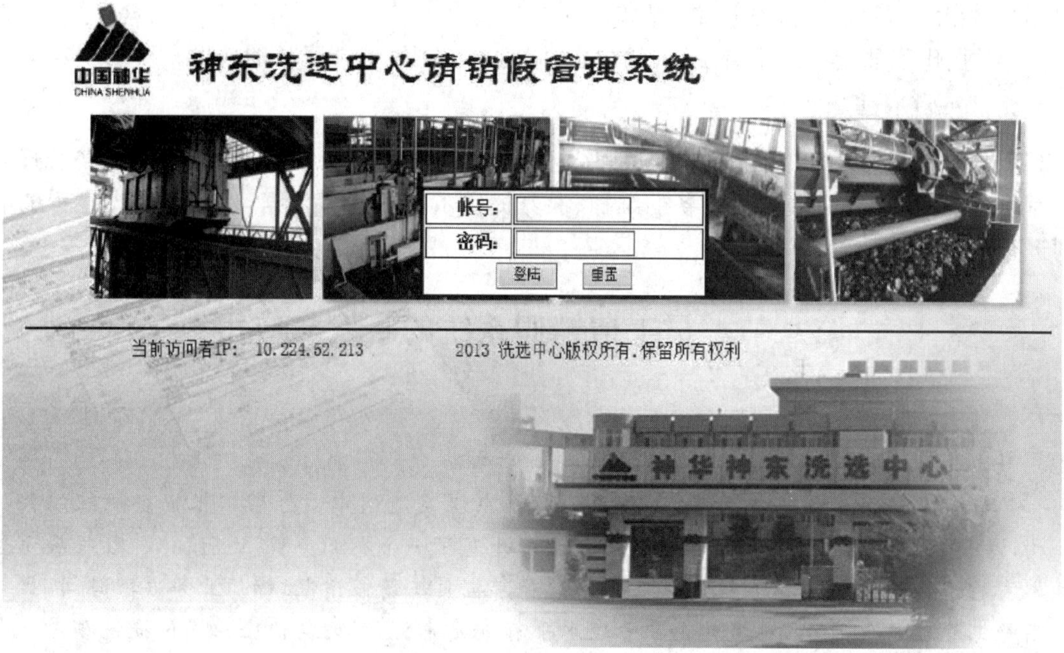

图 8-19　员工请销假系统

三、应用效果

(1) 方便了员工履行请销假手续，无须再专程跑到中心办理相关审核签字手续。

(2) 提高请销假审批效率，避免了员工需要持纸质版挨个部门跑去审核的麻烦。

四、案例小结

神东煤炭洗选中心通过开发员工请销假系统，节省了审批流程，提高了工作效率。对下级而言，节省了请假时间，提高了效率；对上级而言，方便了管理，解决了日常工作中操作量大带来的效率低等缺点，达到了科学管理的目的。

第九节　掌上新闻系统开发

◈ 内容导读

神东煤炭洗选中心微官网充分利用微信覆盖面广、参与程度高的特点，解决了该中心所属单位因分散导致部分站点无法上内网的问题，突破了传统宣传、学习、交流、互动模式，对于增强内部宣传力度，提升神东煤炭洗选中心信息化、智能化水平有着积极的促进作用。

一、问题提出

神东煤炭洗选中心没有自己的网站，在宣传管理和各项政策、制度传达上一直采取拉条幅、制图册、下文件等较为传统的形式，此种管理手段不仅宣传范围窄、信息传达不及时，而且也无法有效激发员工参与和学习的兴趣。而且，中心所属单位位置分散且部分单位不能上内网，公司和中心很多重要的通知不能实时传达。在信息化时代，中心急需一个平台来实时传达信息。员工智能手机和微信使用普及率已达到90%以上，微信中信息传递呈爆炸式增长，在微信中看信息、收信息已成为一种习惯，给开通掌上新闻提供了土壤。

二、技术实施

利用微信覆盖面广、参与程度高的特点，搭建洗选中心微官网和微信公众平台。微官网中共分为“分选简介、分选动态、通知公告、主任信箱、学习互动、员工积分、分选社区、微信服务”8个子模块。微信公众平台每日将公司和中心通知公告、中心的最新动态、中心及基层各单位管理创新亮点进行展示，第一时间将最新资讯直接发至中心员工的手中。职工可以通过微信互动的方式发送随手拍的图片，咨询、反馈各类问题，这是中心主任信箱的一部分。

三、应用效果

目前微信关注人数1 277人，通过微信公众平台发表各类新闻180条，每条新闻平均浏览次数达260人，达到了预期目标。中心各单位包括各部门的宣传积极性大幅度提升。

四、案例小结

神东煤炭洗选中心通过搭建微官网和微信公众平台，提升了信息传达效率，选煤厂工作执行力得到大幅提高。

第十节　精煤回掺情况下的动力煤分选指标控制

◈ 内容导读

根据日常化验数据，用 Excel 线性回归工具求取产品煤发热量回归方程，通过简化模型，确定限制条件，采用 Microsoft Visual C++编程迭代，求出最优解，再进行细化求解，得到精煤回掺情况下动力煤分选中各项分选指标的控制值。在要求发热量 5 500 kcal/kg(23 MJ/kg)情况下，末煤入选率为 100%，块煤末煤分选密度均为 1.70 kg/L。该分选指标控制方法，以产品质量达标为前提，以产品效益产量最大化为目标，克服了传统最大产率原则中仅考虑灰分，而对其他控制指标考虑较少或没有考虑的问题，以科学的方法确定原煤入选量和各分选系统的最佳分选密度，有助于克服生产中各种指标制定的盲目性、经验性，起到由经验生产向科学生产转变。

一、问题提出

发热量是动力煤最重要的指标。目前，考虑到经济效益最大化和产品质量达标等因素，部分动力煤选煤厂在设计中选择部分入选，以便灵活调整原煤入选量。在原煤部分入选即可确保产品煤质量达标的情况下，不必全部入选，既可以保证产品质量，又有助于保证较高的回收率，提高产能、降低能耗。在原煤部分入选的选煤厂，因块煤分选难度较末煤低，且末煤入选容易带来煤泥水治理困难、分选密度控制困难、精煤损失大、介耗高等方面的管理和技术难题，所以一般选择末煤部分入选，块煤全入选。在块煤入选即可达到生产指标的情况下，末煤少入选或不入选会带来很多生产和管理上的优势。在原煤部分入选的情况下，经过分选加工的产品煤与没有经过分选加工的部分原煤再进行混合回掺，形成最终混煤产品。

原煤部分入选优势较多，但是在生产实践中也存在很多管理和技术上的困难，例如如何确定原煤的入选量，在采用多系统分选的情况下如何确定各分选系统的分选密度，怎样才能保证在最大产量的情况下产品煤质量合格，在煤质发生变化的情况下如何调整分选控制方案等。在生产实际中，这些问题往往根据经验解决，例如，一旦原煤煤质发生变化，要经过较长时间摸索调试，尝试增加或减少入选量、降低或提高分选密度，即使经过探索获得合格质量产品，也难以保证方案最优化。而传统的最大产率原则多根据灰分确定，包括等基元灰分和等灰分原则，较少或者没有考虑影响动力煤发热量的其他因素，所以在以发热量为考核指标的动力煤分选中指导意义有限。

基于以上动力煤回掺情况下分选指标控制和确定的难题，以发热量控制和产品产量最大化为前提，结合具体数据，通过科学合理的手段，最终确定最合适的原煤入选量以及各系统分选密度，提高经济效益，降低管理难度。

二、技术实施

(1) 发热量的影响因素以及发热量回归公式的求取

对煤炭发热量产生影响的因素中，最主要的是灰分和水分，理论上二者影响相近，水分和灰分的增加都会造成产品发热量的降低，但是具体情况根据煤质的不同会有差异。生产经验、试验数据以及众多论证文献均表明煤的发热量和煤的灰分、水分存在较好的线性关系，因此很多煤炭企业依据灰分、水分，选用经验性发热量公式预测发热量，事实证明实用性较强。保德选煤厂北区混煤装车化验数据见表 8-1。

表 8-1　保德选煤厂北区产品煤装车化验数据及发热量实测值与预测值对比

车次	全水分 M_t /%	分析水 M_{ad} /%	灰分 A_d /%	挥发分 V_d /%	硫分 $S_{t,d}$ /%	发热量 $Q_{net,ar}$ /(kcal/kg)	预测发热量 $Q_{net,ar}$ /(kcal/kg)	相对误差	绝对误差
s809	7.60	2.90	36.44	28.63	0.40	4 120.00	4 169.63	1.20	49.63
s943	8.00	2.38	35.54	25.75	0.41	4 210.00	4 219.39	0.22	9.39
s203	8.20	2.28	35.76	25.85	0.39	4 200.00	4 186.81	0.31	13.19
s951	8.10	2.16	34.83	26.66	0.42	4 250.00	4 273.42	0.55	23.42
s871	7.80	1.92	37.23	26.04	0.40	4 050.00	4 088.17	0.94	38.17
s321	8.20	2.36	33.68	27.01	0.43	4 380.00	4 365.19	0.34	14.81
s785	7.90	2.13	38.87	25.42	0.41	3 930.00	3 940.66	0.27	10.66
s931	6.60	1.80	34.40	26.76	0.42	4 440.00	4 413.14	0.60	26.86
s143	7.20	2.19	33.37	27.06	0.43	4 460.00	4 460.34	0.01	0.34
s993	8.10	2.12	37.21	26.21	0.40	4 070.00	4 069.31	0.02	0.69
s339	7.90	2.19	34.62	26.87	0.42	4 340.00	4 305.14	0.80	34.86
64057	8.60	3.00	37.89	25.98	0.35	4 020.00	3 976.72	1.08	43.28
S105	8.60	2.45	36.25	26.12	0.39	4 130.00	4 117.36	0.31	12.64
S835	8.40	2.30	33.67	27.05	0.39	4 330.00	4 352.34	0.52	22.34
S763	8.40	2.26	34.00	26.89	0.38	4 320.00	4 324.04	0.09	4.04
s909	7.80	2.64	34.80	26.27	0.38	4 330.00	4 296.56	0.77	33.44
s349	7.90	2.32	32.07	27.54	0.41	4 500.00	4 523.83	0.53	23.83
s341	8.20	2.64	34.10	26.72	0.40	4 320.00	4 329.17	0.21	9.17
s859	8.00	3.04	33.83	27.21	0.37	4 390.00	4 366.04	0.55	23.96
S361	9.00	2.83	32.66	27.19	0.37	4 390.00	4 397.82	0.18	7.82

根据表 8-1 中的化验数据，通过 Excel 中的拟合功能，可以得到产品煤的发热量回归公式如下：

$$Q_{net,ar}=7\ 815.78-68.56\times M_t-85.76\times A_d \tag{8-1}$$

观察该多元回归方程，可以知道水分和灰分对煤炭发热量的影响系数均为负值，表明水分和灰分对煤炭发热量均呈负相关，与前述水分和灰分会降低煤炭发热量相符；水分和灰分影响系数的绝对值分别为 68.56、85.76，表明灰分相对于水分对煤炭发热量的影响更大，且每个水分百分点对发热量的影响为 68.56 kcal/kg，每个灰分百分点对发热量的影响为 85.76 kcal/kg。

由于煤炭生产过程中原煤煤质经常发生变化，因此，在发热量回归公式拟合中，需要选择近期的试验化验数据，否则将产生较大误差。

(2) 原煤煤质资料分析

原煤煤质资料分析见表 8-2。

表 8-2　200～13 mm 和 13～0.5 mm 各密度级浮物占全样百分比及浮物灰分

密度级	200～13 mm 浮物占全样/%	200～13 mm 浮物灰分/%	13～0.5 mm 浮物占全样/%	13～0.5 mm 浮物灰分/%
+1.25	1.36	6.64	2.44	4.82
+1.30	10.33	10.61	8.77	7.67
+1.40	24.30	14.85	14.84	11.00
+1.50	36.48	18.69	19.49	14.05
+1.60	42.97	21.01	21.83	15.95
+1.70	45.99	22.36	23.49	17.63
+1.80	48.36	23.66	24.39	18.68
+1.90	50.06	24.72	25.16	19.72
+2.00	63.80	33.99	30.37	28.04

注：某个密度级浮物占全样的数据，即为分选密度为该值时所得到的浮物占全样的百分比，灰分即为分选密度为该值时的浮物灰分，也可以称为产品灰分。

(3) 分选控制指标的确定

煤炭发热量的主要影响因素包括灰分、水分，取末煤水分 6%，块精煤水分 7%，末精煤水分 9%。

把表 8-2 中浮物占全样看作基数为 100%时的产量，浮物灰分即为产品灰分，块精煤产量为 a，末精煤产量为 b，块精煤灰分为 c，末精煤灰分为 d，末煤入选率为 e，e 的取值范围为从 0%、1%到 100%这 101 个元素，末原煤灰分为固定的 28.13%。则可以得出表 8-3。

表 8-3　控制指标影响因素表

序号	块精煤产量 a	末精煤产量 b	块精煤灰分 c	末精煤灰分 d	末煤入选率 e	末原煤灰分
1	1.36	2.44	6.64	4.82	0%、1%、…、100%	28.13
2	10.33	8.77	10.61	7.67		
3	24.30	14.84	14.85	11.00		
4	36.48	19.49	18.69	14.05		
5	42.97	21.83	21.01	15.95		
6	45.99	23.49	22.36	17.63		
7	48.36	24.39	23.66	18.68		
8	50.06	25.16	24.72	19.72		
9	63.80	30.37	33.99	28.04		

表 8-3 中的数据，a 和 c 是相互关联的，b 和 d 是相互关联的，即当 a 取 a_n 时，c 只能取 c_n，当 b 取 b_i 时，d 只能取 d_i，而其他数据之间则不存在相互约束的问题。设规定发热量指标为 5 500 kcal/kg，则可以得出以下限制条件：

$$A_d=[c\times a+d\times b\times e+28.13\times(1-e)\times 30.9]/[a+b\times e+(1-e)\times 30.9] \quad (8-2)$$

$$M_t=[a\times7/(100-7)+b\times e\times9/(100-9)+30.9\times(1-e)\times 6/(100-6)]/[a\times7/(100-7)+b\times e\times9/(100-9)+30.9\times(1-e)\times 6/(100-6)+a+b\times e+(1-e)\times30.9]\times100 \quad (8\text{-}3)$$

$$Q_{net,ar}(\text{kcal/kg})=7\ 815.78-68.56\times M_t-85.76\times A_d>5\ 500 \quad (8\text{-}4)$$

$$Q_{产量}=a+b\times e+(1-e)\times30.9 \quad (取最大值) \quad (8\text{-}5)$$

根据约束条件公式和程序设计流程图(图 8-20),用 Microsoft Visual C++进行编程。

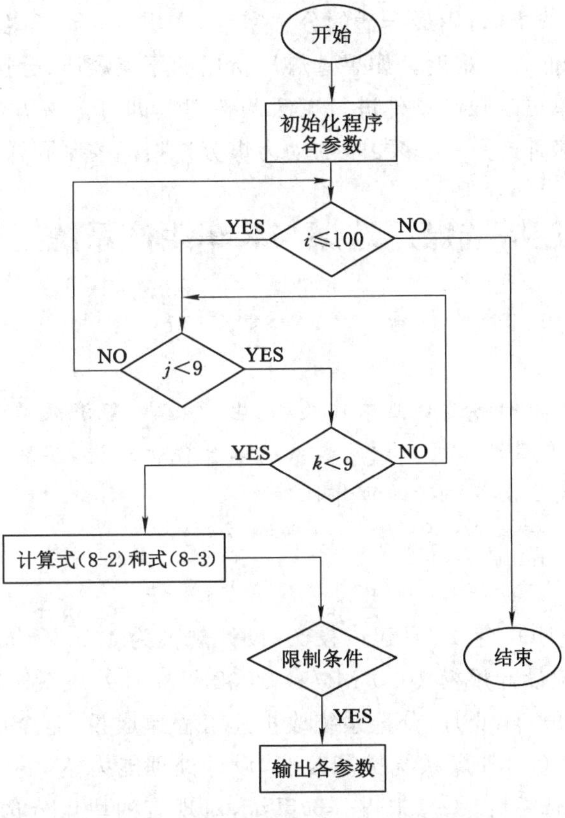

图 8-20　程序设计流程图

三、应用效果

程序运行后,得到的结果为 max=69.63、a=45.99、b=23.49、e=0.98,即当要求发热量大于 5 500 kcal/kg 时,保证发热量的同时使产量最大,分选密度只能在上述 1.25 kg/L、1.30 kg/L、…、2.00 kg/L 之间选择时,最大产品产率为 69.63%(入选量为 100),块精煤产率为 45.99%,末精煤产率为 23.49%,末煤入选率为 98%,块煤分选密度为表 8-3 中块煤产率 45.99%所对应的分选密度 1.70 kg/L,末煤分选密度为 23.49%所对应 1.70 kg/L。

以上获得的只是分选密度限于 1.25 kg/L、1.30 kg/L、…、2.00 kg/L 选择时的最优密度,得出最优密度后,可以缩小范围,细化数据,再次套用该程序进行求解。在确定产量、灰分以后,可以根据可选性曲线(浮沉试验综合表),查找相对应的分选密度,例如当要求发热量为 5 450 kcal/kg 时,块煤分选密度为 1.75 kg/L,末煤为 1.76 kg/L。

四、案例小结

动力煤回掺控制指标设定方法根据日常化验数据，求出发热量与水分灰分之间的线性回归方程，根据筛分浮沉资料，算出各分选系统入料粒度范围内的筛分浮沉综合数据，结合日常生产情况，找出需要控制的未知量以及变化不大的已知量，设定正确的限制条件，简化优化处理方式，通过 Microsoft Visual C＋＋编程迭代，求出最优解，最终确定精煤回掺情况下最合适的原煤入选率、各系统分选密度。采用该方案，便可简单、科学地确定精煤回掺情况下动力煤的各项分选指标，用最合适的分选密度，产出发热量合格的产品煤，并使产率最大化、效益最大化，降低管理难度。如果选煤厂所用的原煤煤质、分选工艺、产品结构与该所述有所不同，只需简单更改限制条件进行灵活调整建模即可。该方法不仅适用于动力煤回掺的单种情况，对于多种产品、更多要求的动力煤分选指标控制同样适用。

第十一节　补连塔选煤厂选煤与装车生产系统工控网络系统融合

◈ 内容导读

合理、可靠的工控网络是企业工作效率、生产效率、经济效益的坚实基础。补连塔选煤厂将选煤与装车生产系统工控网络系统融合优化改进，实现选煤厂对装车系统的统一调度指挥，提高了设备运行的可靠性。

一、问题提出

补连塔选煤厂于 1997 年 10 月建成投产，设计规模为 4.0 Mt/a，2001 年 9 月建成投产旁路筛分系统，该系统设计规模 10.0 Mt/a。2002 年 6 月外煤系统能力扩建为 2.0 Mt/a，实际为 1.5 Mt/a。2005 年 6 月，分选系统改扩建工程建成投产，全厂总原煤设计规模达到 20.0 Mt/a。2010 年 10 月外煤系统扩能改造，设计处理能力达 3.0 Mt/a。2010 年 5 月改扩建增加一套块煤分选系统、一套末煤分选系统，对现有的块煤分选系统进行扩建，全厂设计处理能力达 22.0 Mt/a，实际为 26.00 Mt/a。

分选系统与装车系统原属两个单位，工控网络系统独立运行。现分选系统与装车系统合并后统一进行管理，但工控网络系统没有融合在一起，相互生产信息无法监测、无法共享，现场安全管理存在较大漏洞，如：装车系统无法实时监测产品仓仓位，每次装车时需联系仓位情况，影响装车效率；选煤系统无法实时监控装车情况，易造成装车误配煤；选煤系统无法实时监测装车系统设备运行及停送电情况，存在设备误停送电及误启动的重大安全隐患。

二、技术实施

鉴于上述问题，补连塔选煤厂提出选煤与装车生产系统工控网络系统融合优化改进，具体实施方案如下：

(1) 分选系统与装车系统工控网络融合

由于分选系统和装车系统的各自内部工控网络已形成，需要重新铺设光缆，在装车车间办公室二楼 Ethernet 网机架与选煤厂外来煤配电室之间需铺设两根光缆。

在装车车间办公室二楼 Ethernet 网机架和外来煤配电室安装通信模块(图 8-21、图 8-22)，用铺设的光缆将 Ethernet 网机架和外来煤配电室连通。

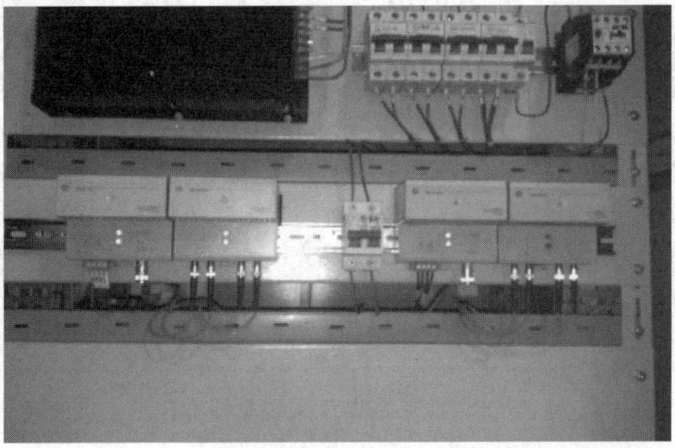

图 8-21　外来煤配电室安装通信模块

图 8-22　装车车间办公室二楼 Ethernet 网机架安装通信模块

配置网络，将选煤厂与装车车间工控网络融合在一起，工控系统相互之间能交换。

(2) 选煤厂上位画面显示装车信息，便于调度管理

通过修改调度室和装车室上位工控机的 OPC，将选煤厂和装车车间上位工控机的通信连通(图 8-23)。

通过修改选煤厂调度画面，选煤厂调度室显示装车运行情况，调度员能随时了解装车设备的运行情况，了解装车员启停给煤机情况，能监管好装车员是否按照通知煤种进行装车，能看到装车节数，随时了解装车速度(图 8-24)。

通过修改选煤厂调度画面，调度员能了解到装车设备故障报警，设备停机后，调度员能看到设备保护故障情况，便于及时了解设备故障；能了解保护投撤情况，监管好装车员是否会有私自投撤保护情况(图 8-25)。

通过修改选煤厂调度画面，调度员能查看装车站设备停送电情况。由于现在全厂的停送电由调度室统一管理，因此调度室具备了停电反馈功能，调度员可以及时反馈停送电情

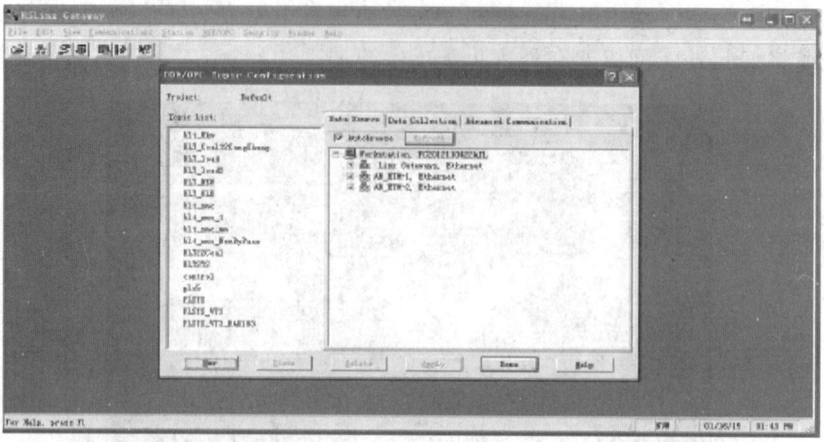

图 8-23　修改 OPC 连通选煤厂和装车站上位工控机的通信

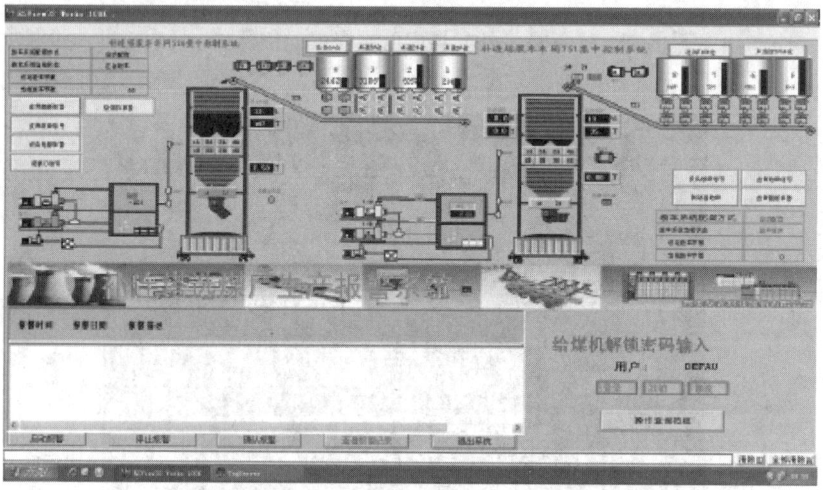

图 8-24　调度室检测装车设备运行情况

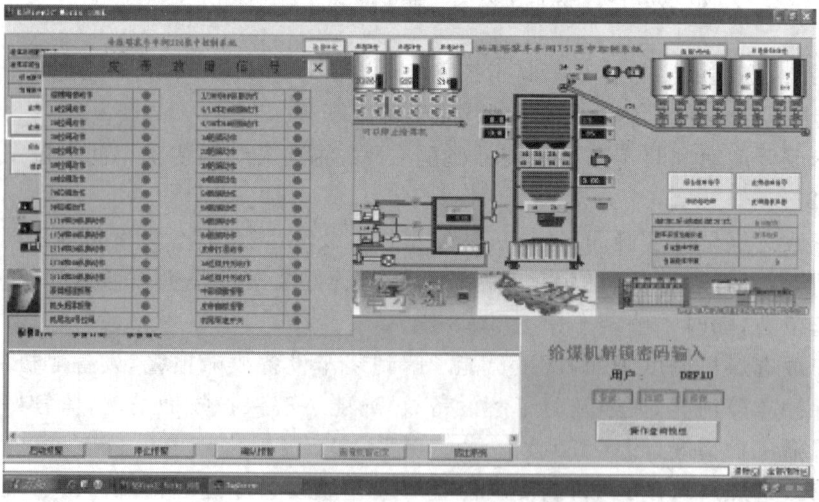

图 8-25　调度室检测装车设备保护情况

况，防止发生误停送电情况，实现调度员切换装车设备就地与集控（图 8-26）。

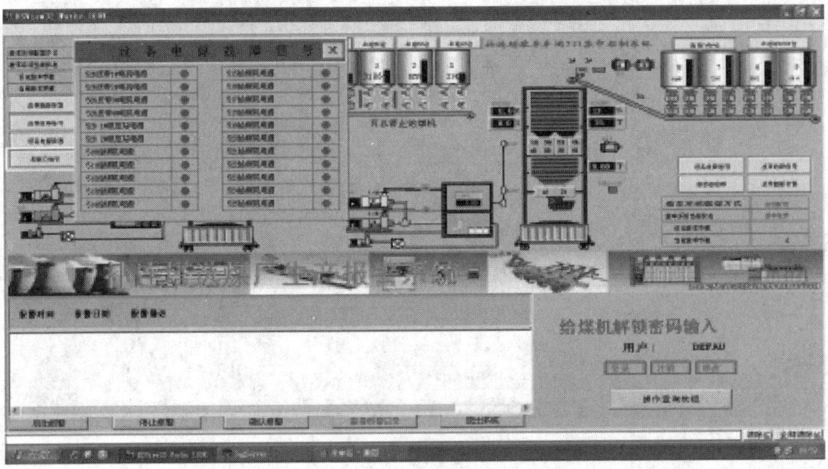

图 8-26　调度室查看装车停送电情况

(3) 装车车间上位画面显示选煤厂信息，便于指导装车管理

通过修改装车车间画面显示选煤厂产品仓信号、选煤厂上仓胶带运行情况、选煤厂上仓胶带秤情况，便于装车员了解仓位情况以及选煤厂生产情况等，指导装车工作（图 8-27）。

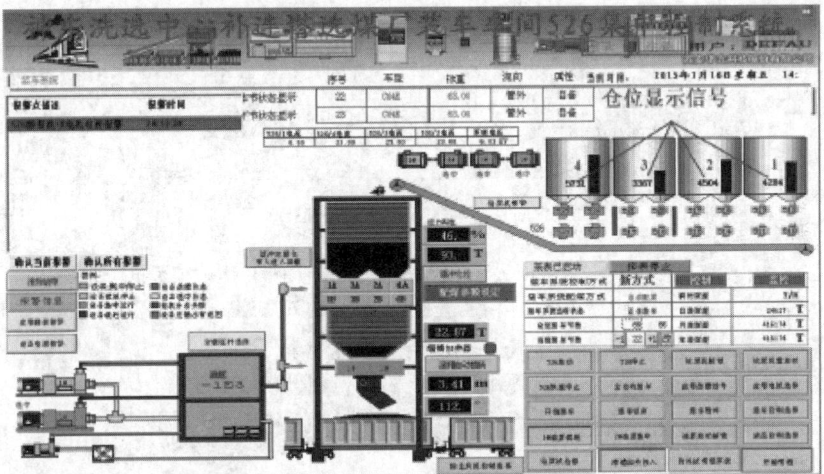

图 8-27　装车站画面显示选煤厂仓位信号

(4) 优化装车站给煤机启停控制

通过修改选煤厂和装车车间画面，优化给煤机启停流程。调度室接到上级通知后，根据煤种选择装车仓号，再通知装车员装车煤种和仓号，调度员选择仓号后装车员才能启停选择仓号对应的给煤机，其他仓号的给煤机装车站无法启动（图 8-28）。这样根据当列装车煤种情况通过调度员给仓号信号和装车员启停给煤机，不会造成错装情况，调度员与装车员相互之间能起到监督作用。

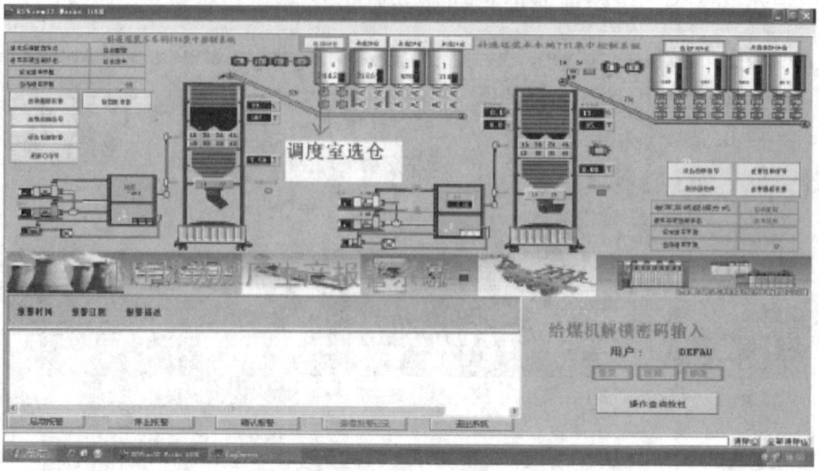

图 8-28　调度室选仓

如果要求不同煤种配装，需要值班厂领导在调度室输入允许配装权限，允许配装后调度室和装车室画面一直显示报警，提醒调度员和装车员仓与仓之间闭锁关系取消，以便混装完毕后及时恢复闭锁关系(图 8-29)。

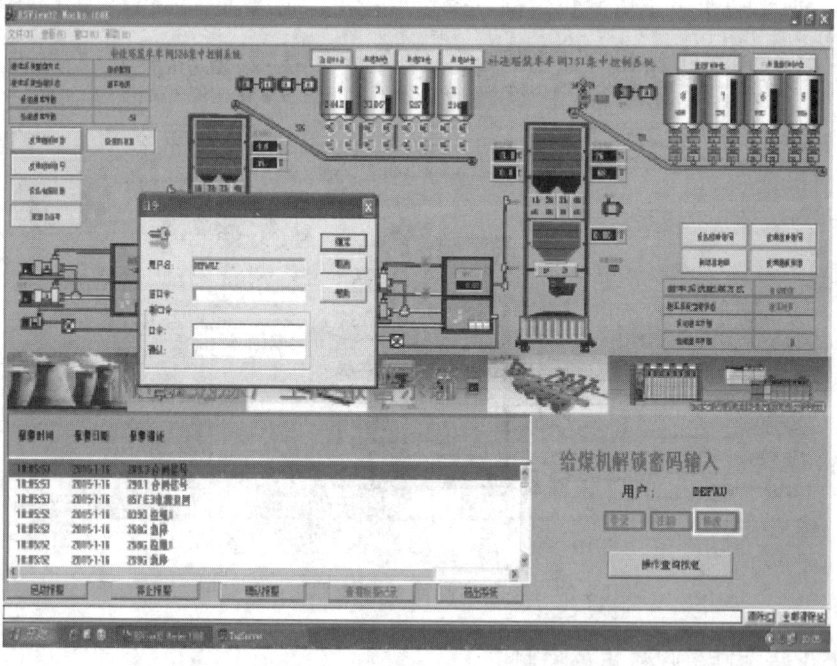

图 8-29　值班厂领导解除闭锁关系

厂值班领导解除闭锁关系与投入闭锁关系自动形成报警记录，记录闭锁关系解除投入操作的时间和用户(图 8-30 至图 8-32)。

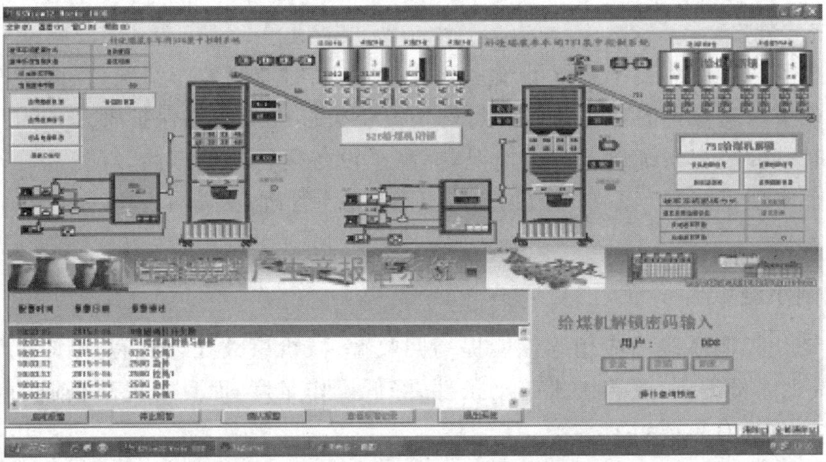

图 8-30　解除闭锁关系调度室画面闪烁报警

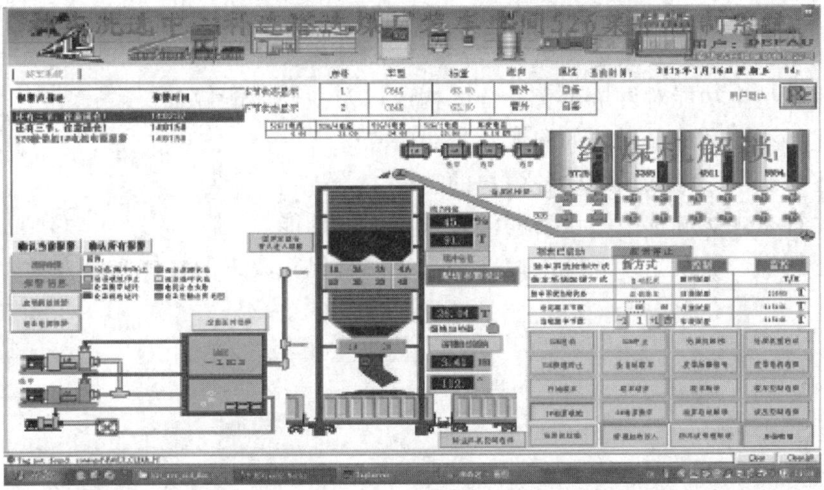

图 8-31　解除闭锁关系装车室闪烁报警

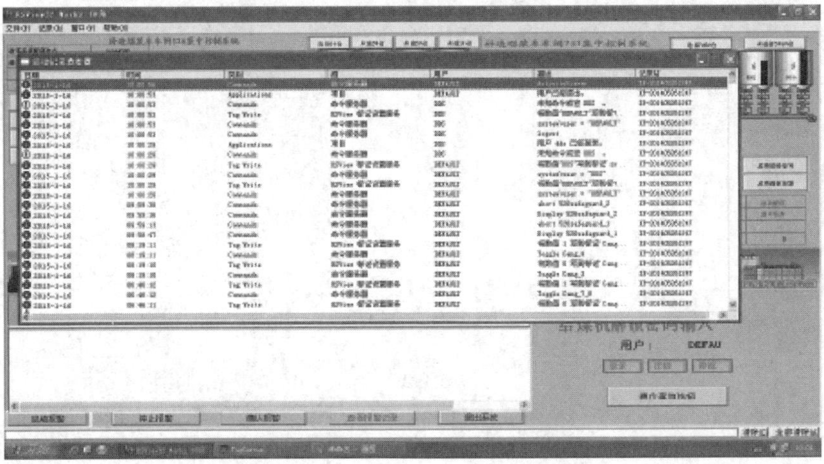

图 8-32　解除闭锁关系记录情况

三、应用效果

(1) 实现了选煤厂对装车系统的统一调度指挥,实时监测装车情况,提高装车效率。

(2) 实现了装配煤种的双重监督和特殊情况下混装配煤密码保护管理,防止误装配煤。

(3) 实时掌握装车系统设备运行情况,提高了设备运行的可靠性。

(4) 真正实现了将装车系统停送电纳入厂部统一管理,提高了装车系统日常生产与检修的安全可靠性。

四、案例小结

集中自动化控制系统的应用不仅能提高回收率,减少事故处理时间,同时能够降低生产成本,大幅减少人员编制,改善工人劳动条件,降低操作难度,而且对提高企业的竞争力和增加企业经济效益具有重要意义。

课后思考题

1. 简述手机远程办公及远程监测生产系统的具体实施方案。
2. 简述新型全功能对讲机录音系统的构成以及主要功能特点。
3. 简述新型装车称量系统的构成及主要特点。
4. 简述在线学习考试系统中各模块的功能。
5. 简述神东煤炭洗选中心设备润滑管理系统的功能。
6. 简述选煤与装车生产系统工控网络系统融合优化改进的具体实施方案。

第九章　生产事故案例

第一节　胶带运输工岗位事故案例分析

◈ 内容导读

带式输送机是以胶带作为牵引机构和承载机构的连续运输机构，以其工艺布置和操作简单，成为选煤厂车间煤炭运输的主要设备。由于选煤厂环境条件恶劣、生产管理不妥善、技术管理措施不健全，导致带式输送机事故不断发生，严重威胁煤矿人身安全，生产受到严重影响。因此，加强带式输送机的使用对提高煤炭运输效率、促进煤炭事业发展具有重要的意义。

一、事故描述

某日，突然下起大雨，某选煤厂261带式输送机道顶板接缝处漏雨，此时261胶带上物料量约达650 t/h。由于胶带上有雨水加上胶带料多，胶带拉不上去，出现打滑现象。当班岗位司机王某就使用土办法，从外面找来旧草袋、坏笤帚垫入胶带与滚筒之间以增加摩擦力。当时由相邻岗位司机张某负责开停261胶带开关，当胶带开启时，王某向带式输送机机头电动滚筒与胶带间续草垫及笤帚，在续笤帚时胶带突然迅速运转，王某未来得及松手，右手随笤帚一起被挤进胶带与滚筒之间。张某发现后停机，造成王某右手粉碎性骨折。

二、事故原因

(1) 直接原因

王某在胶带打滑情况下，为图省事，没有将胶带上的部分物料及时卸下，直接让相邻岗位司机张某带料强行启动，违章操作，向滚筒与胶带间垫草袋、笤帚，手抽出不及时，是造成此次事故的直接原因。

(2) 间接原因

张某互保、自保意识差，没有及时制止其违章操作行为，反而协助其进行违章操作，是造成此次事故的间接原因。

三、防范措施

(1) 组织员工重新学习并组织考试，不合格者停班学习。提高员工的安全素质，正确操作使用的设备(禁止向滚筒撒煤和沙子、垫草袋等杂物，禁止带式输送机超负荷强行启动，禁止在运行中使用刮滚筒积煤的方法进行调偏)。

(2) 深刻接受这次事故教训，举一反三，深刻反思，开展好警示教育。迅速开展反事故、反“三违”活动。

(3) 安全管理不到位,违章现象没有得到及时制止。员工安全意识薄弱,自保、互保意识差。图省事,怕麻烦。要进一步明确和落实各级安全生产责任制,反"三乎""三惯"、反麻痹、反松懈、反低境界管理、反低标准作业。

(4) 管理人员要深刻反思自己的工作,真正找出工作中的不足,工作中要以身作则,靠前指挥,加大现场安全管理力度,强化现场安全监督。坚决杜绝安全事故的发生,确保安全生产。

四、案例小结

带式输送机作为选煤厂物料运输的主要设备,在保证设备正常生产的同时,也要注意安全措施,使各种保护安装可靠运行,避免事故发生。

第二节　筛分机司机岗位事故案例分析

◇ 内容导读

筛分是选煤作业中的重要环节,应用于脱水、脱介、脱泥、粒度分级及选择性筛分。筛分机司机在熟练掌握设备操作的情况下,要严格执行《选煤厂安全规程》《安全技术操作规程》《岗位责任制》和其他有关规定,确保自身、他人及设备安全,保证选煤厂的安全生产。

一、事故描述

当日早班,主井炭提空,班长向各岗位发出停止运行信号。一楼放矸工李某发现放矸楼电机无法运行,并发出"嗡嗡"响声,信号也不响,便向当班维护员丁某及班长荣某汇报。维护员丁某随即到一楼电板处检查,发现开关柜内刀闸有一相触点有熔点痕迹,经处理重新合闸送电后,信号及放矸楼电机恢复正常。班长荣某为防止因电源缺相烧坏电机,便由下向上通知各岗位司机,要求在启动胶带和振动筛时,注意观察电机运行情况。约 14 时 30 分到三楼时,发现司机胡某被振动筛滚轴绞住,人躺倒在振动筛内,便呼喊并抢救,后经抢救无效死亡。根据现场情况和痕迹分析,事故经过如下:在振动筛运行过程中,胡某进入振动筛内清理滞煤,衣服被振动筛滚轴绞住造成事故。

二、事故原因

(1) 直接原因

胡某违反操作规程规定,在振动筛运行过程中,违章进入振动筛内清理滞炭,衣服被振动筛滚轴绞住,这是造成事故的直接原因。

(2) 主要原因

① 岗位人员安全意识淡薄,自我保护能力差。

② 现场管理不到位,现场管理人员对员工的违章操作行为检查监督不力,这是造成事故的重要原因。

(3) 间接原因

① 对岗位人员安全教育管理不到位,员工安全教育效果不明显。

② 振动筛筛板不完好,造成职工不便于清理。

③ 治理“三违”力度不够，现场仍然存在习惯性违章现象。

三、防范措施

(1) 岗位上的设备启、停车，必须由本岗位司机进行操作，无论是检修人员或其他人员都无权随意启动岗位上的设备。

(2) 设备检修必须办理停电工作票，电工接到调度室通知后，到配电室停电并挂牌。现场岗位司机在控制箱停电挂牌。维护、保养设备，现场岗位司机在控制箱停电挂牌。谁挂谁摘(双保险)。

筛分机应当空载启动，不准超负荷运行，传动装置必须安装防护罩；运行中，工作人员不得跳到筛板上打楔子、紧筛板螺钉和擦激振器。清理筛孔及处理事故，必须停车。

(3) 按照操作规程，启车前仔细检查设备，确认无误后方可开车。

(4) 深刻接受这次事故教训，举一反三，深刻反思，开展好警示教育。迅速开展反事故、反“三违”活动。

(5) 安全管理不到位，违章现象没有得到及时制止。员工安全意识薄弱，自保、互保意识差。要进一步明确和落实各级安全生产责任制，反“三乎”“三惯”、反麻痹、反松懈、反低境界管理、反低标准作业。

管理人员要深刻反思自己工作，真正找出工作中的不足之处，工作中要以身作则，靠前指挥，加大现场安全管理力度，强化现场安全监督。坚决杜绝安全事故的发生，确保安全生产。

四、案例小结

选煤厂安全事故大部分是由人为违章操作引起的，选煤厂筛分机岗位司机要学好用好《选煤厂安全规程》《安全技术操作规程》《岗位责任制》和其他有关规定，形成安全操作的良好习惯，为选煤厂安全生产贡献自己的力量。

第三节　电焊工岗位事故案例分析

内容导读

电焊工是机械制造和机械加工行业中的特殊金属焊接工种。在作业中，他们要严格遵守焊割作业安全规程，以减少和消除职业危害，预防和控制职业病，确保身体健康。

一、事故描述

某日，选煤厂职工李某、张某、王某三人在给煤机上方更换溜槽。割除旧溜槽时，割炬漏气，班长李某让更换割炬，处理好漏气处后再割除。王某说：一会就完了，注意点就行。李某看看时间没有再坚持，王某继续割除剩余不多的溜槽钢板，突然发生回火，调节轮处冒出的火炬苗把王某的右手烧伤起泡，氧气胶管接头处爆裂并着火。李某见状赶紧跑过去握紧氧气线和乙炔线，并让张某关闭乙炔瓶和氧气瓶阀门，王某的右手轻度烧伤，避免了发生更大事故。

二、事故原因

(1) 直接原因

① 王某在检修更换溜槽进行气割作业时，为尽早完成更换任务，没有将漏气的割炬处理好施工，造成回火伤人，是此次事故的直接原因。

② 李某、张某、王某在明知道割炬漏气的情况下，不及时消除安全隐患违章作业，安全生产意识淡薄。

③ 班长李某同时又是施工项目负责人，发现安全隐患和职工违章作业不坚决制止，没尽到现场安全管理责任和监护责任，放任职工违章作业。

(2) 间接原因

① 职工李某、张某互保联保意识差，没有坚决制止王某的违章行为。

② 工区对职工安全管理、安全教育、措施贯彻力度不够，职工安全意识薄弱，自保、互保意识差，图省事，轻安全。

三、防范措施

(1) 开展各岗位安全技术操作规程培训活动，规范职工作业行为。提高职工安全责任心，切实将安全工作抓到根源上，落到实处。从根本上提高职工对隐患的辨别和防范能力。

(2) 组织职工讨论此次事故的危害，迅速开展反事故、反“三违”、反麻痹、反松懈讨论活动。举一反三，深刻反思，开展好警示教育。

(3) 进一步明确和落实各级安全生产责任制，加大现场安全管理力度，并加强特殊作业人员的安全培训和管理。

(4) 管理人员要接受教训，真正找出自身工作中的不足，制定严格细致的工作标准，以身作则，靠前指挥。坚决杜绝此类安全事故的发生，确保选煤厂的安全生产。

(5) 严格按章作业，杜绝“三乎”“三惯”思想。

(6) 佩戴好面罩、电焊手套、脚盖、眼镜等。

(7) 严禁站在工件上焊接，如有需要采取绝缘措施。

(8) 杜绝“三违”，做到自保互保。

(9) 加强专业技能学习，提升责任心和业务技能。

四、案例小结

焊接作业的危害并非不可避免。只要每位焊工在作业中都严格遵守焊割作业安全规程，这些危害都可以加以预防。

第四节　给煤机司机岗位事故案例分析

◈ 内容导读

给煤机是整个输煤系统中的重要设备之一，负责将储煤厂的煤连续均匀地传送给下级胶带，并能根据煤种、流量进行配煤，保证输煤系统按照用户的要求运行。给煤机给料的均匀性直接影响后续分选作业效果。因此，给煤机司机需要安全操作设备，以确保设备及人员的安全。

一、事故描述

某日，原煤给煤机下料槽卡住一大块矸石，给煤机司机朱某发现溜槽堵卡后及时进行停机处理，并通知下道工序 201 带式输送机立即停机，并在给煤机操作箱上挂“有人工作，禁止开车”警示牌。然后站在 201 带式输送机上搬溜槽内大块矸石。11 时 35 分卡住的矸石仍未取出，此时 201 带式输送机头司机马某以为朱某已经搬出大块矸石，未进行信号联系就直接将胶带开启，朱某两腿均被挤在溜槽出口处造成骨折。

二、事故原因

(1) 直接原因

朱某站到 201 带式输送机上处理事故，未对 201 带式输送机进行停电挂牌，201 机头胶带司机马某信号联系不清直接开机，是造成此次事故的直接原因。

(2) 间接原因

① 相邻岗位司机相互配合不好，存在各自为战现象，安全自保、互保、联保意识差。

② 工段对职工安全管理、安全教育、技术管理培训力度不够，职工不能严格执行安全技术操作规程，安全意识薄弱，“四乎三惯”思想严重。

③ 管理人员现场安全监督管理不到位，不能时刻盯靠在现场。

④ 职工存在重产量、轻安全的思想，没能把安全工作摆在首位。

三、防范措施

(1) 重新学习《选煤厂安全规程》《安全技术操作规程》《岗位责任制》，并结合此次事故教训，举一反三，深刻反思，开展好警示教育。

(2) 加强车间和班组管理，当检修或处理各类事故时，要与上下岗位联系好，设专人停送电，并在配电柜上挂“有人工作，禁止合闸”的警示牌。

(3) 信号联系必须准确无误，信号联系不清不能开车。

(4) 要进一步明确和落实各岗位安全生产责任制，强化关键工序和重点隐患的双重预警。

(5) 要深刻接受这次事故教训，迅速开展反事故活动，加大现场安全管理力度，强化现场安全监督，坚决做到遵章守纪。

(6) 加强职工安全管理，提升安全教育，并严格执行安全技术操作规程。

(7) 强化现场安全班组管理，要求故障或事故发生时，车间领导和班组长必须到现场指挥、组织协调，确保信息畅通，作业有序，避免混乱。

(8) 加强班组、岗位间的自保、互保、联保，保证信息畅通，汇报及时可靠，启、停车统一指挥，确保“三不伤害”。

四、案例小结

给煤机司机不仅要熟悉本岗位给煤机的工作原理、构造、性能、技术特征，更要实现设备的安全操作。

第五节　破碎机司机岗位事故案例分析

◈ 内容导读

破碎机械在越来越多行业得到了广泛应用，特别是在选煤厂中，用于将大块煤破碎成适宜分选的粒度或满足客户需求。破碎机司机要严格执行《煤矿安全规程》《安全技术操作规程》《作业规程》以及相关安全法规和各项规章制度，熟悉《煤矿机电设备完好标准》，严格遵守《破碎机司机安全技术操作规程》和《煤矿职工行为规范》，确保人身、设备及选煤厂安全生产。

一、事故描述

某选煤厂进行原煤系统设备检修，在检修破碎机前须将破碎机内物料清理干净。破碎机岗位司机李某对破碎机停电挂牌后，未戴安全帽直接将上半身伸入破碎机内，用铁锨清理积煤。此时，赵某将上道工序手选胶带开启，手选胶带上大块煤直接落入破碎机内，将李某头部砸破，送医院治疗缝合 8 针，并伴有轻微脑震荡。

二、事故原因

(1) 相邻岗位司机相互配合不好，各行其是，班组管理混乱，安全自保、互保、联保意识差。

(2) 李某在工作过程中未按规定穿戴好劳动保护用品，自主保护意识差，严重违反《选煤厂安全规程》，手选带式输送机司机赵某清理带式输送机机尾积煤向前带动物料，开机前未发出开车信号直接进行开机，属严重违章，是造成此次事故的直接原因。

三、防范措施

(1) 重新学习《选煤厂安全规程》《安全技术操作规程》《岗位责任制》，并结合此次事故教训，举一反三，深刻反思，开展好警示教育。

(2) 加强车间和班组管理，当检修或处理各类事故时，要与上下岗位联系好，设专人停送电，并在配电柜上挂“有人工作，禁止合闸”的警示牌。

(3) 信号联系必须准确无误，信号联系不清不能开车。

(4) 进一步明确和落实各岗位安全生产责任制，强化关键工序和重点隐患的双重预警。

(5) 深刻接受这次事故教训，加大现场安全管理力度，强化现场安全监督，坚决做到遵章守纪。

(6) 加强职工安全管理，提升安全教育，并严格执行安全技术操作规程。

(7) 加强现场安全班组管理，要求故障或事故发生时，车间领导和班组长必须到现场指挥、组织协调，确保信息畅通，作业有序，避免混乱。

(8) 加强班组、岗位间的自保、互保、联保，保证信息畅通，汇报及时可靠，启、停车统一指挥。确保“三不伤害”。

(9) 上岗时,必须按规定穿戴好劳动保护用品,否则不得上岗。

四、案例小结

破碎作业是选煤过程中非常关键的一环。破碎机使用效率的高低除了设备性能之外,人为因素至关重要。破碎机司机除了要保证设备的高效运转,安全生产更为关键。

第六节 矸石拣选工岗位事故案例分析

◈ 内容导读

矸石是在掘进、开采和选煤过程中排出的固体废物。为了提高后续分选效率、减少能耗,通常需要对大块矸石进行人工拣选。从运动的矿石中找出煤矸石,工作条件艰苦,安全事故不容忽视,应引起管理和操作人员的重视。

一、事故描述

某日早班,由于矿井下主采工作面过断层,矸石采出量大,造成原煤手选胶带上矸石量急剧增多。10时20分,拣选工陈某在拣矸石时,遇一大块矸石,自行用劲向下搬动。由于矸石湿、手滑,大块矸石未搬进矸石溜槽,直接从手选胶带上滑落到地面,直接砸到陈某的右脚上,造成右脚粉碎性骨折。

二、事故原因

原煤拣选工陈某在作业过程中,严重违反《安全技术操作规程》。规程规定如遇大块矸石时,若一人无法搬下,应停机两人协力搬下,经破碎后再进入矸石溜槽。个人现场自主保护意识差,是造成此次事故的直接原因。

三、防范措施

(1) 重新学习《选煤厂安全规程》《安全技术操作规程》《岗位责任制》,并结合此次事故教训,举一反三,深刻反思,开展好警示教育。

(2) 要深刻接受这次事故教训,加大现场安全管理力度。

(3) 加强员工安全管理,提升安全教育,并严格执行安全技术操作规程。

(4) 加强班组、岗位间的自保、互保,汇报及时准确,确保"三不伤害"。

四、案例小结

矸石拣选工作条件艰苦,容易发生安全事故,因此要做好各项安全工作,确保人身安全。

第七节　脱水斗式提升机司机岗位事故案例分析

◈ 内容导读

脱水斗式提升机是选煤厂常用的机械设备之一，兼有脱水和运输双重作用，具有结构简单、运行可靠的优点，适用于提升分选后的中煤、矸石，也适用于输送分选后的其他块状或颗粒状物料。脱水斗式提升机司机要做好各项安全工作，确保安全生产。

一、事故描述

某日，由于矸石仓满，选煤系统矸石运输线紧急停车，等岗位司机孙某再次开启211矸石斗式提升机时发现斗式提升机压住开不动，随即告诉同岗人员钱某。钱某安排孙某点动斗式提升机，自己则在斗式提升机正前方检查启动情况，斗提机机头轮打滑，斗链从机头轮处断裂，向外翻转折掉下来，钱某躲避不及，被斗筐砸中胸部，后经送医院检查，胸部胸椎骨及肋骨骨折。

二、事故原因

(1) 直接原因

选煤车间职工钱某站在斗式提升机正面检查斗式提升机，现场自主保护意识差，严重违章，是造成这起重伤事故的直接原因。

(2) 主要原因

① 事故人钱某安全意识淡薄，“四乎三惯”思想严重。

② 机器设备巡查不到位，斗筐脱落处斗销的挡圈事前已掉落，巡查人员未能及时发现事故隐患。

(3) 间接原因

管理制度、安全规程、操作规程学习教育力度不够，效果不到位，没入心入脑。

三、防范措施

(1) 组织全厂管理人员参加覆盖每个岗位的安全大检查，对查出的安全隐患，明确责任人，限期整改。

(2) 进一步完善学习选煤厂的安全管理措施、技术措施，强化员工的安全培训并组织全员考试，不及格者不准上岗。

(3) 加强员工巡查力度，做到事故苗头早发现。坚持每月一次的安全隐患排查制度。

四、案例小结

作为选煤厂大块物料脱水和运输的重要设备，脱水斗式提升机具有结构简单、运行可靠的优点。脱水斗式提升机司机要做好各项安全工作，确保安全生产。

第八节　跳汰机司机岗位事故案例分析

◈ 内容导读

选煤厂的日常生产和管理中，机电事故直接影响着选煤厂的正常生产。跳汰机是煤炭分选的主要设备，为保证安全生产，跳汰机司机要遵章守则，时刻将安全放在第一位，才能避免事故的发生。同时，要经常不断地分析机电事故发生的原因，总结和吸取事故教训，对提升机电管理水平和提高机电设备管理人员的业务技能尤为重要。

一、事故描述

某日，某矿跳汰司机童某操作的数控风阀跳汰机的第二室床层松散不好，经检查判断此故障是由风阀动作不规律、受阻滞所致。然而，由于分室风阀观察孔内有机玻璃压板被煤泥遮挡，无法清晰观察。因此，便在停料后将低压风总阀关闭，准备拆下有机玻璃压板检查确认。检查过程中，童某将中指和食指伸入风阀排气口滑动滑体，探测受阻情况。此时前来帮忙的李某站在跳汰机风室上，往前下探头查看情况时，无意中按下电磁换向阀手动按钮，导致滑体快速滑落，将童某右手中指和食指沿第二指节一起截断，造成六级伤残。

二、事故原因

(1) 直接原因

选煤车间职工童某在未按操作规程停车操作后即对风阀进行检查，违反《选煤厂安全规程》中关于"在跳汰机运转中，工作人员不得用手在风阀排气口试探风量或者直接用手润滑滑体"的规定，自主保护意识差，严重违章，是造成这起工伤事故的直接原因。

(2) 主要原因

事故人李某安全意识淡薄，互保联保不到位，"三乎三惯"思想严重。

(3) 间接原因

管理制度、安全规程、操作规程学习教育力度不够，效果不到位，没能入心入脑。

三、防范措施

(1) 要组织职工重新学习《选煤厂安全规程》及安全技术措施，并结合此次事故教训，举一反三，深刻反思，开展好警示教育。

(2) 开展反事故斗争，举一反三开展大讨论，让每个职工都明白为什么会出现事故，该事故说明了什么问题，今后如何避免类似事故的发生。

(3) 进一步完善学习选煤厂的安全管理措施及技术措施，并组织全员考试，不及格者不准上岗。

四、案例小结

作为选煤厂的重要分选设备，跳汰机的分选效率直接影响着选煤厂的经济效益。跳汰机司机要做好各项安全工作，确保安全生产。

第九节　叉车司机岗位事故案例分析

◈ 内容导读

叉车是生产工艺过程中联系的纽带。叉车作业事故多发生在其装卸过程中，装卸事故主要有超载使车辆失去纵向平衡、发生前翻或突然移位伤人、叉载物品从货叉上滚落碰砸伤人、铲车铲斗伤人、装载退行伤人等。通过对选煤厂叉车伤人事故的分析，为今后选煤厂叉车等各类岗位司机的管理和安全防护提供改进建议。

一、事故描述

某日，选煤厂跳汰机改造工程正如期进行。按照工作程序要求，跳汰机新旧机体的搬运任务由叉车(8 t)司机潘某带领机修工李某负责完成。上午 11 点 05 分左右，按预定安排，叉车司机潘某在李某配合下，将跳汰机一件新机体运送至行车吊装口下方，以便安装。当叉车运行至离吊装口 2 m 一段斜坡路段时，由于重心不稳，机体歪斜倒向一侧，机修工李某躲闪不及，被歪倒的工件挤断右臂，叉车车窗受损，前叉弯曲。

二、事故原因

(1) 直接原因

潘某同李某用叉车运输超大物件时，为图省事，没有将工件可靠固定，导致工件歪斜伤人，是造成此次事故的直接原因。

(2) 主要原因

① 潘某、李某在叉车运行至离吊装口 2 m 一段斜坡路段时，没有对工件稳定性进行检查，不能及时发现安全隐患。

② 李某在监护作业时，没有采取其他防歪倒措施，并观察好退路，造成站位不当，工件歪倒时躲闪不及受伤。

③ 施工负责人魏某安排工作时，没有布置相应的安全防范措施，可预见性安全隐患没有做到位，且没有在现场统一协调指挥，安全管理有漏洞。

(3) 间接原因

① 职工潘某、李某自保、互保、联保意识差，没有及时发现安全隐患并提醒李某注意安全并及时制止其危险行为。

② 选煤厂对职工安全管理、安全教育、技术管理培训力度不够，职工安全意识薄弱，自保、互保、联保意识差，工作麻痹大意，图省事，轻安全，存在“四乎三惯”思想。

三、防范措施

(1) 针对此次安全事故，应总结防范措施，举一反三地排查类似工作、类似思想、类似行为的存在，坚决杜绝安全事故重演。

(2) 在选煤厂安全规程及安全技术措施方面下功夫，提高职工安全防范能力，并结合此次事故教训，举一反三，深刻反思，杜绝“四乎三惯”思想存在，开展好警示教育活动。

(3) 进一步明确和落实各级安全生产责任制，强化关键工序和重点隐患的双重预警，并加强特殊作业人员的安全管理。

(4) 深刻接受这次事故教训，结合“五精”管理要求，迅速开展“反事故、反三违、反四乎三惯、反麻痹、反松懈、反低境界管理、反低标准作业”活动，加大现场安全管理力度，强化现场精品工程意识。

(5) 管理人员冷静下来，深刻反省自己的工作，真正找出自己工作中的不足之处，在今后的工作中要以身作则，深入现场，靠前指挥，坚决杜绝安全事故的发生，确保安全生产。

四、案例小结

注意设备生产操作，就是对自己负责，对家庭负责，对单位负责，对社会负责的表现，要遵章操作，防范安全事故的发生。

第十节　起重工岗位事故案例分析

◇ 内容导读

起重机广泛应用于各种设备、物料的装卸、安装和输送等作业中，大大减轻了体力劳动强度，提高了劳动生产率。但是，由于设备自身的不安全因素和作业人员的不安全行为的存在，致使与起重设备有关的人员伤亡事故频频发生，令人触目惊心。

一、事故描述

某日，机电车间职工王某、张某在班长李某的带领下，吊装备用胶带减速机到精煤仓上带式输送机机头处，准备检修时更换 502 减速机。

精煤仓上吊装梁距离地面 40 m，王某在精煤仓上操作电动葫芦按钮、李某和张某在下面负责挂绳鼻子，两人用钢丝绳头拴好减速箱两端的起吊钩，发现钩头没有防脱钩装置，两人挂好后示意起吊。

王某启动电动葫芦上升按钮，先进行试吊，运行正常后起升。当减速机起升到十四五米时，钢丝绳出现打绞情况，李某对张某说：“去领 50 m 棕绳，落下重新留绳”。张某说：“没事，试试看再说”。当起升到 20 多米高度时，减速机被仓壁层沿抵住，无法控制上下移动，李某让王某试着把减速机松到地面，重新吊装。在这个过程中，减速机碰到仓壁，导致钢丝绳松脱，减速机从 20 m 的高空坠落，松脱的钢丝绳把张某砸伤，同时设备损毁。

二、事故原因

(1) 直接原因

李某在吊装过程中，不按操作规程作业，使用不完好的设备，违章作业造成高空坠物、伤人，是此次事故的直接原因。

(2) 主要原因

① 李某等三人安全意识淡薄，对工作责任心不够，是造成这次事故的主要原因。

② 吊装方案不严密、现场组织不力。在吊装过程中存在较大的随意性，没有听从李某

的统一指挥，没有采取有效的防范措施。

③ 对现场缺乏统一严格的管理，没有安监人员或车间负责人在现场安全监督也是事故的重要原因。

(3) 间接原因

① 三名职工对工作责任心差，工作中对没有脱钩防护的设备隐患不处理，为图省事对吊装作业安全马虎大意，思想不重视。

② 工区对职工安全管理、安全教育、措施贯彻力度不够，职工安全意识薄弱，自保、互保意识差，图省事，轻安全。

三、防范措施

(1) 开展“责任在我心中”讨论活动，消除人的不安全行为和物的不安全状态，提高职工安全责任心，规范职工作业行为，切实将此项工作抓到根上，落到实处，从根本上提高职工对安全的认识和对隐患的判断和防范能力。

(2) 组织职工讨论此次事故的原因和危害，迅速开展“反事故、反三违、反四乎三惯、反麻痹、反松懈”活动，举一反三，深刻反思，开展好警示教育。各单位要进一步明确和落实各级安全生产责任制，加大现场安全管理力度，并加强特殊作业人员的安全培训和管理。

(3) 管理人员要接受教训，制定严细的工作标准，在今后的工作中要以身作则，靠前指挥，坚决杜绝此类安全事故的发生，确保矿井和选煤厂的安全生产。

四、案例小结

纵观各类起重机事故发生的原因，均是由起重机自身存在的不安全因素和作业人员的不安全行为共同引发的结果。因此，只有消除上述种种不安全因素和不安全行为，才能有效遏制起重事故，避免各类悲剧的再次发生。

第十一节　化验员岗位事故案例分析

◈ 内容导读

化验工作是现代工业的眼睛，在工业生产质量控制与科学研究方面起着重要作用。化验实验室检测项目繁多，工作环境复杂，常涉及各种易燃、易爆、有毒、腐蚀试剂以及玻璃器皿、电气设备，极易引发伤害事故。加强化验室的安全管理是保障化验员工人身安全和企业财产安全的重要保证。

一、事故描述

某日，某选煤厂装运工段技术员安排化验员张某及王某配制清洗测硫仪电解池熔板洗液。10 点 50 分左右，技术员将所用器皿及化学药品交给张某，张某按照洗液的配制方法，用天平称取 5 g 重铬酸钾，用量筒量取 10 mL 水，放入 300 mL 烧杯内，搅拌后放在电炉上加热溶解，用量筒量取 100 mL 浓硫酸，直接倒入正在加热的烧杯中，浓硫酸遇热后飞溅到赵某身上，造成面部及胳膊烧伤。

二、事故原因

(1) 直接原因

张某为图省事,没有将烧杯从电炉上取下,待冷却后再将硫酸倒入烧杯内,致使皮肤烧伤,是造成此次事故的直接原因。

(2) 主要原因

① 张某工作时间短,经验少,化学基本知识缺乏,常用化学药品的性质了解不够,不知其化学危害的严重性。

② 张某执行规程不严格,未按药品的配置方法进行配置。

③ 技术员没有交代清药品配制应注意的安全事项,安全管理有漏洞。

(3) 间接原因

① 职工王某互保、联保意识差,没有提醒张某注意安全并及时制止其违章行为。

② 装运工段对职工安全管理、安全教育、技术管理培训力度不够,职工安全意识薄弱,自保、互保意识差,麻痹大意,图省事,轻安全。

三、防范措施

(1) 开展"手指口述"工作法大比武活动,奖优罚劣,不合格者停班学习,切实将此项工作抓到根上,落到实处,从根本上提高职工对隐患的防范能力。

(2) 组织职工重新学习"三大规程"及安全技术措施,并结合此次事故教训,举一反三,深刻反思,开展好警示教育。

(3) 进一步明确和落实各级安全生产责任制,强化关键工序和重点隐患的双重预警,并加强特殊作业人员的安全管理。

四、案例小结

化验室的安全管理工作是一项影响因素繁多的工作,只有运用科学的管理方法,制定严格的管理制度,完善其安全体系,才能将危险因素降到最低,减少各类安全事故的发生,确保岗位安全,为化验人员提供安全保证。

第十二节　火车装车工岗位事故案例分析

◇ 内容导读

选煤厂装运岗位负责商品煤的火车外运工作,装车准备环节人工劳动强度大、作业环境差、工作变化大。特殊的作业环境以及工作性质决定了装车工人工作危险系数大,安全不能得到有效保证。因此,选煤厂要对火车装车工进行安全管理、安全教育和技术管理培训,实现安全生产无事故。

一、事故描述

某选煤厂装运车间职工钱某是装车工,主要职责是通过给煤机、装车胶带和放仓溜槽将煤炭装入车皮内,装车完毕后清理放仓室、铁牛、减速机及电机卫生。

某日晚11点20分左右，装完精煤车后钱某按照惯例清理放仓室内卫生后打扫铁牛卫生，看到铁牛表面并不太脏，感觉用拖把简单一拖就可以了，不需要停下铁牛进行清理。于是，钱某在没有停止铁牛电源、在设备运行的情况下站在铁牛南侧，面向东，左脚踩在道轨上用拖把清理卫生。当铁牛行进至精煤仓下放仓室楼梯处时，钱某的左脚被铁牛行走轮碾伤，造成左脚小趾、无名趾及中趾骨折并切除。

二、事故原因

(1) 直接原因

钱某在没有停止铁牛电源、在设备行走的情况下清理卫生，图省事怕麻烦违章操作，造成铁牛行走轮伤人，是造成此次事故的直接原因。

(2) 主要原因

① 钱某看到别人干完活后已回家，心情急躁、情绪不稳、行为失控，是造成此次事故的主要原因。

② 班长王某、副班长张某未能有效监管每名职工的违章行为，安排工作时，没有布置相应的安全措施，安全管理有漏洞，也是造成此次事故的主要原因。

(3) 间接原因

① 选煤厂装运车间对职工安全管理、安全教育、技术管理培训力度不够，职工安全意识薄弱，自保、互保意识差，麻痹大意，图省事，轻安全。

② 铁牛行走轮没有采取有效的防护措施，防护标准没有达到基本安全要求。

三、防范措施

(1) 开展此次事故大讨论活动，不深入者停班学习，切实将此项工作抓到根上，落到实处，从根本上提高职工对隐患的防范能力。

(2) 组织职工重新学习安全技术操作规程及岗位责任制，并结合此次事故教训，举一反三，深刻反思，开展好警示教育。严格遵守设备停电挂牌而后清理卫生，并有专人监护。

(3) 铁牛周围及行走轮实行有效的防护，使其达到本质安全的标准。有针对性地组织全方位的安全大检查，对查出的安全隐患，明确责任人，限期整改。

四、案例小结

选煤厂机械设备较多，事故频发，选煤厂管理者要将“以人为本”“安全第一，预防为主”的安全生产管理灌输到工作过程中，对员工关爱和关心，制定预防措施和手段，保证安全生产。

第十三节　机修工岗位事故案例分析

内容导读

机修工的主要工作是对机械设备进行维修和管理，确保机械设备的正常运行。由于机修工的工作对象是大型、通电的机械设备，具有较高的危险性，所以必须要求机修钳工做到安全操作，以免因操作不当而引发安全事故。

一、事故描述

某日，某煤矿机电车间职工周某、张某、孙某三人在进行斗式提升机机头轮组的更换和检修工作。下午 4:40 分左右，新机头轮组安装完毕，解除了手动葫芦的钩头和钢丝绳头，周某和孙某竖起铝合金梯子，将其靠放在工字钢梁旁边的水泥柱上，3 t 手动葫芦挂在顶板的工字钢梁上，距离地面约有 3 m。周某和孙某在下面扶着梯子，张某爬上梯子摘除手动葫芦，张某一手扶着工字钢梁，一手去托手动葫芦没能摘掉，接着他用一只手托着手动葫芦，一只手打开手动葫芦钩头的防脱装置，手动葫芦被摘掉了，但他的身体随着手动葫芦也从梯子上端掉了下来，导致踝骨骨折。

二、事故原因

(1) 直接原因

王某在检修更换斗式提升机机头轮组过程中，高空作业未系安全带，没采取防护设施，造成高空坠落、坠物伤人，是此次事故的直接原因。

(2) 主要原因

① 张某作为项目负责人对施工过程中的困难预想不足，对手动葫芦的重量和摘除不当造成的后果没有预想到，不采取妥当的方法，只图赶紧收工，马虎大意，自保意识差。

② 因检修中午加班，身体疲劳体能下降，临近收工时有急躁心理。

③ 周某和孙某没能及时提醒张某，互保、联保意识淡薄，没尽到现场安全管理责任和监护责任。

(3) 间接原因

① 三名职工对协同工作互保、联保意识差，对困难和后果不去想，对自身安全马虎大意。

② 工区对职工安全管理、安全教育、措施贯彻力度不够，职工安全意识薄弱，自保、互保意识差，图省事，轻安全。

三、防范措施

(1) 开展“我要安全，安全为我”讨论活动，消除人的不安全行为和物的不安全状态，提高职工安全责任心，规范职工作业行为，切实将此项工作抓到根上，落到实处，从根本上提高职工对安全的认识和对隐患的判断和防范能力。

(2) 认真组织职工讨论此次事故的原因和危害，举一反三，深刻反思，开展好安全警示教育，加大现场安全管理力度，加强特殊作业人员的安全培训和管理。

(3) 管理人员要接受教训，强化现场规程措施的落实，坚决杜绝此类安全事故的发生，确保矿井安全生产。

四、案例小结

由于机修工的工作危险性相对较高，所以在实际工作时，务必要遵守安全操作规程，减少甚至避免安全事故。

第十四节　商品煤采制样岗位事故案例分析

◈ 内容导读

煤炭质量指标是贸易双方的结算依据，也是企业指导生产的依据，因此必须减小系统误差，提高煤质分析的准确性，确保煤炭质量。其中，煤炭采制样是煤质分析的重要环节，是分析误差的主要来源。影响煤样代表性的因素主要有客观因素和主观因素。客观因素即煤自身组成的不均匀性；主观因素即采制样过程中的人为因素，要使试样有较强的代表性，必须加强采制化管理，规范采制样操作，有效缩小人为因素造成的误差，保证煤质分析的准确性，保障优质原料煤的供应。在保证采制样代表性的前提下，商品煤采制样工要保证安全。

一、事故描述

郑某是选煤厂装运车间的一名商品煤采制样工，负责在火车顶部采取煤样并制备成分析煤样送化验室。某日凌晨 2 点 46 分精煤车装完，郑某采取车皮的最后一个子样后在运送煤样的过程中，没有走旁边的安全过桥而是直接沿车帮行走，脚蹬滑后和煤样一起跌落车下，造成右脚脚踝骨折。

二、事故原因

(1) 直接原因

郑某在运送煤样的过程中不按规定走安全过桥，而是图省事、走近路，违章沿车帮行走，是造成此次事故的直接原因。

(2) 主要原因

① 当班班长周某工作中巡回检查不力，未能及时发现郑某的违章行为并阻止，是造成此次事故的主要原因。

② 平车器操作工谢某没有及时发现和制止其违章行为，协作配合性不强，没有起到互保、联保的作用。

③ 车间值班人员刘某安排工作时，没有布置相应的安全措施，且没有在现场统一协调指挥，安全管理有漏洞。

(3) 间接原因

① 职工郑某自保意识差，不能深刻认识到自己违章行为的错误性。

② 选煤厂装运车间对职工安全管理、安全教育、技术管理培训力度不够，职工安全意识薄弱，自保、互保意识差，麻痹大意，图省事，轻安全。

三、防范措施

(1) 进一步完善学习选煤厂的安全管理措施、技术措施，并组织全员考试，不及格者不准上岗。

(2) 重新系统学习各岗位安全技术操作规程及岗位责任制，使每一名职工真正切实在实际工作中落实执行，从根本上提高职工的业务技术水平和相关安全措施。

(3) 各单位要深刻接受这次事故教训，迅速开展“反事故、反三违、反四乎三惯”活动，加大现场安全管理力度，强化安全第一的意识。

四、案例小结

作为煤质分析两大至关重要的作业阶段，煤炭采样与制样在一定程度上关系到煤炭作业生产质量的高低，直接影响到煤炭产业的经济效益与社会效益。为此，上述两段作业过程中的规范性及安全应当受到生产单位、操作人员的高度关注与重视。

课后思考题

总结选煤厂生产过程中的生产事故案例，以及对我们日后的工作或实习有什么警示作用。

参考文献

[1] 陈凡,朱子祺.神东煤制油选煤厂减少次生煤泥量的措施[J].煤炭加工与综合利用,2014(11):17-21.

[2] 陈林飞,白龙,李鹏,等.快速装车液压系统双回路优化改造[J].内蒙古煤炭经济,2018(11):39-40.

[3] 党立伟,王忠,王斌.补连塔选煤厂 2^{-2} 煤系统的优化改造研究与实践[J].内蒙古煤炭经济,2016(11):14-17.

[4] 谷林,牛超,周瑞通.HBF-S120 型加压过滤机性能提升实践[J].选煤技术,2014(3):32-34.

[5] 蒋涵元,宋万军,周瑞通,等.保德选煤厂北部区加介系统改造[J].洁净煤技术,2014,20(2):35-38.

[6] 吕文韬,蒋涵元,陈锐.上榆泉选煤厂煤泥水系统的改造[J].煤炭加工与综合利用,2014(9):40-43.

[7] 马涛,朱子祺,蒋涵元.块煤掺配末煤防破碎试验研究及应用[J].煤炭工程,2015,47(9):78-81.

[8] 孟醒.哈拉沟选煤厂快速装车系统安全升级改造[J].煤炭加工与综合利用,2018(5):41-43.

[9] 王瑞斌,蒋涵元.优化设备启停机 降低选煤厂电耗[J].煤炭加工与综合利用,2014(9):60-63.

[10] 张志伟.浮选药剂射流乳化装置自动控制系统的设计[J].选煤技术,2015(4):72-74.

[11] 赵环宇,蒋涵元,王兰豪.精煤回掺情况下的动力煤分选指标控制[J].煤炭工程,2014,46(4):112-115.

[12] 朱辉,刘军,牛超,等.SK 型管道静态混合器在哈拉沟选煤厂的应用[J].选煤技术,2014(1):39-41.